クレモナのヴァイオリン工房

北イタリアの産業クラスターにおける技術継承とイノベーション

大木裕子著

文眞堂

はしがき

　16世紀後半から18世紀前半に至る約200年間に，北イタリアのロンバルディア地方の小都市クレモナでは，アマティ（Amati），ストラディヴァリ（Stradivari），グァルネリ（Guarneri）などのファミリーによるヴァイオリン工房において，約2万本[1]の名器が製作されてきた。これらの名器は突如として誕生したように受け止められているが，アート・ビジネスを展開するクレモナを舞台とした歴史的，環境的要因が背景となり，ギルド，工房間及び内部の製作者の情報伝達が，技術の継承を超えた知の変換をもたらしたのではないかと考えられる。

　クレモナのヴァイオリン製作は，その後数百年に及ぶ空白期を隔てて，1938年の国立ヴァイオリン製作学校の設立を機に，再びヴァイオリン製作のメッカとして世界的位置づけを取り戻した。現在では，500人を超すヴァイオリン職人が手作りの楽器を製作している。

　本研究は，産業クラスターを構成するクレモナにおけるヴァイオリン工房の実証研究により，現代の名器復活を望みながら，知の変換をもたらす情報伝達のダイナミズムを明らかにしようとするものである。クレモナの弦楽器製作については，ストラディヴァリを始めとした工房の歴史について，これまで音楽学の分野でシルバーマン（Silverman, 1957），ティントーリ（Tintori, 1971），製作者の立場からビソロッティ（Bissolotti, 2001）などにより多数の研究がされてきた。また，音響学ではナギバリー（Nagyvary, 1996）の名器の材質についての研究がある。しかし，経営学やアートマネジメントの観点からの研究はなされていない。そこで本研究では，産業の地域的集中による経済効果として外部経済を取り上げたマーシャル（Marshall, 1890）に遡る産業クラスターに関する研究を枠組として採用し，実証研究に

臨んだ。

　ポーター (Porter, 1998) によれば，産業クラスターとは「ある特定の分野に属し，相互に関連した企業と機関から成る地理的に近接した集団」である。クラスターの概念は，競争力向上における地域の重要性に焦点をあてたものであり，グローバル化の対比概念において，「ロケーション（場）」の重要性を示すと共に，成熟した経済を進める原動力となるイノベーションを誘発する概念として有効であることから近年注目を集めている。

　ヴァイオリンという製品は極めて繊細で，製作には高感度な情報を必要とする。オールド名器と呼ばれるヴァイオリンは限られた本数しか現存せず，数億円の価格で取引されるヴァイオリン市場では，オールド名器を超えた高品質の新作楽器が求められている。技術継承とイノベーションの視点からのクレモナの産業クラスターの解明は，現代の名器復興の可能性を探ることにもつながっていく。

　本書では，序章で既存研究の検討と本研究の枠組みを示した後，第1章では広範な文献・資料収集によるイタリアのヴァイオリン製作の歴史，第2章ではクレモナのヴァイオリン製作の現状を整理した。これらの結果を踏まえ，第3章では製作者へのインタビューをもとにクレモナのヴァイオリン製作の特徴を明らかにした。第4章ではクレモナのヴァイオリン製作者を対象にしたアンケート調査の結果をまとめ，第5章ではクレモナの産業クラスターの特徴について提示している。

　本研究は，平成15年度から平成17年度にかけて日本学術振興会の科学研究費補助金（課題番号17330094：研究代表者；大木裕子）の助成を得た研究成果の一部である。共同研究者である関西大学の小松陽一教授，古賀広志准教授にはインタビュー，調査票の作成，論文執筆にあたり多大なご協力を賜った。また，京都大学の日置弘一郎教授には，調査票の設計と分析について貴重なアドバイスをいただいた。更にイタリア語の翻訳には Erica Baffelli 先生，富沢佑貴氏，調査票の分析には京都産業大学の李為准教授，京都大学大学院の中本龍市氏にご協力いただいた。クレモナでの現地調査

は，クレモナのヴァイオリン製作者松下則幸氏，菊田浩氏，輪野光星氏のご協力により実現したものである。そして本書の方向性についてはクレモナで30年以上製作活動を続けている内山昌行氏に貴重なご意見を賜った。紙面の関係で，インタビューやアンケート調査にご協力いただいた方の全てのお名前をここに挙げることはできないが，この場を借りて，記して感謝の意を表したい。

本書の出版は，日本学術振興会平成18年度科学研究費補助金研究成果公開促進費（課題番号205134）及び京都産業大学出版助成により実現した。カバーや製作過程の写真は，菊田浩氏に提供していただいたものである。文眞堂の前野弘氏，前野隆氏には，本書の刊行につき大変お世話になった。

なお，本書にはすでに公表した論文に加筆修正を加えたものが再編成された上で組み込まれているが，既発表論文は以下の通りである。

「イタリア弦楽器工房の歴史：クレモナの黄金期を中心に」『京都マネジメント・レビュー』第8号，2005年，pp.21-40。

「クレモナにおけるヴァイオリン製作の現状と課題」『京都マネジメント・レビュー』第9号，2006年，pp.19-36。（古賀広志との共著）

「伝統工芸の技術継承についての比較考察～クレモナ様式とヤマハのヴァイオリン製作の事例」『京都マネジメント・レビュー』第11号，2005年，pp.19-31。

'Context conversion and process of resource accumulation in making traditional craft : Luthiers in Cremona', "AIMAC 8th International Conference in Valencia", 2007.

'Violin makers in Cremona', "ACEI 15th International Conference on Cultural Economics in Boston", 2008.

2008年秋

大木裕子

目次

はしがき ……………………………………………………………… i

序章　本書の課題と分析視角 …………………………… 1

Ⅰ．既存研究のレビュー ……………………………………… 1
Ⅱ．本研究の分析視角 ………………………………………… 3
Ⅲ．研究の方法 ………………………………………………… 5

第1章　イタリア・ヴァイオリン製作の歴史 ……………… 7

Ⅰ．イタリア弦楽器製作の歴史 ……………………………… 7
　　1．ヴァイオリンの起源 ………………………………… 7
　　2．イタリアン・ヴァイオリンの時代的区分 ………… 8
　　3．グラフティング ……………………………………… 12
Ⅱ．クレモナ派のヴァイオリン製作者 ……………………… 14
　　1．アマティ・ファミリー ……………………………… 14
　　2．ストラディヴァリ・ファミリー …………………… 15
　　3．グァルネリ・ファミリー …………………………… 17
　　4．クレモナ名器の諸説 ………………………………… 18
Ⅲ．クレモナ黄金時代をめぐる環境的考察 ………………… 20
　　1．社会的環境 …………………………………………… 20
　　2．音楽的環境 …………………………………………… 22
　　3．顧客環境 ……………………………………………… 24
　　4．業界環境 ……………………………………………… 26
Ⅳ．まとめ ……………………………………………………… 27

第2章　クレモナのヴァイオリン製作の現状と課題 …………… 32

- Ⅰ．クレモナの概況 ……………………………………………… 32
- Ⅱ．クレモナのヴァイオリン製作を取り巻く環境 …………… 35
  - １．大量生産のヴァイオリン ……………………………… 36
  - ２．クレモナのヴァイオリン製作者協会 ………………… 40
  - ３．ヴァイオリン製作学校 ………………………………… 43
  - ４．ヴァイオリン製作コンクール ………………………… 53
- Ⅲ．クレモナが抱える問題点 …………………………………… 56
- Ⅳ．まとめ ………………………………………………………… 60

第3章　クレモナのヴァイオリン製作の特徴
　　　　〜製作者の視点から ………………………………… 63

- Ⅰ．世界のヴァイオリン製作地のマッピング〜歴史的な流れ ……… 63
  - １．16世紀 ………………………………………………… 63
  - ２．17〜18世紀 …………………………………………… 66
  - ３．19世紀 ………………………………………………… 68
  - ４．20世紀以降 …………………………………………… 70
- Ⅱ．ヴァイオリン製作の方法 …………………………………… 73
  - １．材料 ……………………………………………………… 73
  - ２．デザインの決定と型づくり …………………………… 75
  - ３．削り出し作業 …………………………………………… 77
  - ４．組み立て作業 …………………………………………… 80
  - ５．塗装作業と仕上げ ……………………………………… 82
- Ⅲ．産業クラスターとしてのクレモナ ………………………… 83
  - １．クレモナに名器が生まれた理由 ……………………… 84
  - ２．クレモナの復興 ………………………………………… 86
  - ３．クレモナの将来 ………………………………………… 89
- Ⅳ．クレモナのヴァイオリン製作へのインタビュー ………… 91

  1．芸術派 ……………………………………………… 92
  2．技術派 ……………………………………………… 102
 Ⅴ．まとめ ………………………………………………… 121

第4章　クレモナのヴァイオリン製作者へのアンケート調査の結果と分析 ……………………………………… 123

 Ⅰ．調査結果の要約 ……………………………………… 123
 Ⅱ．調査票各項目の集計結果 …………………………… 129
 Ⅲ．クロス集計の結果 …………………………………… 178
  1．日本人と外国人の差異 …………………………… 178
  2．イタリア人と非イタリア人の差異 ……………… 180
  3．クレモナ人と非クレモナ人の差異 ……………… 183
  4．経験年数による差異 ……………………………… 184
  5．販売価格による差異 ……………………………… 186
 Ⅳ．まとめ ………………………………………………… 188

第5章　クレモナの産業クラスターの特徴 ……………… 189

 Ⅰ．5つのポイント ……………………………………… 189
  1．伝統と製作学校 …………………………………… 189
  2．帰属意識 …………………………………………… 190
  3．競争と協調 ………………………………………… 191
  4．情報 ………………………………………………… 192
  5．多様性 ……………………………………………… 192
 Ⅱ．クレモナにおける弦楽器産業クラスターのダイナミズム ……… 194
  1．技術継承の特徴 …………………………………… 194
  2．イノベーションを促す要件 ……………………… 196
  3．製品幅を広げてきた理由 ………………………… 198
  4．クレモナにおける外国人製作者の活躍 ………… 200
 Ⅲ．クレモナのブランド形成のメカニズム …………… 201

1．中間層を狙ったマーケティング …………………………201
　　2．ブランド形成のブラックボックス …………………………203
　　3．ブラックボックスとクレモナの将来 ………………………205
　Ⅳ．クレモナにおける楽器製作のイノベーション ………………206
　　1．オールド・ヴァイオリン ……………………………………206
　　2．新作ヴァイオリン ……………………………………………208
　　3．クレモナのイノベーション～今後の展望 …………………212
　　4．まとめ …………………………………………………………215
　Ⅴ．おわりに ………………………………………………………218

あとがき …………………………………………………………………222
クレモナ市内のヴァイオリン工房 ……………………………………226
クレモナでのインタビューリスト ……………………………………228
質問票（日本語，イタリア語）…………………………………………230

参考文献 …………………………………………………………………238
索引 ………………………………………………………………………245

序 章

本書の課題と分析視角

Ⅰ．既存研究のレビュー

　はじめに，これまでの産業クラスター研究の流れを示しておくことにする。産業集積について最初に論じたのはマーシャル（Marshall, 1890）であるとされている。マーシャルは産業の地域的な集中が ① 特殊技能労働者の市場形成，② 補助産業の発生や高価な機械の有効利用による安価な投入資源の提供，③ 情報伝達の容易化による技術波及の促進，といった経済効果「外部経済」をもたらすことを指摘した。1980年代以降活発となった産業集積の研究の先駆けとなったピオリとセーブル（Piore et Sable, 1984）は，「第三のイタリア」と呼ばれる中央部および北西部イタリアの製造業に ① 柔軟性と専門化の結びつき，② 参加制限，③ 技術革新を推進する競争の奨励，④ 技術革新を阻害する競争の禁止といった調整機能から構成される「柔軟な専門化」の典型的な例を見出した。クラフト的生産体制から大量生産体制に移行した19世紀を「第一の産業分水嶺」とすれば，今日は「第二の産業分水嶺」であるとして，大量生産体制からクラフト的生産体制への移行の必要性と可能性を論じた。その後，経済地理学に着目したクルーグマン（Krugman, 1991）は，マーシャルが「外部経済」とした変数を使ってモデル化し，外部経済効果により産業集積の優位性が高まると主張した。またサクセニアン（Saxenian, 1994）は，シリコンバレーを地域ネットワーク型システム，ルート128を独立企業型システムとみなし，地域産業システムには ① 地域の組織や文化，② 産業構造，③ 企業の内部構造といった側面があり，単に地域を生産要素の集合体として捉えるべきではないと主張した。

このような伝統的な産業集積論に対し，経営戦略論の立場からポーター（Porter, 1998）は産業集積をグローバル競争時代のパラドックスとし，特定産業の集積を「クラスター」と名付けた。情報通信技術の発達により距離という物理的制約が解消されると思われていたのにもかかわらず，実際には情報関連産業ですらシリコンバレーやシリコンアレーのような地理的集中という現象が生じていたからである。ポーターはクラスターの基盤となる需要条件，要素条件，企業戦略および競争環境，関連産業・支援産業という4つの要素を「ダイヤモンド・モデル」として提唱した。競争力の根源は生産性向上であり，産業クラスターは「競争と協調」を通じ，生産性を向上させ，イノベーションを誘発させる可能性を持つというのが「ダイヤモンド・モデル」の基本概念である。金井（2003）によればポーターの産業クラスター論と伝統的集積論との違いは①土地，労働力，天然資源，資本といった古典的な生産要素に加え知識ベースの新しい生産要素の重要性を指摘したこと，②企業のみならず多様な組織を内包し知識社会への変化を捉えていること，③イノベーションの実現を通じての生産性の重要性を指摘していること，④協調関係ばかりでなく競争の意義も指摘している点にある。

「イノベーション」とは，人の能力の所産である知を創造し，活用することによって新たな価値を生み出す活動（創意工夫）を表す言葉で，その基となる「新結合」を最初に指摘したシュンペーター（Schumpeter, 1912）は①創造的活動による新製品開発，②新生産方法の導入，③新マーケットの開拓，④新たな資源の獲得，⑤組織の改革の項目をあげている。またアレン（Allen, 1977）はイノベーション・プロセスにおけるコミュニケーション・パターンの研究から，「ゲートキーパー」の存在がイノベーション・プロセスの促進に大きな役割を果たしていることを指摘している。集積がイノベーションを促進するメカニズムについては，これまで必ずしも明らかにされてきたわけではないが，カマーニ（Camagni, 1991）は「Innovative Miliex（イノベーティブ・ミリュー）」という概念を導入し，単なる地理的な近接性に基づきつつも，その中での個人や集団，組織，組織間をひとつの環境として捉え，帰属意識が芽生えることで集積やシナジーによる学習プロ

セスを通じ，ミリュー全体のイノベーション能力が向上するものと捉えている。伊丹（1998）も組織論の立場から，産業集積に固有なメカニズムとして「技術蓄積の深さ」「分業間調整費用の低さ」「創業の容易さ」を指摘すると共に，集積が情報の流れの濃密さや情報共有といった条件を満たす一つの「場」として機能することの重要性を唱えている。宮嵜（2005）によれば，イノベーションを生み出す「知恵」「知識」は多様な創造主体から生まれ，主体の「探索」「学習」能力だけでなく，その主体の価値観，その創造主体の置かれている組織のあり方，「場」の雰囲気に大きく左右される。

II．本研究の分析視角

このように産業クラスターについての研究は，プラットフォームとしての「場」において高感度な情報交換をおこなう「知的集積の経済性のダイナミズム」の関心へと推移してきた。ただ，多岐にわたる研究分野を包含していることもあって，そのダイナミズムの解明は必ずしも体系化されておらず，個別の実証研究の蓄積が必要とされている。これまでの先進事例研究はシリコンバレーや「第三のイタリア」を中心に行われてきた。イタリアの産業集積については日本でも，岡本（1994）の洗練されたデザインの背景にある職人や中小企業の存在，清成・橋本（1997）のシリコンバレーと北イタリアの産業集積の比較からコミュニティの重要性，小川（1998）の家族・地域産業・地域コミュニティの強い一体性という特徴の提示，稲垣（2003）のスピンオフ連鎖を伴う産業集積論，児山（2007）のイタリア産地の「暗黙知」に関する研究など，その実態が解明されつつあるが，北イタリアだけでも約200の産業クラスターが存在しており，その全てが明らかになっているわけではない。そこで本書では，クレモナのヴァイオリン産業クラスターを取り上げ，「場」のダイナミズムを技術継承とイノベーションの視点から考察する。

本研究の基本的枠組としてはポーターのダイヤモンド・モデルを採用し，

クレモナの競争優位について捉えていくことにする。要素条件には，天然資源，気候，位置，未熟練・熟練労働，資本といった基本的要素と，デジタル・データ通信設備，高度知識を持つ人材，研究機関といった高度要素の2つの種類がある。需要条件には高度で要求水準の厳しい顧客の存在で，企業やその集団の産業はその高い要求水準に答えるためにイノベーションを生み出さざるを得なくなる。企業戦略・競争環境には，適切な投資と持続的発展を促す状況，地域にある競合企業間の激しい競争，更に働く人間のモチベーションをいかに引き出すかという点も含まれる。関連産業・支援産業は，有能な供給業者の存在や競争力のある関連産業の存在を指す。産業クラスターは知識を共有し，知の変換を図る「場」である。もちろん4つの要因を発見し分析するだけではクラスターの経済が活性化するわけではないが，国や地域が，最も優れた事業環境を提供することで，組織の生産性が高まり，生活水準が向上し，発展するというのがポーターの考え方である。

<図表0-1：ポーターのダイヤモンド・モデル>

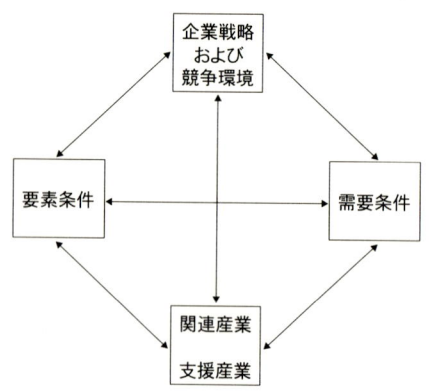

(出典：Porter M.E., 邦訳（1999）『競争戦略論Ⅱ』ダイヤモンド社, p.83。)

本研究の目的は，これまで明らかにされてこなかった「ヴァイオリン」という高付加価値製品を作り出すクレモナの産業クラスターについて，知の変換をもたらす情報交換のダイナミズムを実証的に明らかにすることである。ストラディヴァリなど最高傑作として評される楽器を過去に創り出したクレ

モナは，現在も再び，新作ヴァイオリンのメッカとして注目されている。ストラディヴァリの時代になぜこのような傑作が完成したのかについては未だに明らかにされていない部分も多いが，様々な社会的要因や，顧客・供給業者，クラスター内での協調・競争関係などが複雑に絡み合い，技術の継承を超えたイノベーションが実現したものであると考えられる。そして現在に至るクレモナの復活にも，技術継承とイノベーションに関する多くの興味深い示唆が含まれている。集積のもたらす効果は，「知」という形で蓄積し，移動しにくい性質を持つ粘着性の高い情報となって，クレモナの文化や社会資本の中に組み込まれてきた。地理的近接性がもたらす「場」ならではの情報交換が，技術の継承とイノベーションに深く関わりを持つことで，付加価値の高い製品を作り出すことができるようになったのだと考えられる。

　更にクレモナの産業クラスターについては，楽器という製品の特性からも，音楽という芸術と深く関わりを持つヴァイオリンという楽器がどのようにビジネスの中で捉えられ，高付加価値をつけた製品を作りだすようになってきたのか，そして，どのようにブランドを確立してきたのかについて，そのダイナミズムを捉えていく必要があるだろう。本研究では，過去から現在への流れの中で，クレモナという産地が，プラットフォームとしての「場」をいかに形成し活用しながら競争優位の源泉を築いてきたのかについて解明していく。技術継承とイノベーションという視点からクレモナの製作に関する「知」を探ることで，知識ベース社会の「知的集積の経済性のダイナミズム」の解明への一助としての意義を持つことになる。

III. 研究の方法

　本書は2005年から2007年にかけて実施したイタリアと日本での現地調査をもとに構成されている。調査では，まず1次資料，2次資料の広範な探索により分析枠組みを構築した。その分析枠組みに即して，少数の事例を対象とする詳細な定性的研究と定量的研究を併用した。演繹的に導出される理論

に依拠しつつ,詳細な事例研究と定量的研究を併用する研究スタイルは,仮説発見型と仮説検証型の両者の利点を取ったものである。

定性的研究では,クレモナでは複数の弦楽器製作者,ヴァイオリン製作学校副校長(製作部門のトップ),クレモナ楽器製作者協会(Consorzio:コンソルツィオ)代表,クレモナ市文化評議会委員,市立ストラディヴァリ博物館館長,スタウファー財団会長に対するインタビューにより調査を行った。また日本においては,複数の弦楽器製作者,複数の弦楽器店経営者・ディーラー,株式会社ヤマハ豊岡工場カスタム工房設計課長,音楽事業営業担当,木曽福島ヴァイオリン製作学校校長,及びフィレンツェと中国(北京)にて弦楽器製作者にインタビュー調査を実施した。

定量的研究では,クレモナに在住する弦楽器製作者を対象とし,プラットフォームとしての産業クラスターのダイナミズムを解明するために,個人と集団,組織,組織間(顧客,競合,供給業者,製作学校),及び技術に関する設問から成る調査票を設計した。調査票はクレモナのコンソルツィオに所属する約130人の製作者を中心に配布し,そのうちの70枚(回収率53.8%)を回収した。調査結果は,単純集計及び,χ^2検定によるクロス集計をおこなった。

更に,定量的調査で抽出された特徴や問題点について,定量的調査の結果を補填する意味で必要な項目について再度インタビュー調査を実施し,検証をおこなった。このように,本研究では詳細な定性的研究と定量的研究を組み合わせた方法論的トライアンギュレーションを採用することで,より精度の高い結果を得られるようにした。

第1章
イタリア・ヴァイオリン製作の歴史

　第1章では，イタリアにおけるヴァイオリン製作の歴史の概略を提示し，オールド・イタリアン・ヴァイオリンと呼ばれるクレモナの隆盛期を代表する製作者について紹介する。そして，このような巨匠を誕生させた背景となる環境的要因を，クレモナのアート・ビジネスとの関連において分析すると共に，ギルド，工房，職人のいかなる情報伝達が，技術の継承を超えて知の変換をもたらすイノベーションを創造させ，情報技術の発達をもってしても模倣できない名器を生み出したのかについて，試論的な仮説の導出を試みる。

Ⅰ. イタリア弦楽器製作の歴史

1. ヴァイオリンの起源

　音楽の起源は太古に遡るが，弓で弦を振動させることによって音を出す楽器はイスラム文化を起源とし，ヨーロッパには北アフリカから侵入していたムーア人によって，8世紀頃にスペインに伝えられたとされている[2]。ヴァイオリンの誕生については諸説があり，16世紀初頭に突如としてその姿を現し1550年頃に音楽家たちに普及したとも言われるが，楽器の構造から見ると「ヴィオラ・ダ・ブラッチョ（viola da braccio）或いは，リラ・ダ・ブラッチョ（lira da braccio）から派生したもの」[3]だと捉えるのが現実的だと思われる。ヴァイオリンの発達の初期段階には，北イタリアにおいてアンドレア・アマティ（Amati, Andrea, ca.1505-ca.1577）による繊細に美し

く仕上げられたクレモナ派と，ガスパロ・ダ・サロ（通称 Gasparo da Salò）(Bertolotti, Gasparo, 1540-1609)[4] とその弟子のマジーニ（Maggini, Giovanni Paolo, 1580-1630）による頑丈なブレッシア派の2種類のヴァイオリンが存在しており，ヴァイオリン奏者はこの2種類の楽器の双方を，音楽に合わせて使い分けた[5]と伝えられている。

　アンドレア・アマティとガスパロ・ダ・サロの年齢差を鑑みても，ヴァイオリンという楽器の形態を最初に誕生させたのはアンドレア・アマティと考えてよいだろう。現存するヴァイオリン本体のサイズ[6]はアンドレア・アマティが考案したものとほぼ同じで，このサイズが決められたことでヴァイオリンの音が造られるようになり，楽器として完成したわけである。一方，ガスパロ・ダ・サロはアンドレア・アマティの楽器を知りながら，それをコピーすることはせずに独特な力強い音色を持つヴァイオリンを作り出したとされる。しかし1609年にガスパロ・ダ・サロ，1632年にマジーニが他界して以来，ブレッシアのヴァイオリンの製作は急激に衰退し始め，ヴァイオリン製作はクレモナの独壇場となり，やがてクレモナのニコロ・アマティ（Amati, Nicolo, 1597-1684）とドイツのヤコブ・シュタイナー（Steiner, Jacob, 1617-1683）の2人が主導するようになった。バロック・ヴァイオリンが主流だった時代に理想の楽器として評価を受け，最も高額で売買されていたのは，ハイ・アーチを特徴とするシュタイナーの楽器[7]で，バッハもモーツァルトもクレモナの楽器ではなくシュタイナーを使用していたことが知られている。しかし，モダン・ヴァイオリンの時代になると，再びクレモナの楽器が脚光を浴びるようになり，特にアントニオ・ストラディヴァリ（Stradivari, Antonio, 1644-1737）とグァルネリ・デル・ジェス（Guarneri, Giuseppel（Ⅱ））（Del Gesu, 1698-1744）の楽器が最高峰として評価されるようになった。

2．イタリアン・ヴァイオリンの時代的区分

　現在，イタリアで製作された楽器はディーラーを通して取引されることが多い。ディーラーは製作された年代によりイタリアの楽器を区別しており，

それぞれオールド・イタリアン，モダン・イタリアン，コンテンポラリー・ヴァイオリンと呼ばれている。この呼び名は一般にも使用されるようになってきている。オールド・イタリアンはヴァイオリンの誕生からプレッセンダ (Pressenda, Giovanni Francesco, 1777-1854) の出現まで，モダン・イタリアンはプレッセンダ以降第二次世界大戦まで，戦後のヴァイオリンはコンテンポラリー（新作）と呼ばれている。17世紀初頭まではアマティをモデルとしたヴァイオリン製作が盛んであったが，18世紀，19世紀になると音量があるブレッシア・モデルの楽器が見直され，その製作法がモダン・ヴァイオリンの製作に導入されるようになった[8]。

図表1-1はイタリア・ヴァイオリンの時代区分を示したもので，グレーの部分は各時代区分においてヴァイオリン製作者が多数輩出された期間，Blank i , ii は優れたヴァイオリン製作者が出現しなかった空白の期間を表している。

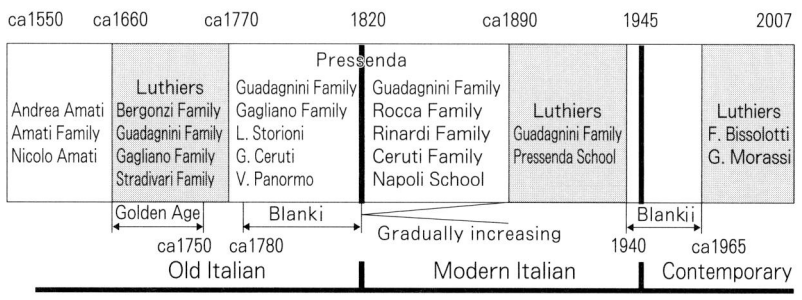

＜図表1-1：イタリア・ヴァイオリンの時代区分＞

(出所：神田 (1998)，p.79を改変。)

(1) オールド・イタリアン・ヴァイオリン（1550年頃～1820年頃）

アンドレア・アマティ以降，プレッセンダが出現する1820年頃までの間に作られたヴァイオリンを，オールド・イタリアンという。この時代には，アマティ，ストラディヴァリ，グァルネリ，ガリアーノ (Gagliano)，ロジェリ (Rogeri)，ルジェリ (Ruggieri)，ベルゴンツィ (Bergonzi)，グァダニーニ (Guadagnini) などの各ファミリーが大きなギルド，工房を

構成していた。1660年頃から1770年頃がイタリアン・ヴァイオリン史上のルネッサンス期で,「シルバー・トーン」[9]を持つ個性に富んだ多くの名器が製作されていった。特に,ベルゴンツィ(Bergonzi, Carlo(Ⅰ), 1683-1747),グァダニーニ(Guadanini, Lorenzo(Ⅰ), 1690-1748),グァルネリ,ストラディヴァリなどが活躍した「クレモナの栄光」と呼ばれる黄金時代には1万本程度の楽器が製作[10]されており,アマティ時代から受け継いだクレモナおよびブレッシアのイタリア独特の製作法を守った最盛期である。18世紀の初頭から後半にかけて,ヴァイオリンの製作技術はヨーロッパ全土に広がっていった。

しかしベルゴンツィの死後,クレモナの弦楽器製作は空白期を迎える。クレモナ最後の名匠といわれたストリオーニ(Storioni, Lorenzo, 1751-1800)とチェルーティ(Ceruti, Giovanni Battista, 1755-1817)以外には際立った製作者がおらず,クレモナでは極端に製作者が減少してしまった。クレモナではアマティ時代から受け継いだクレモナ及びブレッシアの独得の製法に固執していたが,「その反面,シュタイナー型の楽器を受け入れなかったのが,その衰退の原因であったとも云われている。幾多の天才的な名工を抱えながら,この時期にクレモナの名器の生産は次第に衰え始め,やがて復活不可能な状態に至ってしまった」[11]という。

同時期ナポリにはガリアーノ・ファミリーの大工房があり,トリノではグァダニーニ・ファミリーも活躍していたが,いずれの都市でも1800年前後には製作者,特に名匠の減少が顕著になる。

(2) モダン・イタリアン・ヴァイオリン

イタリアのプレッセンダは,ストリオーニの弟子で空白後に現れた最初の名匠である。ストラディヴァリ,デル・ジェスの長所を巧みにブレンドした洗練された外観を持つ楽器を製作して,トリノで独立した。1831年以降北イタリアで彼の作品が認められるようになった頃から,イタリアでは製作者の人口が各都市で少しずつ増え始めた。19世紀初頭の製作者としては,グァダニーニ,プレッセンダ,サンタジュリアーナ(Santagiuliana,

Giacinto, 1770-1830）などを挙げることができるが，17世紀，18世紀のオールド・ヴァイオリンが手頃な価格で入手でき，優れた新作楽器に対する需要は少なかったことに加え，もともと受注生産をおこなってきたイタリアには諸外国へ輸出する諸条件が整っていなかった。そして後述するように，18世紀後半からフランスのパリのヴァイオリン製作者がモダン・ヴァイオリンへのグラフティングを始めていたこともあり，パリのヴァイオリン製作者やヴァイオリン・ディーラーの繁栄に対し，イタリアはオールド・ヴァイオリンの修理や調整を主として，楽器の需要・生産は少なかったと言われている。もっとも，モダン・ヴァイオリンの開発に貢献したフランスも，ヴァイオリンの品質という点では市場の独占は適わず，イタリアにはプレッセンダ以降優れた製作者が徐々に増えていった。

　1890〜1940年にはイタリアは2回目の隆盛期を迎え，この時代，約250人の名匠が製作した楽器は現在でもコンサート・ヴァイオリンとして高く評価されている。この時期は，「ニコロ・アマーティ，ストラド，デル・ジェス，バレストリエリ，グァダニーニ，ガリアーノ，プレッセンダ等の作風を踏襲しながらも，更に音の良いヴァイオリンを造り出せるのではないかと希望を持ち，皆で切磋琢磨した時代」[12]であった。従って，オールド・イタリアンの名器をモデルとしながら，個性豊かなヴァイオリンが製作された。

　ヨーロッパ各国では，産業革命以降分業による大量生産の傾向が現れ始めたために，ヴァイオリン製作も中世からのギルド制つまり厳格な職人組合の世襲制から解放され，ヴァイオリンの製法は，伝統的な技術を守る優れた手工芸と利益追求を第一目的とする大量生産方式に分かれることになった。大量生産方式のヴァイオリンの産地としては，ドイツのミッテンヴァルト，マルクノイキルヘン，クリンゲンタール，フランスのミルクールおよびボヘミアのグラスリッツ，シェーンバッハなどが挙げられる。この中でイタリアは工業化されたマス・プロダクションの楽器は作らないという伝統を守ってきた。

(3)　コンテンポラリー

　再び空白の時代となった第二次世界大戦期の後，現在に至るまで作られて

いるヴァイオリンをコンテンポラリー・ヴァイオリン（新作）という。職人の個性を重視するよりも，ストラディヴァリ，デル・ジェスをコピーするといった作風の標準化が進められている傾向にある。

　ヴァイオリン製作が途絶えていたクレモナでは，イタリア系アメリカ人製作者サッコーニ（Sacconi, Simone Fernando, 1895-1973）が，内枠式或いはクレモナ式と言われる昔のクレモナのヴァイオリンの製作方法を取り戻すことに尽力した。サッコーニの提唱により，1937年にストラディヴァリ生誕200年祭が行われ，1938年にはクレモナの国際ヴァイオリン製作学校が設立された。これが契機となって，クレモナは再びヴァイオリン製作の町としての活気を取り戻し，世界各国からのヴァイオリン製作者を養成する一方で，現在では130以上のヴァイオリン工房が集積し，ヴァイオリン製作のメッカとなっている。

3．グラフティング

　17～18世紀に作られたヴァイオリンは，19世紀に入るとモダン・ヴァイオリンへと手を加えられるようになり，シュタイナーやアマティよりもストラディヴァリの方がこのグラフティングに適しているという理由から，ストラディヴァリがより好まれるようになった。

(1) バロック・ヴァイオリンからモダン・ヴァイオリンへのグラフティング

　18世紀後半になってヴァイオリンの演奏技術が発達し，演奏場所がそれまでの貴族のサロンなどから広い演奏会場に移ると，ヴァイオリンには一層の音量が要求されるようになった。それまで一般的に使われていた楽器は，現在バロック・ヴァイオリンと呼ばれている。ヴァイオリン生産活動の中心として支配していたパリにおいて，1770年頃からヴァイオリンの製作上の新しい技術の導入が始まり，19世紀中頃までに様々な改良が施され現代の状態に落ち着いた。バロック仕様のオリジナルのオールド・ヴァイオリンから，大音量を求められるモダン・ヴァイオリンへのグラフティングでは，①顎あての使用，②指板の長さ，③ネックの角度，④バスバー（力木）の大

きさなどが変えられている[13]。グラフティングに大きく貢献したパリのヴィヨーム（Villauve, Jean Baptiste, 1798-1875）は，優れた楽器製作者であったと同時に，オールド・イタリアン・ヴァオリンに精通しており，近代的な楽器への改造に関して際立った技術を持っていた[14]。

オリジナルのネックを長いネックに替え駒を高くして弦の張力を強めるモダン・ヴァイオリンへのグラフティングは，胴体の盛り上がりの少ないフラットなストラディヴァリのような楽器の方が適しており，シュタイナーやアマティなど胴の膨らんだヴァイオリンは作り変えが難しかった。このことが，ヴァイオリン市場の嗜好に変化をもたらし，現在までモダン・ヴァイオリンのモデルとしては，ストラディヴァリが基本型となっている。

モダン・ヴァイオリンへのグラフティングに合わせ，フランソワ・トルテ（Tourte, Francois, 1747-1835）が新しい型式の弓を草案し，ニコラ・ルポー（Lupot, Nicolas, 1758-1824）らがヴァイオリンの構造と機能を近代化し，名演奏家であったヴィオッティ（Viotti, Giovanni Battist, 1755-1824）とその弟子たちが，モダン・ヴァイオリンをヨーロッパの演奏家に推奨していった。産業革命以降は，ガット弦を用いていたヴァイオリンに，銅線や銀線を巻いた丈夫な弦を安価に供給できるようになり，より張りの強い音を追求することが可能になった。そして，ヴァイオリンの名手パガニーニ（Paganini, Nicolò, 1782-1840）と，顎あてを考案したドイツのシュポーア（Spohr, Louis, 1784-1859）などが，楽器と弓の改良に大きく貢献して，最終的に現在の形となった[15]。

このように，「フランス革命の後に，フランスでモダン・ヴァイオリンが作り出され，オールド・ヴァイオリンの大半が改造されるまでは，アマティやシュタイナーの楽器がヴァイオリンのモデルの標準」[16]であり，それがモダン・ヴァイオリンの時代になると，代わってストラディヴァリのモデルが尊重されるようになったのである。現在ヴァイオリンの形には，①ストラディヴァリ・パターン，②デル・ジェス・パターン，③アマティ・パターン，④シュタイナー・パターンの4つのモデルがあり，現存する楽器の大半はこれらのいずれかに属している。

II. クレモナ派のヴァイオリン製作者

オールド・イタリアン・ヴァイオリンの中で，クレモナ派の代表となるのはアマティ，ストラディヴァリ，グァルネリの3つのファミリーである。

1. アマティ・ファミリー

前述のように，ヴァイオリン製作者として最初に有名となり，クレモナ派の創始者となったのは，アンドレア・アマティ（Amati, Andrea, ca.1505-ca.1577）である。アンドレアには，5歳ほど年下のジョヴァンニ・アントニオ（Amati, Giovanni Antonio, ca.1475-mid 1500s）という弟がおり，アマティ兄弟は，クレモナのリュート製作者[17]ジョヴァンニ・レオナルド・ダ・マルティネンゴ（Giovanni Leonardo da Martinengo）のもとで，徒弟として生活していた。1534年にこの工房から独立し，兄弟で弦楽器を製作した[18]。細部まで繊細に仕上げることでヴァイオリンの美しさを重視したヴァイオリンは高く評価され，1566年にはメディチ家カテリーヌの子で，フランスのシャルル9世（Charles IX de France, 1550-1574）の使者が，宮廷のために38本一揃い[19]の弦楽器の製作をアマティ兄弟に依頼した。彼らの楽器製作は有産階級や上流階級の得意先に向けられており，次第に裕福になったアンドレアは，最上の素材を求めて各地を回り，当時の最高のイタリア産楓（カエデ）材[20]を入手したという。

アンドレアにはアントニオ（Amati, Antonio, 1537-1607）とジロラモ（Amati, Girolamo（Ⅰ）, 1540-1630）の2人の息子がおり，兄弟でアンドレアのモデルに似た多くの楽器を一緒に製作した。ジロラモにはロベルト（Roberto）と，「当時最も偉大なヴァイオリン製作者として認められていた」[21]ニコロ（Nicolo）という2人の息子がいた。

ニコロ・アマティ（Amati, Nicolo, 1596-1684）は，ジロラモのモデルを正確に引き継ぎ，60歳を超えた晩年になると，祖父や父の製作様式からか

なり離れた独自のモデル[22]を完成させた。ニコロは，一族の築いてきたクレモナの栄光のために尽力すると共に，「親族の者でない見習いを工房に置かない」というアマティ一族の慣習を破り，同時代のヴァイオリンの製作者への卓絶した親方として，アントニオ・ストラディヴァリ，アンドレア・グァルネリ（Guarneri, Andrea, 1626-1698）をはじめ，ロジェリ（Rogeri, Giovanni Battista, 1650-1730），ルジェリ（Ruggieri, Francesco, 1620-1695），グランチーノ（Grancino, Paolo, 1640-1690）など最高の技術を持つ弟子を育て上げたことで知られている。彼らは，師匠のアマティやシュタイナーの胴体の盛り上がったモデルではなく，ブレッシア派のフラットなヴァイオリンの設計を基として進化させていった。美への信念，妥協をしない芸術上の良心および完全さを求める努力は，弟子となってイタリア各地に広がっていったヴァイオリン製作者たちに引き継がれていった。

　ニコロの後を継いだのは，3番目の息子ジロラモ2世（Amati, Girolamo（Ⅱ），1649-1740）であった。ジロラモ2世は一族の伝統を引き継いだ腕のよい製作者であったが，ストラディヴァリやデル・ジェスが活躍する中で競争に立ち向かうことができず，ニコロの死後はほとんど楽器を製作しなかったと言われている。

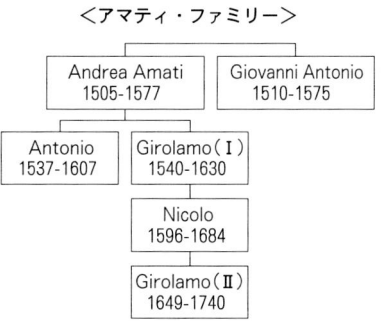

2．ストラディヴァリ・ファミリー

　アントニオ・ストラディヴァリ（Stradivari, Antonio, 1644-1737）の生

Antonio Stradivari

涯については信憑性のある資料が少なく解明されていない部分も多いが，富裕階級の家系に生まれ，2度の結婚により11人の子供がいて，3,000本の楽器を製作したと伝えられている[23]。建築家フランチェスコ・ペスカローリの工房で彫り込み装飾家の見習いを始めたという説もあるが，"Antonius Stradivarius Cemonomensis Alumnus Nicolaji Amati, Faciebat Anno1666"とラベルを貼られた楽器が現存することから，ニコロ・アマティの弟子であったと考えられている。1690年まではアマティ工房の楽器を製作していたが，その中で1670年頃からは自分の名前を記したラベルを残している。ストラディヴァリは，各国の王族貴族の依頼を受け最高の楽器を作り続けたために，裕福な暮らしをしたことで知られているが，「いつ見ても同じ仕事着をつけており，これを脱いだことがなく，年中熱心に楽器ばかり作り続けていた」[24]と言われるように，真面目な職人だった。極めて完成度の高い楽器を製作し，特に1700年頃から1720年頃がストラディヴァリの黄金期と言われている。2人の息子フランチェスコ（Stradivari, Francesco Giacomo, 1671-1743）とオモボノ（Omobono Felice, 1679-1742）は，工房を分散させず父と共に仕事をした。父の死後もそれまでと同じ商標のラベルを貼って，楽器を産出し続けたのは，当時の工房で一般に行なわれていたことで，現在では600本以上が父親アントニオ・ストラディヴァリ自身の楽器であると証明されている[25]。フランチェスコが他界した1743年にストラディヴァリの工房は途絶えてしまった。

<ストラディヴァリ・ファミリー>

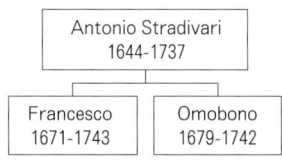

3．グァルネリ・ファミリー

アンドレア・グァルネリ（Guarneri, Andrea, 1626-1698）は，ニコロ・アマティの弟子であったが，1652年独立して自らの工房を構えた。「確かに，性格，個性，そして完全に知り尽くされたアマーティのデザインがあったが，緻密さというよりはむしろ彫刻的な力強さによって仕上げられていた」[26]と評価されるアンドレア・グァルネリは，生涯で約250本の楽器を製作したが，金銭的な余裕のなさから安価な材料しか使うことができなかったと言われている。息子のうちピエトロ・ジョヴァンニ（Guarneri, Pietro Giovanni（Ⅰ），1655-1720）とジュゼッペ・ジョヴァンニ・バティスタ（Guarneri, Giuseppe Giovanni Battista 通称ヨーゼフ，1666-1740）が職業を受け継いだ。ピエトロは1680年頃までクレモナで仕事をしていたが，その後マントゥーア（現マントヴァ）[27]に移り住みマントヴァにおけるクレモナ派の先駆者となった[28]ことで知られている。ヨーゼフは優れた職人で，アマティのモデルを倣った楽器を製作し，父の工房を継いだが，今では，製作者となった2人の息子ピエトロ（Guarneri, Pietro（Ⅱ），1695-1762）とバルトロメオ・ジュゼッペ・グァルネリ（Guarneri, Bartolomeo Giuseppe 通称グァルネリ・デル・ジェス，1698-1744）の父親として知られている。ピエトロは1717年に祖父の代からの工房を去り，ヴェネツィアに移った。当時ヴェネツィアにはオペラ劇場，オーケストラ，音楽院などが揃い，演奏家も集まっていたので，ヴェネツィア派のヴァイオリン製作ギルドが作られていた。ピエトロはクレモナの製作法と当時マテオ・ゴッフリラー（Goffriller, Matteo, 1659-1742）を代表としていたヴェネツィアの製作法を見事に統合した楽器を製作し続けたが，彼の息子で跡を継ぐものはでなかった。

　ヨーゼフのもとで徒弟として働いていたデル・ジェスは，1723年に父のもとを離れて独立した。アマティやストラディヴァリのように王侯貴族からの注文を持たなかったデル・ジェスは，庶民のために楽器を作り続け，売り急いだと言われており，形は大小さまざまで左右不対称なものも存在する。

1730年から1744年までがデル・ジェスの全盛期で、この時期に「クレモナのヴァイオリンの美しさとブレッシアのヴァイオリンの力強さを混ぜ合わせて、ひとつの魔法のような統合を成し遂げ」[29]、ストラディヴァリを超えるとも言われる名器を一挙に製作した。デル・ジェスは生涯で200〜250台の楽器を製作したというが、完璧に作られたストラディヴァリよりも容易に偽物が製作できたことから、デル・ジェスには偽物も横行した。ストラディヴァリの最も優れた点と昔のブレッシア派の楽器の音質と反響を統合させたデル・ジェスのヴァイオリンの力強い音響効果は、演奏家から示唆を得たと言われており、これまでにもパガニーニ、ハイフェッツ、ヴィオッティ、ヴィニアフスキーをはじめ多くの著名なヴァイオリニストを魅了してきた。

　デル・ジェスでグァルネリの家系は途絶え、3年後にクレモナのカルロ・ベルゴンツィが亡くなると、クレモナの弦楽器製作は衰退の一途をたどることになり、1700年代終わりには最後を迎え、弦楽器製作はクレモナからトリノへと移っていった。

4．クレモナ名器の諸説

　クレモナの名器が性能と優雅さにおいて特に優れているかについては諸説がある。今泉ほか（1995）によれば、これらの諸説は以下の4点に大別される。
① 音響的に優れている素材を使用することができた
② 優れたニスを使用していた

③　長年の経年変化と演奏され続けてきたために熟成して性能が向上した
④　製作者の技能が天才的に優れていた

　①については，弦の振動を伝えるために材質の選出は最も重要である。ヴァイオリンの表板にはスプルース（spruce），裏板には楓材（maple）が使われており，アマティの時代からヴァイオリン製作者たちは良質の木材を探し求めてきた。現在ではスイスや北イタリアのスプルース，ユーゴスラビア産のメープルが最適な素材とされている。「ストラディヴァリは黄金期の1700年から1720年の間に，樹齢数百年になるアカエゾ松で名器を製作したが，これには一時的氷河期のために年輪が密になって増幅された樹木が使用された」[30]という年輪年代学の新説もある。②については，クレモナの名器の黄金色に輝く華麗なニスの成分は未だ解明されておらず[31]，諸説が存在するが，「本質的に乾燥度のゆるやかなオイル・ニスを使い，これにアルコール・ニスを併用し，樹脂としては竜血[32]にプロポリスを混ぜたと解明されており，その後このオールド・ヴァイオリンのニスは，大量生産のために安価で，簡易に使用でき，光沢が美しく，乾燥の早いシェラック・ニスに代わっていった」[33]とされている。コンテンポラリーの製作者からはニスの秘訣には懐疑的な意見も多く，ヴァイオリンはニスを含めた総合的な手仕事の完成品であることが指摘されている。

　③に関して，経年変化とは「本体木材の枯れ具合，ニスの固化具合による音の変化，熟成度」[34]を意味する。木材の乾燥に関しては，コンテンポラリーでも10年以上自然乾燥させたものが使われている。「ヴァイオリンに使われている木材は，長い年月をかけて乾燥することや，ニスが木にしみこむことにより，木の繊維，細胞の結合力が強まり，弾力性が高まるので，木が鋭敏に振動を伝えるようになる。また，正しい奏法で，丁寧に弾き込まれた楽器は，それに応じて良い音色を持つようになる」[35]と言われている。④については，現代の科学をもっても超えることのできない名器を製作した天才として神話化されている部分も多い。しかし例えば「グァルネリは天才だったと言われているが，製作上の改善を弛みなく追及していた腕のいい職人であったに過ぎない」[36]との記述は，「すべての工程において，たぐいまれな精

神力と特別な才能を合わせもつ職人であることが要求される」[37] 弦楽器製作者について，本研究で進めるクレモナにおける名器復活の環境的要因との関連性と情報伝達のダイナミズムを探る示唆となるものである。

Ⅲ. クレモナ黄金時代をめぐる環境的考察

次に，クレモナの黄金時代を中心として，ヴァイオリン製作にまつわる環境的要因について，① 社会的環境，② 音楽的環境，③ 地理的環境，④ 顧客環境，⑤ 業界環境から考察していくことにする。

1．社会的環境

14～15世紀のイタリアは複数の商人共和国から構成されており，他国に比べて文化的にも社会的にも特異な国であったとされる。1550年にはイタリアの約40の都市が1万人以上の人口を抱えていたことからも，15世紀から16世紀において，イタリアはヨーロッパの中でも最も高度に都市化した社会のひとつであったことが伺える。ナポリの21万人を筆頭に，ヴェネツィア16万，ミラノ，パレルモ7万，ボローニャ，フィレンツェ，ジェノヴァ6万，ヴェローナ5万，ローマ4.5万，マントヴァ，ブレッシア4万，レッチェ，クレモナには3.5万人[38]が居住していた。このようにイタリア半島は都市国家の集合体であり，それぞれが独自の政治，文化，言語の伝統を持ち，必要に応じてヨーロッパの強国と同盟関係を有していた[39]。都市は労働者諸階級に頼ってはいたが，聖職者，貴族，農民という伝統的社会区分のモデルから変化し，社会構造の中で商人，専門職，職人，商店主たちで形成される中間層の相対的重要性が高まっていた[40]。

また15世紀から16世紀にかけて，多くの裕福な商人たちは商業から土地に投資の対象を移したが，この傾向は特にフィレンツェとヴェネツィアで顕著であったと言われている。ブルジョワジーと貴族の間でバランスを保って

きた有力者たちは，生活様式を貴族化することを選び，主たる関心を利潤から消費に移し，虚勢の乱費に対して以前よりも高い価値を与えるようになった[41]。そして，新しい貴族的なライフ・スタイルの一部として，支配階級は芸術の保護に傾斜していった。フィレンツェをはじめとする商店主たちの都市で，芸術家たちが最も受け入れられたのは，フランス，スペイン，ナポリといった軍事的文化よりも，業績を重視する商人的文化の方が，芸術家たちの価値を認識することが容易だったためであると言われる。経済後退への適応として，イタリアの経済構造が奢侈品市場の発展に普通以上に有利であったことも指摘されている。これには，富が蓄積されていたというだけでなく，都市においては消費者が常に変化しており，富が広く分配されていたことが挙げられる[42]。

　クレモナは，北イタリアのロンバルディア州の南端にあり内陸に位置し，ポー（Po），アッダ（Adda），オーリオ（Oglio）の3つの川に挟まれた肥沃な土地である。ミラノの南東約80kmで，西にはピアツェンツァ，東にはマントヴァ，北はブレッシア，南はパルマなどの都市がある。クレモナの歴史は，紀元前218年にローマの植民地が造られた時代に遡り，第2次ポエニ戦争後は文化・芸術面で高いレベルを誇っていた。1098年にはコムーネ（自治都市）となり，川を利用した交易によって街は富み，1107年には大聖堂が建設されている。12世紀から14世紀初頭までは神聖ローマ帝国に属していたが1334年にミラノのヴィスコンティ家に征服されてからはミラノ公国の一部となった。1499年にヴェネツィアの支配下となり，これを契機に多くのユダヤ人が移住してきた。アマティが弟子入りしたリュート製作者マルティネンゴもユダヤ人で，当時ユダヤ人により独占されていた古物商を営んでいた。当時クレモナでは，マルティネンゴの工房が，唯一の弦楽器製作工房であった[43]。当時リュートはルネッサンス時代の家庭的な独奏楽器として人気が高く，高価な材料を使い，豪華な細工の施されたものも多かった。そして1535年から1701年まで，クレモナはスペインの支配下となった。クレモナがスペインの支配下にある期間がヴァイオリン製作の最盛期と重なりクレモナの栄光を迎えることになるが，これには修道会の保護が大きく貢献

している。

　スペインの支配下にある間，クレモナではカルメル会とイエズス会という2つの修道会が勢力を持ち，文化面での指導権を握っていた。カルメル会はサンティメーリオ教会（chiesa di Sant'Imerio）を本拠地とし，教育活動を行っていた。カルメル会はニコロ・アマティとの交流が深く保護を認めていた。その友好的な関係はアンドレア・グァルネリに受け継がれ，マントヴァのピエトロ，弟のジュゼッペへと伝わったが，デル・ジェス（del Gesù＝イエスの）は自分のラベルに HIS というイエズス会の組み合わせ文字を添えて，保護者が異なることを示していた。イエズス会は17世紀にクレモナに招かれ，1600年代初頭にサン・マルチェッリーノ教会と寄宿学校を設立して，青少年の育成に尽くす一方で，ヴァイオリン製作者のアントニオ・ストラディヴァリやデル・ジェスを保護した。普及のためにヨーロッパ各国の宮廷に入り込んでいたイエズス会は，貴族階級という特権社会や聖職者の世界に製作者たちの作品を伝え広めるという形で保護を示していた[44]。宗教活動に付随して，クレモナの楽器の購入を権力者たちに勧めていったわけである。クレモナは，ミラノ公国と共に歩みながら，国としては一度も独立することなく，その経済的・地理的優位性を有効に利用していた。16世紀から18世紀にかけてのクレモナはイタリアの交通の要衝で，流通の要であったポー川沿いにあり，木材やニスなど，ヴァイオリン作りに必要な様々な材料や情報が集まってきた。そして，その材料と情報を求めて大勢のヴァイオリン職人がクレモナに集まってきた[45]。

2．音楽的環境

　16世紀中期から18世紀中期にかけてイタリアは音楽の中心地としてヨーロッパの音楽に最も大きな影響力を持つようになる[46]。ルネッサンス期のイタリアでは多声音楽が作曲されていた。多声音楽は，通常，声か楽器，或いは声と楽器を組み合わせたアンサンブルで演奏されていた。楽器には，フルートやリコーダー，トランペット，ティンパニーなどの他に，ヴィオラ・

ダ・ガンバ，リュート，ハープなどの弦楽器が使われていた[47]が，多声音楽では譜面上に声や楽器が特定されることはなかった。「1600 年ごろイタリアにオペラが興り，オペラ・オーケストラの出現によって劇的効果が強化されたが，その結果，楽器を特定した総譜が作成されるようになり，管楽器と打楽器とのバランス上，弦楽器に対する依存がますます大きくなっていった」[48]と言われている。1607 年にマントヴァで，38 の楽器から成るオーケストラと数多くの合唱曲とレチタティーボによって生き生きしたドラマをつくりだしたクラウディオ・モンテヴェルディ（Monteverdi, Claudio, 1567-1643）の≪オルフェオ≫（1607）は，どの場面でどの楽器を用いるかを作曲者が特定した初めてのケースであるといわれている[49]。因みに，モンテヴェルディはクレモナで生まれている。

　ヴァイオリンについては，「16 世紀末期にはイタリア以外の国々でもヴァイオリンは作られていたが，17 世紀にヴァイオリンの製作技法と演奏技法がヨーロッパ各国に広がった」[50]。アマティ兄弟が，簡単に調弦でき，持ち運びしやすい実用的で新しい楽器を開発したことで，音楽はアカデミアや王宮，教会といった特定の場から解放されることになった[51]。ヴァイオリンの普及とともに音楽は全人のものとなり，その社会的位置づけも変わっていった。

　特に，1625 年以降から 17 世紀末期にかけてはヴァイオリン市場が形成されていった重要な時期で，ヴァイオリンの関心は全てのヨーロッパ諸国に広がっていった。このため中世以来のリュートやヴィオールなどの弦楽器製作者は，ヴァイオリン製作へと転向することになった。17 世紀の半ばまでは，イタリアのヴァイオリンが市場を独占したが，製作技術はミッテンヴァルト，ミルクール，ロンドンへと伝わり，シュタイナーとアマティをモデルとして多くの楽器が生産されるようになった。市場の広がりの中で，ヴァイオリンの製作には品質よりも量産が必要になった。

　前述のように 18 世紀後半までに作られたヴァイオリンはすべて「バロック・ヴァイオリン」で，教会音楽の従属楽器としてのヴァイオリンが，18 世紀後半以降，モダン・ヴァイオリンに変身していったのは，1800 年前後

に活躍した製作者，ディーラー，ヴァイオリニスト，作曲家等による新しいフィッティングへの挑戦，研究によるものである。18世紀末から19世紀前半にかけてパリを中心にヴァイオリンと弓の改良が大きく進んでモダン仕様となった。フランス革命後，市民社会への到来に呼応する形で，ヴァイオリンにもより力強い音が求められるようになった。

　1500年頃にはヨーロッパは本格的な楽譜印刷技術をすでに持っていたが，極めて一部の階級により利用されており，ごく限られた種類の楽譜だけが印刷されていた。しかし18世紀に入り，楽譜販売の飛躍的展開によって，音楽生産は大きく伸長していった。音楽は宮廷だけのものではなくなり，受容層が拡がって，裕福な市民が楽譜の買い手となっていった。宮廷の生活に憧れる彼らは，生活様式全体を少しでも貴族の生活に近づけたいと考え，子どもたちに幼い頃から音楽を習わせるようになった[52]。ヨーロッパ社会は豊かになり，弦楽器の市場も大きく膨らんでいった。更に，「19世紀においては，その以前の王侯貴族や城主などの富裕階級のためにヴァイオリンを製作した状態から，庶民や大衆のための楽器の製作の必要性が多くなるという経済状況の変化が生じたため，伝統的な熟練した手工業による製作法では，製作者たちは必ずしも成功が保証されないという状態になった」[53]のである。

3．顧客環境

　オールド・イタリアン・ヴァイオリン製作時代は基本的に受注生産で，組織（同業者の組合），王侯貴族を顧客としていた。クレモナにおいてアマティ，ストラディヴァリ，ベルゴンツィなどの工房で修行した弟子たちは，やがて他の都市に移り独自の工房を作っていったが，渡り職人として様々な都市を彷徨したり，或いは王侯貴族に招かれる者もいた。

　イタリアでは15世紀には芸術の社会的地位は低かったが，17世紀までに芸術の地位，芸術家の社会的位置づけが上昇した。これに伴って芸術に対するパトロネージも大きく変化している。「彼らは美術作品をそれ自体のために購入し，芸術的個人主義はいまや儲けにつながるものとなった」[54]。そし

て，その対象は美術品から楽器にまで及ぶようになった。しかし「ストラディヴァリは数百の楽器を2人の息子に遺したが，18世紀末に楽器コレクターであったコジオ・デ・サラブエ伯爵（Cozio di Salabue, 1755-1840）がこれらを買い求めるまで，長年にわたり放置されていた」[55]と言われており，当時の名器に対する評価は必ずしも現在の評価と同じであったわけではない。ストラディヴァリが生涯の最高傑作と信じ最後まで手放さなかったヴァイオリン「メシア」（1716）も，1775年にコジオに売却され，これを後にルイジ・タリシオ（Tarisio, Luigi, 1790-1854）[56]が購入したと言われている。

クレモナの衰退には，ヴァイオリン職人が集まり多くの楽器を製作することで需要を上回る供給をしたこと，時代の変遷によりクレモナの経済的・地理的優位性が差別化を生む要素ではなくなったことがあげられる[57]。クレモナの名器の製作者は，他のヴァイオリンの産地，例えばマチアス・クロッツ（Klotz, Mathias, 1653-1743）が始めたミッテンヴァルトなどと違って，販売ルートを持たず，さらにその値段は高価なものであった。当時ヨーロッパ全土にヴァイオリンの普及が進んだが，ヨーロッパ諸国ではシュタイナー・モデルの楽器が人気を博していたこともあり，安価な楽器が数多く販売される中で，高価で販売ルートを持たないクレモナの名器は長年放置されることになった。

モダン・イタリアンの時代に入ると，器楽曲の発達と普及に伴うヴァイオリン奏者の激増により，演奏家やディーラーを顧客として，徐々に楽器を製作する職人が増え，一都市に多数の製作者が工房を構えるようになった。1789年のフランス革命により，「従来，宮廷や富裕階級のために作っていた楽器が大衆のものとなり，さらに中世からのギルド（職人組合）の制約からも開放され，ヴァイオリンのビジネスは，貴賎の如何を問わず，誰でも作れ，誰でも販売できるという自由を獲得した」[58]わけである。

18世紀から19世紀にかけてクレモナのオールド・ヴァイオリンに精通していたフランスのヴィヨームは，精巧なストラディヴァリやグァルネリのコピーを製作したことでも知られている。この頃から，クレモナを始めとした

イタリアの名器の価格が急激に上昇し始めたこともあって，演奏家や，19世紀から20世紀にかけてコレクターを相手にするディーラーにとって，オールド・ヴァイオリンの真偽の鑑定の判定能力が不可欠になってきた。ヴィヨームを中心に「フランスで開発されたモダン・ヴァイオリンとモダン・ボウは，革命で得られた自由の精神と共に，ヨーロッパ各国に伝えられ，ヴァイオリンの業界は，自由市場として，従来のパトロンからの制約から開放されて，発展し始めたのである」[59]。そして1875年にヴィヨームが他界すると，引き継いでオールド・ヴァイオリンの取扱いで名声を博したのは，ロンドンのヒル商会であった。

ヒル商会は，1887年に，ロンドンのニューボンド・ストリートに設立され，ヴァイオリンの優れた鑑定家，演奏家，事業家を抱え，オールド・ヴァイオリンの証明には世界的な信頼を持っていた。この他，ドイツのシュツットガルトのハンマ商会，ニューヨークのウーリッツァー商会，ロンドンのベア商会などがあり，これらの代表的な商会が20世紀のオールド・ヴァイオリンの市場を支配していた[60]。

4．業界環境

アンドレア・アマティ兄弟は1534年にポルタ・ペルトゥーズィオ(Porta Pertusio)にあった工房から独立して工房を構え，1539年には工房をサント・ドメニコ寺院の向かいのサン・ファウスティーノ (San Faustino) 地区に移した。この地区は当時「島」(isola) と呼ばれ，木工職人，金細工職人など町で最も評判の高い職人たちが工房を構えている区域だった。そして次第に弦楽器製作で名高い地区となっていった。アンドレアの死後，2人の息子がこの工房を継ぎ，そしてその息子ニコロ・アマティへと引き継がれていった。この時代には職業選択の自由がなかったため，息子たちは親の仕事を継承し，親と共に同じ工房で働かなければならなかった。ギルドによる世襲制と血縁者による協働作業は，クレモナの弦楽器製作が競争優位に立つための慣習法でもあった。

そして重要なのは，アマティの伝統を引き継いだニコロ・アマティが，一族代々の製作様式との関連を断ち切り，更に親族の者ではない見習いを工房に置かないというアマティ一族の慣習を破った点である。アントニオ・ストラディヴァリ，アンドレア・グァルネリを始めとする数々の弟子を，アマティの血縁以外から取って新しい血をクレモナの弦楽器製作に取り入れたことが，クレモナの栄光につながっている。全盛期のクレモナでは，アマティ，ストラディヴァリ，グァルネリなど有名な職人たちの工房はすべて「島」にあり[61]，名器製作に関する情報が集積されていったものと思われる。

　アマティ，ストラディヴァリ，グァルネリといった名前が知られているが，これまでに見てきたように，ヴァイオリンの製作はこれら個人によるものではなく，親方（マエストロ Maestro，マスター Master，マイスター Meister）とその弟子たちの協働作業により行なわれてきた。「職人の工房というものは，しばしば，ただ 1 人の人物の先生と手腕の所産であることがあるが，その工房に属するすべての人たち，すわなち，親方から下働きの最後のひとりに至るまで全員の的確な仕事によって最高の水準に保たれている」[62]のである。ギルド制の時代には，弟子が作ったものを師匠の名前で売ることは当然のことであったために，どこまでが親方の，或いは弟子の作品であるのかを見分けることは難しい。ヴァイオリンの製作は天才的な閃きによって完成するものではなく，職人としての緻密な作業の積み重ねによるもので，どの工房でも職人たちは死ぬまで几帳面に製作を続けていた。日常生活も真面目で，子孫を多く残し，長寿者が多かったことが知られている。

IV. まとめ

　本章では，まずヴァイオリン製作の歴史を示し，名器製作者を誕生させた背景となる環境的要因を整理した。音楽の発展に大きく貢献することになったヴァイオリンは，リュート製作者のもとで修行した勤勉な職人によって考案され，世襲制を保つギルドと工房内の血縁者による協働作業によってその

製作技術が継承・改良されていった。そして，更なるイノベーションは，伝統法を打ち破り親族以外の弟子を工房に入れることから始まったのではないかと考えられる。クレモナの名器をめぐるアート・ビジネスは，当時のクレモナの経済的・地理的好条件を背景として，修道会の援護を受けながらヨーロッパ各国の宮廷に広められ，更にクレモナに生まれたモンテヴェルディにはじまる 1600 年からのバロック時代における音楽の普及と楽曲の発展に伴い，貴族・富裕層を顧客とすることで，確固たる地位を築いていった。

　本章から導かれる試論的仮説として 2 つの点があげられる。第 1 は，知の変換をもたらすイノベーションが如何にもたらされたのかについてである。この組織論的な考察の側面からは，「名器は親方と弟子の協力的かつ総合的な工房での協働作業により製作され，イノベーションは職人としての技術革新への情熱，探究心，伝統の継承と打破の試行錯誤により実現し，新しい血を入れることで促進された」点である。名器の製作は一人の天才というよりは，工房内の血縁関係を中心とした技術の継承の中で，クレモナという産業クラスターにおける相互評価と情報交換が土台となって生まれたものであると考えられる。

　第 2 は，オールド・イタリアン・ヴァイオリンをめぐるビッグビジネスへの展開についてである。近年では 2005 年のオークションで，ストラディヴァリの"The Lady Tennant"(1699) は 2 百万ドル[63]，作曲家ヴィオッティが使用した"Viotti"は 3.5 百万ポンド[64]で落札された。このように，オールド・イタリアン・ヴァイオリンは既に演奏家の手が届く限度を越え，ビッグビジネスとしての色彩を強く持ってきている。① 鑑定書を発行するヒル商会(Hill & Sons)やベア商会(Beare Co.)などのヴァイオリン専門店，② 優れた演奏家と名器を購入するパトロンをマッチングさせビッグビジネスにつなげるディーラー，③ オークションでの手数料収入を求めるサザビーズ(Sotheby's)やクリスティーズ(Christie's)などのオークション・ハウス，④ 価格に糸目をつけないコレクターの存在，これらの関係者の意図と情報操作が絡まって現在の名器の高価格が成立している。現在では，名器はオリジナルが完全に残っているものは少なく，表板，裏板，横

板，スクロール（渦巻き）の3つが残っていれば理想的とされ，単品でも高値で取引される[65]。ディーラーは①製作者の知名度，②楽器のコンディション，③音，④数で，名器を定義しているが，単品でも高値での取引が可能で，更に真偽の判定が極めて難しいヴァイオリンの名器は，古物商業界にとって極めて魅力的な存在であろう。アート・ビジネスの視点から提唱する第2の仮説は「①鑑定書を発行するヒル商会やベア商会などのヴァイオリン専門店，②優れた演奏家と名器を購入するパトロンをマッチングさせビッグビジネスにつなげるディーラー，③オークションでの手数料収入を求めるサザビーズやクリスティーズなどのオークション・ハウス，④価格に糸目をつけないコレクターの存在，これらの関係者の意図と情報操作が絡まって現在の名器の高価格が成立している」点だ。

　本章は，実証研究につなげるための第一段階として，文献調査・公開資料により歴史的な観点から関連事項をまとめたものである。上記の名器誕生についての試論的仮説を踏まえ，次章以降では現代のクレモナのヴァイオリン製作について考察していく。なお，ヴァイオリン製作者の誕生や詳細については，正確に解明されていない部分も多く諸説が現存する。年代についてはクレモナの弦楽器製作に関する最新の研究ビソロッティ（Bissolotti, 2001）を参照した上で，古文書を保存するクレモナの公文書館において，可能な限り1次資料を確認したことを付記しておく。

公文書館にて（筆者）

注
1　佐々木(1987), p.13。
2　Tintori (1971).
3　Bissolotti (2001), 邦訳版, p.22。
4　本名ガスパロ・ベルトロッティ（北イタリアのサロという村で生まれたので通常ガスパロ・ダ・サロと呼ばれている。
5　今泉ほか (1995), p.27。
6　ボディレングス355mm，ストップ195mmが基準となっている。

7 当時はストラディヴァリの少なくても3倍の価格で売られていた。
8 今泉ほか,前掲,p.29。
9 名器特有の,華やかさの中に,実音とは異なる銀の粉を振り掛けたような響きが漂う音のことをさす。
10 今泉ほか,前掲,p.34。
11 同書,p.34。
12 神田 (1998), p.83。
13 佐藤 (2000), p.70。
14 今泉ほか,前掲,p.45。
15 佐藤 (2000), p.71。
16 Boorstin (1992), 邦訳版, p.30。
17 ヴァイオリン製作はリュート工房から始まったことから,ヴァイオリン製作者のことをLutaio（イタリア語）,Luthier（英語）と呼ぶ。
18 Bissolotti, 前掲, p.30。
19 ヴァイオリン24,ヴィオラ6,チェロ8。
20 当時,他のヴァイオリン製作者たちは,ヴェニスの人々がダルマシアから輸入した楓材を使った。
21 今泉ほか,前掲,p.69。
22 かなり大きな型で,美しく表現力に富んだ渦巻きが楽器の輪郭に優雅な印象を与えているBissolotti, 前掲, p.33。
23 今泉ほか,前掲,p.74。うち現存するものは616本（ヴァイオリン540,ヴィオラ12,チェロ50,コントラバス5,マンドリン3,ヴィオラ・ダ・ガンバ1,バス・ヴィオール1,ギター1,バンドリナ1,チター1,ポケット1）。なおヒル商会の調査では,ヴァイオリン属の推定製作本数1,116本,ウィリアム・ヘンリーの事典では1,400本とされている。
24 同書, p.78。ヴィヨームの協力で出版したフェティの記録（当時の著名ヴァイオリニストジョヴァンニ・バティスタ・ポレドロの言葉。）
25 Bissolotti, 前掲, p.65。
26 AAVV (1995), *Joseph Guarnerius "del Gesù,"* Cremona.
27 マントゥーアは1590年にモンテヴェルディがクレモナから移ったところで,モンテヴェルディはゴンザガ大公の宮廷オーケストラでヴィオラを弾いていた。ピエトロもまた優れた演奏家であった。
28 Bissolotti, 前掲, p.44。
29 同訳書, p.48。
30 http://www.margheritacampaniolo.it/stradivari.htm (2005.5.30)
31 今泉ほか,前掲,p.243。
32 竜血樹などから採って止血剤などの薬用に使われていた。
33 今泉ほか,前掲,p.246。
34 神田,前掲,p.74。
35 無量塔監 (2004), p.22。
36 Bissolotti, 前掲, p.49。
37 朽見 (1995), p.157。
38 Burke (1999), 邦訳版, p.360。
39 Grout & Palisca (1996), 邦訳版, p.150。
40 Burke, 前掲, p.363。

41 同訳書，p.397。
42 Goldthwaite（1985, 1987, 1993）．
43 Bissolotti, 前掲，p.30。
44 同訳書，pp.46-47。
45 佐藤, 前掲，p.68, 朽見, 前掲, p.158。
46 Grout & Palisca, 前掲, p.389。
47 同訳書，p.166。
48 Boorstin, 前掲, p.27。
49 同訳書，p.57。
50 今泉ほか, 前掲, p.29。
51 Santoro（1989）．
52 大崎（1993），pp.48-49。
53 今泉ほか, 前掲, p.46。
54 Burke, 前掲, p.395。
55 今泉ほか, 前掲, p.34。
56 彼は，イタリア全土の宮廷，城主，教会から無数のオールド・ヴァイオリンを掻き集め，パリのヴィヨームなどを高値で売りつけて大金を稼いだ。彼も「メシア」だけは手放さなかった。
57 朽見, 前掲, pp.158-159。
58 今泉ほか, 前掲, p.38。
59 同書，p.38。
60 同書，p.50。
61 無量塔監, 前掲, pp.7-8。
62 Bissolotti, 前掲, p.64。
63 2005.4.22 クリスティーズ（ニューヨーク）にて US$203 万 2,000 で落札された。当時のレート（1ドル＝108.93円）で約2億2,134万円。
64 2005.9.5 クリスティーズ（ロンドン）ロイヤル・アカデミーに当時のレート（1ポンド＝206.03円）で約7億2,110万円で落札された。
65 佐藤, 前掲, p.69。

第 2 章
クレモナのヴァイオリン製作の現状と課題

　本章では，クレモナにおけるヴァイオリン製作の現状と課題を整理する。データ源は，文献・雑誌資料を含めた公開資料，およびインタビュー調査である。4回に及ぶ現地調査は，2006年1月3日から11日，10月6日から12日，2007年4月19日から30日，2007年12月6日から13日の期間に行った。その間に，クレモナでは，ヴァイオリン製作学校副校長スコラーリ (Scolari, Giorgio)，クレモナ市文化評議会ベルネーリ (Berneri, Gianfranco)，市立ストラディヴァリ博物館館長モスコーニ (Mosconi, Andrea)，ヴァイオリン製作者でコンソルツィオの副会長を務めるオーヌルグ (Hornung, Pascal)，スタウファー財団などの関係者と，現代ヴァイオリン製作の最高峰と謳われる，モラッシ (Morassi, Gio Batta)，ビソロッティ父子 (Bissolotti, Francesco & Bissoloti, Marco Vinicio) をはじめとする，クレモナで楽器工房を開設する70名以上の製作者にインタビューを行った。また，日本でも複数のヴァイオリン製作者，ヴァイオリン・ディーラー，楽器店，ヴァイオリン製作学校の方々にインタビューを実施した。本章では，これらのインタビューデータを基礎に，公刊資料を捕捉する形で，クレモナにおけるヴァイオリン製作の現状について概観した上で，これら伝統工芸が抱える問題点について，考察を加えることにしたい。

Ⅰ．クレモナの概況

　まず，イタリアの小都市クレモナの概況を整理しておこう。

現在，クレモナ市は，ロンバルディア州クレモナ県の県庁所在地である（図表 2-1）。広さ 70 平方キロメートルの土地に，7 万 1,533 人[66]の人々が暮らしている。人口は，1970 年をピークに減少傾向にあったが，2001 年から微増経過にある（図表 2-2）。

<図表 2-1：クレモナの位置関係>

（出典：日本財団ホームページより。）

<図表 2-2：クレモナ市の人口推移>

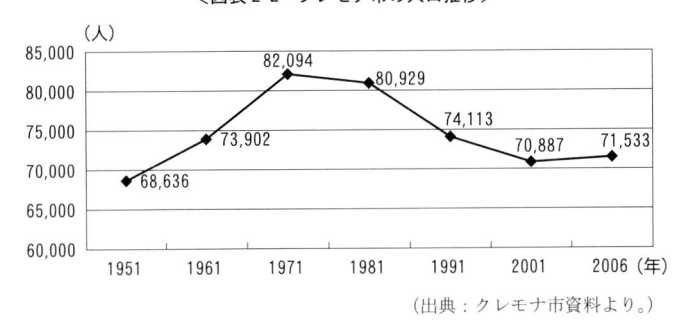

年	人口
1951	68,636
1961	73,902
1971	82,094
1981	80,929
1991	74,113
2001	70,887
2006	71,533

（出典：クレモナ市資料より。）

クレモナには，第 1 章で述べたように，アンドレア・アマティを嚆矢とするヴァイオリン製作が 500 年間にわたって連綿と引き継がれている。

現在，クレモナ市には，約 110 のヴァイオリン製作工房が存在する（クレ

モナ県全体では約130に及ぶ）。そこで働く製作者の数は，工房数を大きく上回る。製作者の大半は学校を卒業後，自ら工房を構えるまでに，クレモナの工房で5年以上の修行を積む。この間は就業ビザを持たず，正式に製作者として登録していない場合が多いことから，正確な人数を把握することは難しい。クレモナでヴァイオリン製作工房を営むヘイリガー（Heyligers, Mathijs Adriaan）によれば，「クレモナには工房が130，学生が100～200人，未登録の製作者が100～200人で，これらを合わせると500～600人の製作者がいる」という。

　クレモナ市では，500年の歴史をもつヴァイオリン製作の伝統を宣揚し継承するために積極的な取り組みを展開してきた。まず，クレモナで製作を続けた巨匠ストラディヴァリの楽器，木型・工具などを展示する市立ストラディヴァリ博物館（Stradivari Museum）を設立している。さらに，アマティやストラディヴァリに代表されるクレモナ黄金期の復活を期待して，国立クレモナ国際ヴァイオリン製作学校（Scuola Internazionale di Liuteria di Cremona）が設立された。また，ヴァイオリン製作を奨励するために，ストラディヴァリ弦楽器製作コンクール（トリエンナーレ）（Concorso Triennale deghi Strumenti ad Arco A. Stradivari）を開催している。同コンクールは，3年に1回の頻度で開催されており，2006年で11回目を迎えた。

　このようにクレモナの復興は戦略的に図られたものであり，現在ヴァイオリン製作はクレモナ市にとっても政策的に重要な位置づけとなっている。クレモナには，クレモナの伝統的なヴァイオリン製作様式を促進するために，① トリエンナーレ，② 文化評議会，③ スタウファー財団，④ 製作学校，⑤ 製作者協会が存在する。3年に一度クレモナで開催されるトリエンナーレは，ヴァイオリン製作の展示会で製作者コンクールが開催される。2006年10月に開催されたトリエンナーレには，世界から約300作品が出品された。トリエンナーレは，チャイコフスキー，ヴィニアフスキーに並ぶ弦楽器製作の3大コンクールの一つで，トリエンナーレはこの中でも最も出品数が多い。クレモナ市では，トリエンナーレに対し10万8,000ユーロ（約1,727万

円)[67] を捻出している。トリエンナーレを主催するトリエンナーレ協会 (Ente Triennale Degli Strumenti ad Arco) は，クレモナの伝統工法に基づいたヴァイオリン製作を世界にプロモーションしており，トリエンナーレには完全に手作りの楽器しか出品できない。トリエンナーレの運営は，クレモナ市の他，県，商工会議所，スタウファー財団の財源が使われている。スタウファー財団は，スイスの事業家スタウファー (Stauffer, Ernst Walter) がクレモナのヴァイオリン復興のために設立した財団で，6,000万ユーロ（約95億9,760万円）の基金をもとに，トリエンナーレに寄付している他，クレモナのヴァイオリン製作学校でも学生に奨学金を提供している。このように，クレモナ市は民間の支援を受けながら，伝統的なヴァイオリン製作方法をクレモナで守ることに尽力している。

　クレモナ市文化評議会は，「ヴァイオリン製作ではクレモナが質的に世界一」[68] であることを自負している。「クレモナ市民もクレモナでヴァイオリン製作が盛んであることを誇りに思っており，市としてクレモナを世界のヴァイオリン製作地のメッカとしてプロモートしていく姿勢である」[69] という。ヴァイオリンの市場規模を鑑みた受給の関係からは「クレモナには，現在の製作者数が適当である」[70] とし，製作者を戦略的に増やすためにビザの発給を容易にしたり，税金を優遇するといった措置は取られていない。外国人のヴァイオリン製作者が増加し「ウィンブルドン現象」[71] を招いていることに対しても，市は歓迎の姿勢を示しており，「外国人がたくさんいることは，クレモナで製作する意味があることを示している」[72] と述べている。

Ⅱ．クレモナのヴァイオリン製作を取り巻く環境

　クレモナの伝統工芸とよぶべきヴァイオリン製作の問題点は，どのようなものであろうか。その手がかりを探るために，本節では，ヴァイオリン製作の現状を概括しておきたい。

1. 大量生産のヴァイオリン

クレモナにおけるヴァイオリン製作の現状について触れる前に、今日のヴァイオリン製作の現状について整理しておく必要があろう。

第1章で述べたように、ヴァイオリンは、製作された時代によって、オールド、モダン、コンテンポラリーに大別される。コンテンポラリーに属する楽器は、さらに、その製造工程によって大別される。つまり、「伝統的工法を守る手作業による製品」と「大量生産品」である[73]。

ここで改めて言うまでもなく、熟練製作者が伝統的製法によって製作したヴァイオリンは、高価にならざるを得ない。ところが、産業革命以降、ドイツ、フランス、ボヘミア、日本、中国などでヴァイオリン製作の機械化が進められ、量産が可能になった。その結果、廉価な楽器が普及するようになった。

以下、大量生産を手がける各国の状況について、概観しておこう。

(1) ドイツ

ドイツでは、ミッテンヴァルト、旧東ドイツのマルクノイキルヘンとクリンゲンタール、ブーベンロイトとエルランゲン周辺を大量生産拠点として指摘できる。

木材資源の豊かな地域であるミッテンヴァルトは、マチアス・クロッツ (Klotz, Mathias, 1653-1743) が中心となり、大量生産が行われるようになった。クロッツは、ヤコブ・シュタイナーに師事し修行した後、ミッテンヴァルトでヴァイオリン製作を始める。後継者教育にも熱心であり、多くの弟子を残した。彼は、ギルド制を設立させた。かくて、ヴァイオリン製作と販売は、ミッテンヴァルトの主産業になるまで発展することになる。

当時、ネック、胴体、糸巻き、駒、板などの部品は、各家庭で別々に製造された。各部品は、技術者の工房に集められ、組み立てられた。このような家内工業を背景とする分業が、大量生産システムを構築することになった。

ミッテンヴァルトにおけるヴァイオリン産業は、ノイナー・ホルンスタイ

ナー（Neuner & Hornstein）社やバーダー（Baader）社などを中心に，第一次大戦前後に最盛期を迎えた。しかし，後に，チェコのグラスリッツやシェーンバッハの製品に価格優位を奪われ，衰退していくことになる。

ドイツにおけるもう一つの大量生産拠点は，旧東ドイツのマルクノイキルヘンとクリンゲンタールである。これらの地域は，古くから大衆向け楽器の産地として知られている。第二次大戦前には，楽器製作専門学校が存在し，精力的に楽器製作が行われていた。ところが，同大戦後，東西ドイツの分割が，ヴァイオリン産業の衰退の遠因となった。社会主義政策のもと，楽器製作の優先順位が下がったことに加えて，これを嫌って製作者が西側に移住したこともあり，ヴァイオリン産業は急速に衰退していった。

現在のドイツにおけるヴァイオリン生産拠点は，ブーベンロイトとエルランゲン周辺である。カール・ヘフナー（Höfner, Karl）をはじめ，ゲッツ（Götz, Conrad August），ロート（Roth, Erust Heinrich），キルシュネック（Kirschnek, Franz），ペゾルト（Peasolt, Roderich）などの工場を抱える地域である。終戦後，これらの地域に，マルクノイキルヘンやチェコのシェーンバッハの製作者達が移住し，ヴァイオリン製作の拠点としたことを契機に，現在の大量生産品の中心地として発展してきた。現在，人口僅か3,000人の小さな町に，ヴァイオリンメーカー25，弓メーカー20が集積している。

(2) フランス

フランスでは，ヴァイオリン製作は主にミルクールで行われてきた。その歴史は，17世紀に遡ることができる。とりわけ，18世紀から19世紀にかけては，名弓と呼ばれる製品の多くが当地で作られている。すなわち，ペカット（Peccatte, Dominique），ヴォアラン（Voirin, François Nicolas），ウッソン（Husson, Charles Claude），ラミー（Lamy, Alfred），サルトリー（Sartory, Eugine Nicolas），ルポーをはじめとする名弓である（トルテ以外の名弓は，すべてミルクールで製作されている）。

ミルクールでのヴァイオリンの大量生産は，19世紀終わりから1930年代にかけて精力的に進められた。その主力工場は，ラベルト（Laberte），

フォーリエ・マニィ（Fourier-Magnie），コエノン（Couesnon），ティボーヴィル・ラミー（Thibouville-Lamy）であった。各工場で製造されたヴァイオリンは，主に，植民地に輸出された。

このように，ミルクールは，ヴァイオリンの大量生産の先鞭を遂げた地であった。ところが，第二次大戦後のドイツやチェコにおいて大量生産体制が確立されたこと，日本などの新規参入国が出現したことにより，ミルクールは大量生産拠点としての地位を失墜することになる。販売量の減少は，技術者の流出を誘発し，生産拠点としての魅力が次第に薄れていった。優秀な技術職人は，パリやニューヨークに移住するようになり，工場も閉鎖に追い込まれていった。

しかし，1987年には，アラン・モアニエ（Moinier, Alain）による近代工場が建設され，半手工的なヴァイオリン製作が再開されることになる。加えて，ミルクールには，アラン・カルボナーレ（Carbonare, Alain），ジャン・フィリップ・コニエ（Conier, Jean Philippe），レーネ・モリゾー（Morizot, René）など手工ヴァイオリンの工房が開設し，伝統産業としてヴァイオリン製作が続けられている。

(3) チェコ

チェコのヴァイオリン製作拠点は，シェーンバッハである。シェーンバッハのヴァイオリン製作の歴史も古い。17世紀から18世紀にかけては，ヤコブ・シュタイナーやドイツ楽器の影響を受けたオールド・ヴァイオリンが製造された。さらに，18世紀末から19世紀にかけては，ストラディヴァリ型の楽器の製作地として有名となった。

19世紀の技術革新を背景に，前述のマルクノイキルヘン（旧東ドイツ）同様に，「家内工業による部品製作」と「職人による組み立て」による大量生産システムを実現した。第二次大戦後もアメリカなどへの輸出を続けていたけれども，1968年のソ連軍進入によりヴァイオリン製作は中断を余儀なくされた。現在は，シェーンバッハ製の楽器は，「クレモナ」ブランドで諸国に輸出されている。

(4) アジア諸国

　さらに，大量生産品のヴァイオリン製作に新規参入したアジア諸国の現状を概観しておこう。アジアにおけるヴァイオリン製作は，わが国と中国が2大拠点である。

　まず，日本の鈴木バイオリンを指摘しておかなければならない。同社は，フランスのミルクールのヴァイオリン産業を震撼させた新規参入メーカーの一つである。「鈴木バイオリン」は，三味線作りを家業としていた鈴木政吉がヴァイオリンに魅せられ，1898年に大量生産を目指してヴァイオリン製作工場を設立したことに始まる。機械化による大量生産を実現した同社は，明治以降のヴァイオリン演奏の普及を背景に，大きな成長を遂げていった。ピーク時には，年間15～16万本のヴァイオリンを生産した（1921年）。同社のヴァイオリン販売の背景には，鈴木慎一（創業者の三男）による演奏者教育法の確立と普及が深く関わっている。「鈴木バイオリン・メソッド」と呼ばれる才能教育の開発は，ヴァイオリン普及に大きな貢献を果たしてきた。日本での鈴木バイオリンのシェア独占には，ピアノでシェアを獲得する大手楽器メーカーのヤマハがヴァイオリンに参入しなかったことも大きかった。「大正五年（1916）頃のこと，日本楽器では蒔田某を主力にヴァイオリン製作を開始する段取りができて試作品まで作っていました。しかし，当時の鈴木ヴァイオリンは日本楽器に対抗する経済力をもっていましたから，相互の話し合いが行なわれ，鈴木ヴァイオリンでオルガン製作を行なわないことを条件に，日本楽器はヴァイオリン製造から手を引いたといわれています。」[74] というように，鈴木バイオリンとヤマハは双方の棲み分けを了解していた。しかし，ヤマハは2000年[75]からアコースティック・ヴァイオリンの販売にも進出をはじめるようになった。ヤマハでは，伝統手法を守る製作者が目指す高価格・高品質のオールド・ヴァイオリンや，機械生産による量産品とは異なるヤマハ独自のベクトルで，これまでのピアノ製作や家具製作で培った技術を活かした高品質楽器の製作を試みている。

　アジアにおけるヴァイオリン製作のもう一つの雄は，中国である。中国におけるヴァイオリン製作の歴史は，わが国よりも古い。大量生産にも精力的

に取り組んできている。しかしながら，楽器製作の過程において，西洋の伝統的技術に囚われない独自製法が採用される傾向が強かった。それゆえ，廉価であるが品質に問題があるという批判がなされてきた。ところが，近年では，楽器工場の近代化の進展，積極的な技術移転（ドイツやクレモナに留学生を派遣）などにより，一定の品質を保つ廉価楽器の製造・販売が可能になっている。中国の特色は，機械生産ではなく，手作業の分業による大量生産にある。

2. クレモナのヴァイオリン製作者協会

　現在，ヴァイオリンの世界では，世界的傾向として，量産化が進展している。このような動向の中で，練習用の普及品とは異なる「手工品」にこだわり続ける職人（とりわけ，大量生産方式とは異なる「伝統的製造手法」を維持し，手作りによるヴァイオリン製作を続ける職人）が少なくない。そのような職人は，ロンドン，ニューヨーク，パリなどの大都会をはじめ，世界各国の都市に分散する傾向にある。

　ところが，クレモナは，ヴァイオリン製作のメッカに位置づけるべく，工房を集中させる戦略をとっている。そればかりか，積極的に，製作者ネットワークの構築を進めている。

　もちろん，ストラディヴァリが工房を構えた場所として名高い「クレモナ」という地名は，強力なブランドとして期待できる。幾世紀が過ぎた現代においても，聖地クレモナ製という「謳い文句」は，楽器販売における「付加価値」となり，ビジネスを有利に展開する強みの一つである点は否定できない。それゆえ，ヴァイオリン職人を魅了し，工房の集積を容易にしていると考えられる。

　さて，クレモナの製作者ネットワークのうち，本章では，A.L.I. Cremona（Associazione Liutaria Italiana：イタリア弦楽器製作者協会），Consorzio liutai e archettai "A Stradivari" Cremona（クレモナ，ストラディヴァリ・ヴァイオリン＆弓製作者協会：コンソルツィオ）を取り上げたい。

(1) **A.L.I. Cremona**

　まず，A.L.I. Cremona（以下，A.L.I.）は，ヴァイオリン業界における文化的・技術的支援を行う団体として設立された非派閥的組織である。

　同協会の発足は，1979年である。翌年に，クレモナに事務所を構え，今日に至っている。クレモナの現代のトップ製作者の一人であるモラッシが提唱し，始めた文化団体で，今もモラッシが会長を務める。現在，会員数は250名である。イタリア全土のみならず海外会員も少なくない。会員の職種に目を向けると，ヴァイオリンや弓の製作者のみならず，音楽学者，楽器学の専門家が多数参加している。クレモナでは全製作者の約30％がA.L.I.に加入している。

　四半世紀におよぶ同協会の活動は，一言で言えば，ヴァイオリン製作における教育・訓練・ビジネスに関する支援活動に他ならない。現在，国内外のニュースやイベント紹介をはじめ，ヴァイオリン製作に関する文化的・科学的・技術的な話題提供と議論の場を提供している。また，外部団体との連携を視野に入れ，大学，音楽院，財団，学校や各種教育機関などとの交流も盛んである。

(2) **Consorzio liutai e archettai "A Stradivari" Cremona**

　次に，Consorzio liutai e archettai "A Stradivari" Cremona（以下コンソルツィオと略す）は，クレモナ製品の独自性を宣揚するために設立された商業団体である。「ヴァイオリン製作者間で，20年程前からクレモナのヴァイオリンを共同で売り込もうという動きが始まり，10年前にクレモナ製作者組合を設立した」[76]ことが発端となっている。その設立は，比較的新しく1996年で，2003年に商工会議所の一機関として位置づけられる製作者協会となった。会員の資格は，製作学校を卒業していること，又は5年以上プロとして製作をしていることが条件である。会員審査はなく，条件を満たせば会員になることができる。現在，7名のクレモナ在住の製作者が委員として協会の活動に従事している。

　かつて，ヴァイオリン製作の中心地であったクレモナでは，手作りによる

独自のリュート製法を確立していた。このような伝統的製法を踏まえた上で，クレモナ独自のヴァイオリン製法の継承，さらに，この独自製法の促進を図り，クレモナ製品の知名度を世界に高めることが，同コンソルツィオの使命である。

現在，クレモナ市とその周辺に工房を構える60人のヴァイオリン製作者が，コンソルツィオに所属している。これは，クレモナの製作者全体の約40%にあたる。ヴァイオリン製作の品質保証のために，商工会議所と工芸組合との協力を経て〈Cremona Liuteria〉という商標を発案した。同商標は，「クレモナにおけるプロフェッショナルなヴァイオリン製作者によるもの」を公認する制度として，機能している。即ち，贋物を排他するための証明書の発行により，クレモナのブランドを確立することを目指している。会員には年間15本まで，パートタイムの場合にはプロの工房で1日働く職人に10本，半日働く職人に5本まで証明書を発行し，2000年より開始した。2007年現在で700番まで発行している[77]。この証明書の発行を受けるためには完全な手作りであることが条件で，この場合一人の職人で年間15本以上の製作は不可能であろうというのが，枚数制限の数的根拠であるという。各証明書の写真は，インターネットでも公開されている。抜き打ちの査察が入ることもあるため，製作者は手作りの証明として削った木材の残りを数年間は保存しておく必要がある。「手作りと言いながら，中国やドイツの木材キットを使ってクレモナで仕上げ，クレモナ製として販売している」[78]という状況が，この証明書発行の契機となった。証明書は品質を証明するものではなく，飽くまでも「手作り」の証明書である。

コンソルツィオでは，さらに，Fondazione Stradivari Ente Triennale Degli Strumenti ad Arcoと協力し，「クレモナ弦楽器製作者センター」を設立している。同センターでは，コンソルツィオに所属する製作者の作品を常設展示している。弦楽器製作者への助言や支援だけでなく，弦楽器奏者とヴァイオリン製作者の接触機会を高めることを目的としており，楽器の試奏や，製作者への取次ぎもおこなっている。同センターによれば，これらの諸活動を通じて，ヴァイオリン製作文化と音楽の融合を促進していくことが

狙いであるという。

　また，コンソルツィオでは，この他プロモーション，新市場の開拓，本の出版などの活動も行っている。プロモーションではアメリカ，フランクフルト，上海，日本などで弦楽器フェアに出展し，証明書の存在を宣伝している。新市場では，特に今後の市場としてロシアに注目しているようだ。「貨幣価値が異なるため，現在は利益にはつながらないが，将来の市場を見込んでいる」[79]という。本の出版では，トリエンナーレ協会に依頼され作品カタログも出版している。

　「ヴァイオリンの最も大きな市場は，日本とアメリカ」である。ヴァイオリンの市場規模は，日本で約6万本，世界で50万本と想定されている。世界で最も大きな市場はアメリカで，年間販売台数約20万本と想定されている。「日本では（イタリアの）新作が売れていたが，オールド仕上げを好むようになってきた。また，アメリカはオールド（ヴァイオリン）のコピーを好む」といった嗜好の変化からも，クレモナの新作楽器の販売が必ずしも追い風なわけではない。完全な手作りにこだわり，プロモーション活動を続けるコンソルツィオは，新市場を開拓しながら，将来への布石を打っている。

3. ヴァイオリン製作学校

(1) 世界のヴァイオリン製作学校

　次に，ヴァイオリン製作技術の習得をめざす専門教育機関である「ヴァイオリン製作学校」について，考察を加えていこう。

　もちろん，ヴァイオリン製作学校は，クレモナ独自の制度ではない。世界各地において，同様の制度が存在する（図表2-3）。その設立形態も，国立，私立，工房・指導者主宰と多様である。これらの中で，クレモナとミッテンヴァルト（ドイツ）が特に有名である。ドイツでは，ヴァイオリン製作者になるためには学校を卒業し，実務を経験した後，マイスターの資格を取得する必要がある。本項では，正確さが要求されるドイツの製作学校とは異なる，イタリアのクレモナ・ヴァイオリン製作学校について紹介する。

第2章　クレモナのヴァイオリン製作の現状と課題

<図表2-3：世界のヴァイオリン製作学校>

国	場　所	名　　称	設立年	修業年数	特徴，指導者など
ドイツ	ミッテンヴァルト	Berufsfachschule für Geigenbau	1958	3年	最古のヴァイオリン製作学校 生徒数・年齢制限 ミッテンヴァルト，ガルミッシュ・パルテンキルヒェン，オーバー・バイエルン出身者の優先入学
	マルクノイキルヒェン	Westsächsishche Hochschule Zwickau (FH)	1988	4年	マイスタークラス ヴァイオリン商人の豪邸を製作学校にしている
	クリンゲンタール	Berufliches Schulzentrum (BSZ) für Technik Oelsnitz / Vogtland		3年	Adam Friedrich Zuerner 生徒数5人／年
イタリア	クレモナ	Scuola Internazionale di Liuteria	1938	5年	ストラディヴァリ没後200年記念として設立
	ミラノ	Civica Scuola Di Liuteria	1978	4年	70人／年
	パルマ	Scuola Internazionale di Liuteria di Parma	2001	3年+2年 (OP)	Maestro Renato Scrollavezza 小人数制
フランス	ミルクール	Ecole Nationale de Lutherie	1972	2～3年	Jean-Baptiste Vuillaume ヴァイオリン，弓製作部門をもつ
イギリス	ロンドン	London Guildhall University		2年	ギルドホール大学　成人課程 面接による
	ノヴァーク	Newark School of Violin Making		3年	30人 ピアノ，ギターの製作部門も
	ウエスト・ディーン	West Dean College	1983	3年	古楽器製作 9090ポンド
	サリー	Merton College		3年	
スイス	ブリエンツ	Geigenbauschule Brienz		4年	生徒数5～6人
ベルギー	アントワープ	Provinciale Technische Scholen		3年	Afdeling Muziekinstrumentenbouw
スペイン	マドリッド	Escuela de Atesaneos della Robbia		3年	
フィンランド	イカリーネン	Ikaalinen Handicraft and Industrial Arts Institute	1984	2～4年	24人（講師2名に対し） 入学試験あり
ノルウェー	スパースボルグ	Musikk Instrument Akademiet			Arnfred Marthinsen
スウェーデン	レクサンド	Hantverk och Utbildning		3年	
ポーランド	ポズナニ				ヴィニアフスキー・ヴァイオリン製作コンクール審査委員長カミンスキ氏が貢献

国	都市	学校名	設立	期間	備考
チェコ	ルビー (旧シェーンバッハ)	(Josef Lorenz Luby)	1908	国立	シェーンバッハに残ったドイツ人により指導開始 社会主義下で品質に問題
アメリカ	シカゴ	The Chicago School of Violin Making	1975	3年半	李：ドイツ・マイスター 2800ドル (trimester)
	ソルトレイクシティ	Violin Making School of America	1972	3～4年	Peter Paul Prier：ミッテンヴァルト出身 9,000ドル (年間)
		The Bow Making School of America	1999	2～4年	弓製作 7,200ドル (年間)
	ブルーミントン	Violin Making at Indiana University			インディアナ大学コース
	プレスク・アイル	New World School of Violin Making		3～3.5年	2,645ドル (semester) Brian T. Derber: Chicago School of Violin Making
	ボストン	North Bennet Street School	1885	3年	10,750～13,000ドル (年間)
カナダ	ケベック	Ecole Nationale de Lutherie	1997	3年	ヴァイオリン属製作と修理 Centre de Formation et Consultation en métier d'art のコース
日本	東京	東京ヴァイオリン製作学校	1979	5年	無量塔蔵六 (2007年に閉校)
	木曽	木曽ヴァイオリンクラフトアカデミー	1994	1年	年間コース，週2日コース ESPグループ 80万円＋工具一式10万円
中国	北京	Central Conservatory of Music			2～4年
	上海	Shanghai Conservatory of Music			
韓国	ソウル	Seoul School of Violin Making			

(2) クレモナのヴァイオリン製作学校

クレモナ国際ヴァイオリン製作学校 (Scuola Internazionale di Liuteria, Cremona) の歴史は古く，1938年に遡る．ムッソリーニの支配下であった当時，ストラディヴァリ没後200周年の佳節の記念事業の一環として設立された学校である（没後200周年を迎えた翌年に，学校が設立された）．同校の目的は，弦楽器製作における優秀なプロフェッショナルの育成にある．

なお，同校は，1960年にイタリア唯一の国立製作学校 I.P.I.A.L.L. (Istituto Professionale Internazionale Artigianato Liutario e del Legno) の一部となった。この背景には，ヴァイオリン製作に関わる木材加工技術において，職人技能と芸術性の境界が曖昧になったことが深く関わっている。I.P.I.A.L.L.は，デザイナー，装飾家，家具職人などに「ディプロマ」を与える機関である（従来，これらの職業には，ディプロマの資格が与えられなかった）。

ところで，同校の設立当時，クレモナのヴァイオリン製作は「暗黒時代」というべき状態であった。かつて，クレモナは，ストラディヴァリをはじめ多くの職人が工房を構え，ヴァイオリン製作の街として栄えてきた。ところが，19世紀末頃より，製作技術者の流出や大量生産品の興隆などにより，まさに「瀕死の状態」に陥っていた。

このような状況の下で，ヴァイオリン製作学校の設立は，「暗黒時代」を払拭する大きな原動力となった。たとえば，学校設立のために，欧州各国から優れたヴァイオリン製作者が集ってきた。彼ら講師陣は，クレモナに工房を構えた。自ずと，ヴァイオリンの生産量も増えてくる。そこで，「ヴァイオリン製作の修行に行くなら，クレモナに」という評判が生まれてくる。このような「正のフィードバック」が作用することにより，結果的に，クレモナの「暗黒時代」は払拭されることになった。

このとき，ヴァイオリン製作学校の教授陣達は，基本的に，アマティ，ストラディヴァリ，グァルネリ，ベルゴンツィといったクレモナの巨匠の作品の継承を促すことを念頭に置いてはきた。しかし，既にクレモナの伝統的製法は途絶え，クレモナには何も残っていなかった。それゆえ，クレモナ独自の製造工程に固執するというよりも，多様な製作過程を学ぶ中で，現代版クレモナ様式を築き上げていくという自由闊達な雰囲気があったと想像される。

ところで，これまでに同校が輩出してきたヴァイオリン製作者は，697人である（2004年6月までの累計）。卒業生の国別内訳は，イタリアが285人（41%），イタリア以外の欧州諸国が255人（37%），その他の諸国が157人（23%）である[80]。このことからも，クレモナ仕様というべき独自の製造方法は，イタリアのみならず欧州さらには全世界の注目を浴びることになる。

その結果，クレモナ仕様というべき製作方法は，世界の製作技法に大きな影響を与えたと言われる。この限りにおいて，製作学校の設立は，製作工程の独自性を「競争優位性」につなげる重要な推進力であったと理解できる。図表2-4, 2-5は過去10年間の製作学校卒業生数と，その別リストである。毎年の卒業生数に変動があるのは，退学者の比率の高さも反映されている。国別では，ヨーロッパではフランス（40），スイス（19），ドイツ（17），スペイン（16），ヨーロッパ以外では日本（36），韓国（36）が多いことがあげられる。

<図表2-4：過去10年間の卒業生数>

年	卒業生数	年	卒業生数
1997	18	2003	32
1998	36	2004	32
1999	27	2005	38
2000	31	2006	33
2001	24	2007	20
2002	24	合計	315

<図表2-5：過去10年間の卒業生国別リスト>

地域	人数	地域	人数
イタリア	85	ハンガリー	1
ヨーロッパ他国	130	ヨーロッパ以外	100
アルバニア	2	アルゼンチン	7
オーストリア	3	チリ	1
ベルギー	5	中国	5
ブルガリア	9	コロンビア	1
チェコ	1	韓国	36
クロアチア	1	日本	36
フランス	40	イラン	1
ドイツ	17	イスラエル	4
ギリシア	6	メキシコ	3
ノルウェー	2	モロッコ	1
イギリス	1	南アフリカ	1
ロシア	4	アメリカ	2
スペイン	16	チュニジア	1
スロヴェニア	2	ベネズエラ	1
スイス	19	イタリア以外合計	230
ウクライナ	1	合計	315

次に，製作学校における教育過程について指摘しておきたい。

教育課程は，大きく2つの段階に分けられる。最初の課程は，3年間である。終了すると「ヴァイオリン職人（TECNICO DI LIUTERIA）」の資

格が得られる。さらに2年間の課程を終了すると「ヴァイオリン製作者(PROFESSIONALIZZANTE)」の資格を与えられる。

なお,授業料は無料である。ただし,修学に要する費用として,税金とテキスト代金がそれぞれ,約51ユーロ,約100ユーロかかる。

第一課程の入学対象者は,高等学校を卒業していないこと,ヴァイオリン製作経験のないことが条件である。言葉を換えれば,14歳のイタリア人と外国人を対象としている。このような入学要件は,同校が「高等学校と同程度の教育機関」としての「職業学校」として理解できる。事実,高等学校卒業者や製作経験者については,2年次・3年次への編入が認められている。

職業学校としての位置づけは,同校のカリキュラムからも明らかであろう。ヴァイオリン製作に関わる技能習得だけでなく,広く一般教養を涵養するための科目が数多く配置されている(図表2-6)。

<図表2-6:クレモナのヴァイオリン製作学校カリキュラム>

	1年	2年	3年	4年	5年
イタリア語	5	5	3	4	4
歴史	2	2	2	2	2
英語	3	3	2	3	3
法律,会計	2	2	-	-	-
数学,コンピューター	4	4	2	3	3
生物科学	3	3	-	-	-
物理学	2	2	2	2	2
宗教(選択)	1	1	1	1	1
デザイン,美術史	3	3	2	-	-
技術演習	2	2	2	-	-
楽器学	2	2	2	-	-
音楽	-	-	2	3	3
ヴァイオリン製作演習	7	7	14	11	11
ニス塗りと組み立て	-	-	2	2	2
音響学	-	-	-	3	3
修理	-	-	-	2	2
完成演習	4	4	4	-	-
計	40	40	40	36	36

(出典:クレモナ国際ヴァイオリン製作学校資料。)

ただし，ヴァイオリン職人として自立するためには，技能だけでは不十分である。そのために，職業人としての自立を促すために，精力的に一般教養をカリキュラムに取り込んできたと理解することもできよう。しかし，どちらかというと，技能習得の修行の場というよりも，職業学校というニュアンスが強いようだ。この点については，モラッシの次の発言が，興味深い。戦前に製作学校を卒業した彼は，「私の勉強した頃はひどい学校だったので，そこを卒業するだけで売れるようなヴァイオリンを作ることができるということはあり得なかった」と述懐する。

　もちろん，数年間の製作学校だけで技能習得が困難であるというのは，モラッシだけの見解ではない。むしろ，クレモナのヴァイオリン職人の一致した意見として過言ではない。実際には，卒業後数年間は，工房で技術を学び続ける必要があるという。独立し工房を構えるまでには，現場での修行が不可欠という現状は，製作学校の卒業資格がそのまま技能習得に直結しているとは言い難い側面を垣間見ることができる。そのためか，最近では，在学中の「インターンシップ制度」が設立された。3ヶ月の間，工房で修行し，実技を学ぶ機会として位置づけられている。このような試みがなされているとはいえ，現実には，独立するためには，卒業後も工房で数年間にわたって修行するというキャリアパスが一般的なようである。

　他方，製作学校が高い評価を得ていることも事実である。とりわけ，基礎技術を習得する場として，世界有数の学校という評判は揺るぎない。このことは，クレモナ在住の大半のヴァイオリン職人が，同校出身者であることからも明らかであろう。

　現代ヴァイオリン製作の最高峰と謳われる，モラッシとビソロッティのふたりは，製作学校と深い関わりを持ってきた。彼らは，製作学校がクレモナ復興に果たした役割の重要性を指摘する一方，今日では，学校の関わる問題点も少なくないと指摘する。

　モラッシは，「同世代の人が同じところで習うのはよいこと」と前置きした上で，「ただ，それが学校だということに問題がある」と指摘する。

　現代の巨匠と言われるフランチェスコ・ビソロッティの息子マルコ・ビソ

ロッティは，指導者の人材面における問題点を無視できないという。彼は，製作学校の「経営者・校長は，ヴァイオリン製作をまったく知らずに定員などを決めている」と厳しく批判する。

たしかに，クレモナの製作学校は，比較的大きな定員枠である。その背景には，クレモナのヴァイオリン製作活性化のために，人材を育成するという製作学校のミッションが深く関わっている。授業料を無料にした理由も，この点にある。そのため，海外からの学生も多い。しかし，定員枠を充足するために，質の悪い学生が入学することになり，内容と質の低下をもたらしていると批判も少なくない。マルコ・ビソロッティの言葉を借りれば，「フランスのミルクールでは，250人の受験生の中から8名だけが入校できる。これに対して，クレモナの製作学校は定員が多すぎる。このことは，明らかに質の低下をもたらしている」と厳しい意見である。彼は，「そもそも，芸術を学校で教えることに無理がある」と指摘した上で，「製作学校は，多くの問題を抱えており，明日にでもつぶしたほうがよい」と製作学校の現状に極めて厳しい見解をもっている。

改めて言うまでもなく，「ヴァイオリン製作は果たして技術か芸術か」という二者択一に答えることは極めて難しい。しかし，ヴァイオリン製作の最初の第一歩は，技術習得である点は間違いない。製作学校の存在意義は，それら技能習得を体系的に進めるためのメニュー提供にあると考える。

ところで，芸術には「守・破・離」の段階が存在する。基本技能を習得する「守」，そこからの飛躍を図る「破」，一流の境地に達する「離」の3段階である。このとき，誤解を恐れずに単純化すれば，製作学校の提供するメニューは，「守」の段階に他ならない。

技を磨き，「離」の段階に進むためには，「守」とは異なる視点が必要となる。そのような視点を築き上げるためには，工房のような「実践協働体（community of practice）」の存在が不可欠となる[81]。状況的認知の議論を援用すれば，知識や技能は，協働活動の中に埋め込まれている。その布置を読み取るノウハウこそが，実践知である。自動車の運転技能を例にあげれば，自動車教習所で用いられる教則と一流レーサーが用いる行動準則の相違

のようなものだ。レースという活動を通じた知識は，マニュアル化ないしメニュー化された知識とは異なる性質である点は想像に難くない[82]。実践知を習得するためには，技能集団の中で「のめりこんでいく」体験が不可欠である。工房での修行時代が要請される所以である。

この点について，ビソロッティは，「技術は，工房内だけで特に秘密にしているというわけではない。しかし，そこで弟子入りしていないとわからない。ただ見に来ても，それだけではわからないのだ」と指摘する。つまり，技能は，現場に埋め込まれており，実践を通じてのみ，その粘着性が緩和し，体得することができるのである。

さらに，実践協働体の構成主体は，技術者集団に限定されるべきでない。ヴァイオリンが楽器としての価値を持つためには，演奏者との関わりが不可欠である。つまり，楽器が奏でる音の性質，楽器そのものの弾きやすさなどが重要な要素となる。しかし，これらの要素に知悉するためには，製作工程に関わる技能だけでは不十分である。むしろ，演奏家としての視点が不可欠となる。この点について，フィレンツェで工房を構えるアレッツィオは，「ヴァイオリン製作を学校で習うのは難しい。なぜなら，ヴァイオリンの製作には経験，習慣，才能といった個人的な条件に加えて，音楽家との接点が必要となるからだ」と指摘している。

(3) 知の変換装置としての製作学校

クレモナのヴァイオリン製作学校は1938年に設立されたが，すぐにクレモナの暗黒時代（製作者不在の時期）を解決する起爆剤となったわけではなく，機能するまでには1970年代まで30年余りの年月がかかった。現在，ヴァイオリン製作学校では，12名のクレモナ出身マエストロが製作教育に携わり，ヴァイオリン製作の伝統的な技術を年間約30名入学する学生たちに5年間かかって伝授している。入学してくる学生は中卒，高卒，大卒と年齢も国籍も多様で，イタリア人の場合には職業学校の一つとしての位置づけから中学卒業と同時に入学するケースが多い。18歳以上でディプロマがあれば3年次に編入でき，入学後数学などの一般教養の科目は免除される。

選考は1年次入学者にはイタリア人に対しては無試験で,外国人にはイタリア語の試験が課される。3年次編入には実技試験もあり,その結果によっては1年次・2年次に配属されることもある。応募者は編入希望者も含め年間50～60名で,3年次には6～8名が編入する。外国人に対しても授業料が無料なことから,現在の学生数はイタリア人より外国人のほうが多いが,設立当初から外国人の学生は多く,国際的な製作学校と位置づけていたという[83]。

「今のヴァイオリン製作者は,昔のように親から子,孫へと家族で受け継がれていくわけではなく,製作学校を卒業した人」[84]である。クレモナの製作学校の特色は,ここで教えるマエストロたちが全員クレモナで生まれ,クレモナの製作学校で学んだ卒業生であることだ。製作学校では,クレモナ様式のみを教えているが,マエストロの教え方に統一性は持たせておらず,同じストラディヴァリ・モデルを使用しても,出来上がりに決して同じものは期待していないという。「製作方法は同じでも出来上がりが違って当然であり,機械のように同じにならないように配慮している」[85]という副校長の言葉が印象深い。国立として運営されている製作学校のカリキュラムは国が決定するが,授業内容については教授の自由裁量に任されているという。

学生の製作するヴァイオリンは年間1台を目標としており,通常は在学する5年間同じマエストロにつくことになる。1学年は8～10名ずつの2グループに分かれ,グループごとに別のマエストロが担任となる。ニス塗り,修理については担任以外の製作者で賄う。マエストロはそれぞれクレモナに工房を構えて自らのヴァイオリン製作を行っており,「製作学校での教授業には負担が多い」[86]という意見もあるが,クレモナでは「マエストロたちは,製作学校で教えることを大変誇りに思っている」[87]という。

製作学校では,2006年度からは,これまでのモダン楽器に加え,4年・5年次にピチカート[88]弦楽器(ギター,マンドリン,ハープ),バロック楽器,修理,弓のコースも新設し,クレモナの弦楽器製作の新たな可能性を追求するようになった。スコラーリは「クレモナの人口は約7万人,そこに120の

工房がある。しかし，ヴァイオリン製作者ばかりで，この町で修理をするのは5人位しかおらず，修理の専門家はもっと増えてもよい」と考えている。もっとも，2006年度は修理と弓製作のコースには人数が集まらなかったため，モダン楽器とピチカート弦楽器，バロック楽器のコースしか成立しなかった。

　製作学校の授業は，4～5年で150～200時間，その後400時間の工房でのインターンシップが課される。スコラーリによれば，「5年間学校で勉強して，その後5年間の工房での修行を経てはじめてLutaio（ヴァイオリン製作者）として仕事ができる。サッカーのセリエA，Bのように製作者にもランクがある。Bクラスに入ることも，結構難しい。AクラスとBクラスが明確に分類されているわけではなく，中間層にも大勢の製作者がいる」という。スコラーリは，将来の製作学校の方向について，「質の高いものを求めて教えていくこと」であり，既に完成した形であるヴァイオリンを受け継いでいくことが製作者の役目だと述べている。

4．ヴァイオリン製作コンクール

(1) 世界のヴァイオリン製作コンクール

　ヴァイオリン製作者，とりわけ若手製作者が，一人前に成長するためには，知名度を高めること，世界レベルを知ることが不可欠である。このとき，国際ヴァイオリン製作コンクールが重要なカギを握ることになる。コンクール参加は，世界の製作者の技術水準などを実感できる絶好の機会である。しかも，コンクールで入賞すれば，知名度は飛躍的に向上する。それゆえ，コンクールは，製作者の重要な育成機会として理解することができる。

(2) クレモナのヴァイオリン製作コンクール

　クレモナのストラディヴァリ弦楽器製作コンクールは1976年に始まった。初回が非常に成功したことから，その後3年ごとに開催されている。

コンクール委員会 (Committee de facto) は，1980年代になって市役所，商工会議所，観光局，ウォルター・スタウファー財団[89]の呼びかけでEnte Triennale degli Strumenti ad Arco（弦楽器＆弓トリエンナーレ）として正式な機関になった。その後，1988年には，ロンバルディア地方当局に正式に認められるようになった。現在，同委員会は，コンクール，大会，会議，展示会などを通して，ヴァイオリン製作の促進活動を精力的に展開している。

たとえば，3年ごとに弦楽四重奏及びヴァイオリン・コンクールを主催している。また，商業展示会を毎年開催している。Cremona Mondomusica

<図表2-7：コンクール>

国	名　称	設立年	場　所	特　徴
ポーランド	ヴィニアフスキー音楽コンクールヴァイオリン製作部門	1935	ワルシャワ	最古のコンクール　ヴィニアフスキー生誕100年記念
ベルギー	エリザベート弦楽器製作コンクール	c1960	ブラッセル	1960年前後に3回開催　カルテットで出品
イタリア	ストラディヴァリ弦楽器製作コンクール	1976	クレモナ	3年ごと
ドイツ	ミッテンヴァルト・ヴァイオリン製作コンクール	1989	ミッテンヴァルト	1983年に開催したヘッセン州カッセル市のルイ・シュポアー・ヴァイオリン製作コンクールを引き継ぐ弓製作部門
フランス	ヴァイオリン＆弓製作コンクール	1991	パリ	7年ごと
チェコ	国際ヴィオラ製作コンクール	1985	ラデック・クラローヴェ	4年ごと（？）
ロシア	チャイコフスキー・コンクール　ヴァイオリン製作部門	1990	モスクワ	ヴァイオリン，ヴィオラ，チェロ
ブルガリア	ソフィア・カザンルック・ヴァイオリン・ヴィオラ製作コンクール	1983	ソフィア　カザンルック	立ち消え？
アメリカ	アメリカ国際ヴァイオリン・ヴィオラ・チェロ製作者コンクール	1976	巡回	2年ごと　入賞者全員がゴールドメダル

（モンド・ムジカ）と呼ばれる展示会（弦楽器の見本市）は，多くの他の展示会と異なり，普及品や大量生産の楽器は対象から除外し，高品質の手作り作品に限定している点が特徴的である。このことは，トリエンナーレの狙いである「国際レベルで，クラシカルなヴァイオリン製作の伝統を促進すること」を示す顕著な例であろう。

さて，ストラディヴァリ弦楽器製作コンクールは，ヴァイオリン，ヴィオラ，チェロ，コントラバスの4つのカテゴリーに分かれている。コンクールに出品したい製作者は，国籍，性別，年齢にかかわらず自由に出品できる。ただし，過去3年以内に製作され，他のコンクールへの受賞歴がないことが条件になっている。また，出品可能な楽器は，伝統的形態を保つ「手作り品」に限られ，機械で製作されたものや，ユニークな形・装飾・色・木材のもの，人工的な素材を使用したものなどは出品できないことになっている。これらの条件を満たせば，3点まで出品が可能となる。ただし，同一カテゴリー内では，2点までしか出品できない。また，出品に際して，楽器1台につき100ユーロ（2台目からは50ユーロ）の出品料を支払う必要がある。

審査では，芸術・構成の質と音響的特徴により評価される。芸術・構成面では，技術レベル26％，セットアップ21％，仕上げ（ニス）の質22％，全体的な形と個性31％，音響面では音色35％，音量25％，各弦のバランス20％，弾きやすさ20％の項目で，各審査員が各項目に1点から10点まで評価する。弾きやすさについては演奏家による評価，音響については他の演奏家による試演での評価となる。これらの未公開審査により点数の高い楽器が最終審査に残り，公開の音響審査（独奏及びピアノ伴奏つき）が実施される。ここでは各審査員が10点を持ち点とし，合計で100点満点の中で入賞者が決定する。

各カテゴリーの最優秀楽器には金メダル，賞状が贈られ，ヴァイオリン1万ユーロ，ヴィオラ1万2,000ユーロ，チェロ1万8,000ユーロ，コントラバス2万ユーロでトリエンナーレが買い取ってくれる。各カテゴリーは銀メダル，銅メダルと特別賞が用意されている。特別賞には金メダルを受賞した

30歳以下の製作者の中からクレモナ市より「Simone Fernando Sacconi賞」，音響面で優れた金メダル作品に「Water Stauffer賞」が与えられる。その他に，クレモナ地方局より，構成面で最も優れた楽器に与えられる賞がある。

審査後作品は一般に公開される。モラッシの言葉を借りれば，「コンクールは，製作者にとっても貴重な情報交換の場」になっている。

Ⅲ. クレモナが抱える問題点

本章では，大量生産・普及品のヴァイオリン製作の動きを踏まえながら，クレモナでの伝統的な手法による手作りのヴァイオリン製作を取り巻く現状を整理してきた。

近年，機械化された大量生産のヴァイオリン品質の向上は，目を見張るものがある。練習用と割り切れば，充分な品質を提供している。しかも，価格は極めて廉価である。

他方，職人による手作り品は，1年にせいぜい6〜12台程度が限界であるため，高価なイメージを抱きがちである。しかし，実際には，驚くべき高価格というわけではない（もちろん，大量生産品と比べれば，かなりの高額になろう）。実際，クレモナにおける最高峰の製作者達の作品であっても，1台1万〜2万ユーロほどの価格でしか取引されていない。ストラディヴァリのオリジナルは，数億円で取引されている。しかし，ストラディヴァリの型を使用した現代のクレモナ作品は，その数百分の一の価格で取引されているのが現状である。この限りにおいて，名器復活は，遠い道のりと言えよう。

本章を終えるにあたり，ヴァイオリン製作という伝統工芸が抱える問題点について，考察を加え，今後の課題を探ることにしたい。

結論を急げば，ヴァイオリン製作という伝統工芸が抱える問題点は，「楽器の個性を製作者がいかに表現していくのか」という点にある。

Ⅲ. クレモナが抱える問題点　57

　このとき，楽器の個性とは，どのようなものであろうか。個性を考える上で，モラッシの次の指摘は示唆的である。すなわち，「よい楽器は，木材の選定に始まり，加工，ニス仕上げ，演奏を通じて完成」していく。つまり，材質，加工，仕上げ，音色によって，楽器の個性が完成するのである。したがって，楽器の個性という場合，これら4つの評価軸を想定することができる。

　もちろん，伝統的製法を継承する限りにおいて，楽器の形態面において，強烈な個性を発揮することは困難であろう。また，一言で「加工」といっても，スプロールやf字孔など，その工程は多岐にわたる。また，製作者によって，得意とする工程やパーツが異なるという。それゆえ，加工面において，個性を発揮する機会が考えられる。

　しかし，伝統的工程を継承する限りにおいて，加工面つまり形態において，強烈な個性を発揮することは困難であると言われる。そこで，材質，仕上げ，音色での差別化が重要となる。たしかに，ニス仕上げは，困難な工程である。しかも，ストラディヴァリの時代には，ニスの原料となる樹脂，油脂等はトルコから輸入されていたことが分かっているが，その調合方法は未だに不明であり，謎に包まれている。それゆえ，ストラディヴァリのオリジナルとの差は，ニス仕上げだけだと指摘されることも少なくない。

　また，音色の評価は，さらに困難である。音色は，楽器は，演奏家によって奏でる音色がまったく異なることが知られている。それゆえ，音色が楽器そのものの個性と言いきれない部分があるのだ。

　たとえば，アンドリュー・ヒル（Hill, Andrew）は，ヴァイオリンの音について，「音というのは，9割が弾いている人に依るもので，あとの1割だけが楽器に依るもの」[90]だと述べている。

　また，ストラディヴァリと双璧をなす名器グァルネリを愛用していたアイザック・スターン（Stern, Isaac, 1920-2001）は，ある時ストラディヴァリを弾く機会があり，その時に「自分が普段使っている楽器と全く同じ音がするなぁ」[91]と述べたと言われている。

　つまり，ヴァイオリンは，ストラディヴァリによって完成形となったと言

われるが，楽器として「真の完成」は，演奏家の登場を待たなければならないのである。演奏家は，自分の理想とする音を出すために日々研鑽を重ね，自分の音を作り出す努力をしている。演奏家にとってよい楽器とは，自らの求める音をより容易に出すことができる楽器に他ならない。

　ところで，楽器は，演奏家によって音色が作られる一方で，楽器が演奏家を育てていく面をあわせもつ。諏訪内晶子は日本財団から「ドルフィン」というストラディヴァリの中でも屈指の名器を貸与されているが，「自分が出す音より，楽器が自然に出す音に任せた方が良い」と述べている。それゆえ，楽器の個性と考えられる音色は，楽器そのものに備えられた属性なのか，演奏家によって紡ぎだされる属性なのかは，一義的には決められない。真相は，演奏家のみぞ知る，ということかもしれない。

　むしろ，真相不明の「楽器と演奏家の相互依存関係ないしスパイラル関係」は，かえって神話化され，ヴァイオリンという楽器の価値を高めるのに役立っていると言えるかもしれない。この限りにおいて，音色に関わる神話そのものは，楽器の個性を彩っている。

　個性を備えた楽器は，演奏家だけでなく，聴衆にとっても魅力的である。今回の調査では，製作者もまた，楽器の個性を追求する必要性を強く認識していた。しかし，クレモナ独自の工程を伝承するという当初の旗印は，名器復興を意図したにもかかわらず，伝統的工程の遵守・継承を過度に強調するあまりに，かえって没個性的になったという批判も少なくない。たとえば，コンクールでは，伝統的な手法，形態，仕上げといったことが条件となり，個性よりも伝統の継承というところに基準がおかれている。それゆえ，モラッシが指摘するように，「ストラディヴァリの楽器をモデルとしているために，世界中の製作者が製作するヴァイオリンの形態やニスは似通ってきている」のが現状と言えよう。彼は，「今では，ストラディヴァリで完璧になった楽器をコピーしているだけ」と手厳しい。それゆえ，職人の考える伝統と個性，技術と芸術について，さらなる考察が必要と思われる。

　過去の伝統的工法を固辞し，職人の勘に頼る製法を続けるクレモナは，今

後もヴァイオリン製作のメッカの地位を守り続けていくことができるのだろうか。クレモナ市は「ヴァイオリン製作のメッカとして成功している」[92]と考えている。クレモナの復興には，「製作学校だけでなく，クレモナに音楽院ができて多くのヴァイオリニストが誕生したこと，グローバル化して人の行き来が多くなったこと，展示会が増加したことなどの要因も関係している。」[93]というが，製作学校が大きな役割を果たしていることは間違いない。しかし製作学校の副校長スコラーリは「ヴァイオリンは今後変わらないし，変わる必要もない。完成したものを受け継ぐことが大切なのであり，今も十分によい仕事をしている」との見解を持っており，ストラディヴァリを超える製作者は出るだろうかという質問に，「そうは思わない，ヴァイオリンができて350年，ストラディヴァリを超える製作者はもう出ないだろう」と述べている。これまでの名器を超える作品を作っていくというヴァイオリン製作者の意欲がないところに，過去の名器を超える作品は生まれてこないだろう。

更に，日本のヴァイオリン・ディーラーの間では「クレモナよりも日本のほうが腕のよい職人がいる。クレモナの楽器は高いばかりで，キットを使ったヴァイオリンも多く，よいのはごく一部の製作者の楽器だけ」[94]とも言われている。例えば，日本には独学でヴァイオリン製作を始め，優れた芸術的センスでヴァイオリンを製作し，顧客を惹きつけている職人もいる[95]。クレモナが「ヴァイオリン製作のメッカ」と安住しているうちに，世界中でより優れたヴァイオリン製作者が育っていることに正面から目を向けていないように思われる。

クレモナの黄金時代を実現した理由として，ポー川に面したクレモナではよい材料が入手しやすかったことが知られている。現在でも，例えば「マエストロ・モラッシがヴァイオリン製作に必要な表板木材を産出する自山を持ち，材料を製作者たちに販売している」[96]ことからも，クレモナではよい材料が入手しやすく，「世界中からヴァイオリン製作のための材料や道具を売りにくるので容易に入手できる」[97]というメリットはある。しかし17世紀とは異なり，現在では陸路による木材の運搬も容易となり，ロケーションはそれ

程重要な要素ではなくなった。製作学校では全体的な技術の習得に力を入れており，個人の力量をコラボレーションさせて統合的により高い生産性を求めるという方向には向かっていない。しかし，実際にはある程度の分業体制が工房内で実施されていることから，得意な作業工程を持ち寄るほうが効率的であろう部分も否定できない。

　これらの現状からクレモナでは，① ヴァイオリン製作のメッカとしての認識が，世界のヴァイオリン製作の現状を見損なっていること，② 現代のヴァイオリン製作をオールドの名器を超越するものにしていこうという意欲に欠けること，③ 伝統技術の継承にこだわるあまりイノベーションが起き難い，といった問題点があげられる。

　イタリアの片田舎にも見える小さな街クレモナには，地味な職人達と質素な生活があるばかりだ。90歳を超えるまで現役で楽器を作り続けていたストラディヴァリの最盛期は，1714年から16年までの3年間と言われる。齢70を超える頃である。華やかに神話化されるストラディヴァリの生活は，実際には極めて地道な作業の連続だったと言われる。
　地道な作業を通じて宿る個性とは，いかなるものであろうか。神話化されたヴェールを剥がし，巨匠が生み出そうとした個性を少しでも明らかにしようとする試みは，伝統工芸の伝承と発展を考えるための手がかりを与えてくれるだろう。そのために，クレモナ独自の工程の意義について，知の伝承メカニズムという視点から，次章でのインタビュー調査の結果による問題点の検証と共に，さらなる考察を進めていくことにする。

Ⅳ. まとめ

　クレモナにヴァイオリン製作者が集まってくるのは，「クレモナ様式の作品にあこがれを持ち，クレモナでヴァイオリン製作をしたい」[98]という動機によるものが多い。ヴィニアフスキーとチャイコフスキーの2つのヴァイオ

リン製作者コンクールで日本人初の金メダルを獲得した菊田は,「クレモナは自分の楽器の出来具合を評価してくれるマエストロがいることが一番のメリット」であると,クレモナで製作を続ける理由を述べている。「アドバイスを受けることにより,常に自分の作品を進化させていくことができる。機会があれば,マエストロの楽器と自分の楽器を両方手にもって比較することもできる」ことが,よりよい作品の製作につながるという。伝統技術の継承においてピア・レビューの存在は不可欠であると思われる。

アマティ,ストラディヴァリ,グァルネリといった名匠の出現は,クレモナを取巻く顧客,材料,気候,ロケーション,ギルド制といった時代の環境的要因が大きく影響した。ギルド制の閉鎖的空間の中で,血縁関係を中心とした技術の継承を行う中で,才能のある職人たちが同時期に複数出現することで,情報の生産性を高めることが可能となった。現代のクレモナの復興は,ヤマハのように科学的プロセスを踏み,優れたピアノ職人であったヴァイオリン製作者と設計技師,或いはそれぞれの分野での専門家の知識と技術のコラボレーションによって起こる可能性も否定できない。

クレモナは,あたかも17世紀にタイムトリップしたような変化の少ない片田舎の町である。ここでのヴァイオリン製作の伝統的手法の技術継承は,情報技術の発達とは無縁である。しかし「クレモナが一番」という誇りが,ともすると外部環境の変化を見逃し,製作者の挑戦意欲を阻むことも懸念される。クレモナがオールドの名器を超える作品を生みだす集積地として機能するかどうかは,環境と時代を見据えたイノベーションを引き起こすシステム作りを実現できるかにかかっている。クレモナに現存する名匠モラッシやビソロッティを超える工房が出現しない限り,新作の名器は誕生しない。個人の技術と才能を超えた工房での知の集積が求められている。

注
66 2006年現在。
67 2007年1月1日為替レートによりユーロ＝159.96円で計算(以下ユーロについては,本書では同レート),2006年度実績。
68 Berneri, Gianfranco インタビュー。
69 同上。

70 同上。
71 大木・古賀（2006）。
72 Berneri, Gianfrancoインタビュー。
73 大木（2005）。
74 今泉ほか『楽器の事典　ヴァイオリン』p.362。
75 2000年に鈴木バイオリンは3代目鈴木秋から4代目鈴木隆に更迭された。
76 Hornung, Pascalインタビュー。
77 同上。
78 同上。
79 同上。
80 Zagni（2005）p.45.
81 実践協働体とは，学校教育にたいする批判的考察として行われた徒弟制度の研究から生み出された概念である。実践協働体の議論では，個別技能の習得だけでなく，1人前の振る舞い（親方のような行動）ができることが重要となる。イタリアでは伝統的に血縁関係を土台にした工房が保たれてきた。強い血縁関係を基礎におく技能集団では，実践協働体でいうアイデンティティ獲得が重要となることが想像に難くない。なお，実践協働体の概念については，Lave and Wenger（1991）を参照されたい。
82 このような技能に関わる議論については，Dreyfes & Dreyfes（1986）を参照されたい。
83 Scolari, Giorgioインタビュー。
84 同上。
85 同上。
86 Bisolotti, Marco Vinicioインタビュー。
87 Scolari, Giorgioインタビュー。
88 指ではじくこと。
89 Fondazione di Musicologia Walter Stauffer: 1970年にスイスの起業家Walter Staufferがヴァイオリン製作，弦楽器，音楽史，音楽学の教育を促進するために設立した。ヴァイオリン製作学校などへの奨学金のほか，製作学校に必要な図書や機材購入，音楽関係の研究・出版助成の活動を展開している。
90 クルーは，200年以上の歴史を持つイギリスの楽器商ヒル商会の後継者である。なお，このエピソードは，以下のURLを参照されたい。
http://Nippon.zaidan.info/seikabutsu/2003/00787/contents/0009.htm. p.3.
91 http://Nippon.zaidan.info/seikabutsu/2003/00787/contents/0009.htm. p.4.
92 Berneri, Gianfrancoインタビュー。
93 Scolari, Giorgioインタビュー。
94 日本の楽器店経営者　インタビュー。
95 例として，番場順は年間20本の製作を手がけるというが，1台150万円のヴァイオリンは5年先まで予約で埋まっている。
96 菊田浩　インタビュー。
97 松下則幸　インタビュー。
98 菊田浩　インタビュー。

第 3 章
クレモナのヴァイオリン製作の特徴
〜製作者の視点から

　本章では，クレモナのヴァイオリン製作の特徴を明らかにするために，世界のヴァイオリン製作の歴史的な流れを示した上で，ヴァイオリンという楽器の特徴と製作方法について概説し，なぜクレモナで名器と呼ばれるヴァイオリンが誕生したのかについて，クレモナの製作者へのインタビュー結果を交えながら紹介する。製作者はそれぞれに，クレモナに生まれた名器の歴史やニスの調合などヴァイオリン製作について研究を重ねている。なぜ「クレモナに名器が生まれたのか」ということについて統一見解は得られておらず，各製作者は独自の見解を持っている。本章では製作者から見たクレモナについて示すことにする。

Ⅰ．世界のヴァイオリン製作地のマッピング〜歴史的な流れ

1. 16 世紀

　ヴァイオリンが北イタリアで発展した初期段階には，クレモナとブレッシアの2種類の形態があった。クレモナとブレッシアはわずか60キロの距離である。クレモナの歴史的な研究を続けてきた製作者マルコ・ビソロッティによれば「ヴァイオリンはもともと8世紀頃に，スペインに伝わったいくつかのヘブライ・アラブの伝統楽器から発展したものだ。アマティの師匠であるレオナルド・ダ・マルティネンゴはヘブライ人で，ヘブライの全ての伝統

<図表 3-1：16 世紀のヴァイオリン産地（ヴァイオリンの誕生期）>

を伝えたと言われている。これは弓の部分，楽器の肩の部分などに見られるし，また演奏者もヘブライ人だった。ヴァイオリンはヘブライ文化と関係があった」という。もっとも，現在のクレモナの巨匠の一人として知られるモラッシは「クレモナでヴァイオリンが生まれた特別な理由はないと思う。10人の研究者がいれば，それぞれ異なった見解がある。ヴァイオリンはアラビアから来たと言う人もいる。確かに，最初の弦楽器はアラビア地域の楽器だったのだろう。アラビアの楽器，サラージやサリータは世界で最初の弦楽器である。ただ，ヴァイオリンの発明者というのがいるわけではない。ヴァ

イオリンは，少しずつ発展し形を変えてきたのだ。1400年代に作られた大理石の彫刻にはヴァイオリンや王冠が刻まれている。例えば，スペインのサンティアゴ・デ・コンポステラ教会に行けば，扉の大理石の彫刻にヴァイオリンの形を見ることができる」という。

　モラッシは「アマティが最初のヴァイオリン製作者だった。アンドレア・アマティの時に，ヴァイオリンは完全な楽器となった。」という。ビソロッティも「アマティがヴァイオリンの進化を完成させたと考えられる。ブレッシアの製作者や世界の様々な製作者がまだ古い形の楽器を作り続けていたときに，アマティは完璧な楽器としてヴァイオリンを完成させた」と述べている。

　ヴァイオリンの誕生には諸説があるが，イタリアで誕生した楽器は，それまで世界各地に様々な形で存在していた民族楽器とは異なり，完全な構造と性能を持つ「ヴァイオリン」として完成されたものである。クレモナではヴァイオリンの祖であるアマティの美しくニスが塗られた精巧な楽器製作が盛んで，少し遅れてブレッシアでは，ガスパロ・ダ・サロとマジーニが頑丈で音量のある楽器製作をしていた。この2派が現在のヴァイオリン製作の源流となっている。18〜19世紀になってモダン・ヴァイオリンの製作が始まるとブレッシアの楽器は再び見直され，その製法が導入されることになるが，ブレッシアの2人の製作者が亡くなるとクレモナがヴァイオリン製作の独壇場となる。ビソロッティによれば「ブレッシアでは昔のモデルで製作を続けていた一方で，クレモナの工房では楽器をシンプルなものにしていった。これは確実に，天才アマティの工房の影響だった。そのシンプルな形として完成したヴァイオリンを，まずアマティの工房で働いていた人たちが学び，さらにこの時代の職人たちがその形を完全に摸倣していった。そして50年後には，北イタリアのヴァイオリンは全てこのモデルとなった。ブレッシア人は1630年終わりごろまでこの方向に反対し続け，結果的に彼らはディーラーが求めるよりも，より高価なモデルを作ることになっていった」という。

2. 17〜18世紀

　17世紀から18世紀にかけて，クレモナを中心としてヴァイオリン製作が盛んとなり，ヨーロッパ各国にその製作方法が伝わっていった。17世紀になると，イタリア以外の国でもリュートやヴィオールの製作者たちが次々とヴァイオリン製作に転向していったが，大多数の製作者たちはニコロ・アマティの楽器の形態を真似ていたことからも，ヴァイオリン製作ではクレモナが主導権を握っていたと言える。もう一人，ヤコブ・シュタイナーという製作者がチロル地方の寒村で優れた楽器を製作しており，この2人が17世紀のヴァイオリン製作をリードする存在であった。ニコロ・アマティの弟子であったストラディヴァリやグァルネリが，ブレッシア派のフラットなヴァイ

ストラディヴァリの住んでいた家　　ストラディヴァリの墓

ストラディヴァリが
結婚式をあげた教会

オリンをモデルに新しい試みを始めたのに対し，ヨーロッパ諸国の製作者たちはアマティやシュタイナーの楽器をモデルとして製作していった。

製作者でクレモナの製作学校で副校長を務めるスコラーリの指摘するように，クレモナには「アンドレア・アマティ，ストラディヴァリ，グァルネリがいた」し，製作者ブヒンガーも「クレモナはアマティのときから発展して，子供や弟子たちがいて有名になった」という。

ビソロッティによれば「しかしクレモナがスペイン領でなくなると，衰退が始まり，18世紀から19世紀にはフランス領になったり，オーストリア領

<図表3-2：17～18世紀のヴァイオリン産地（クレモナの隆盛期）>

になったりの興亡，変遷を繰返してきた。実際クレモナは 17～18 世紀にかかるストラディヴァリの時代が一番隆盛期だったといえる。それまでクレモナにはミラノと同じように大勢の住民がいた。しかしオーストリア領の時代になると，ミラノが首都となり，より重要な都市になっていった。金も，金持ちも，音楽も全てミラノに移ってしまい，クレモナは中心から外れた貧しい町になってしまった。クレモナの経済状況は悪化して，ヴァイオリンを買う人たちもいなくなり，製作者はクレモナで生活していくことができなくなった。一方で 200 年の歴史を持った大都市ミラノではヴァイオリン製作で生活していける可能性があったので，製作者たちはミラノへ行ってしまったわけだ」という。

かくして「クレモナの弦楽器製作者は，他のイタリア主要都市に移っていった」(スコラーリ)。

3. 19 世紀

スコラーリは「18 世紀後半から 1970 年代までのクレモナを暗黒時代 (OSCURANTISMO) と言う。つまりクレモナに偉大な製作者が存在せず，クレモナの弦楽器製作は暗黒だった」という。ビソロッティによれば「その後クレモナにはチェルーティ派が残り，何台か楽器を作った。最後に残ったチェルーティは，演奏もしながら弦楽器製作をしていたが，次第に生活していくことができなくなり，1820 年代にはクレモナのヴァイオリン製作は全滅してしまった。その後クレモナには全く製作者がいなくなってしまった。もちろんヴァイオリン製作全体が終わってしまったというわけではなく，最後のクレモナ出身の製作者アントニアッツィ (Antoniazzi, Romeo, 1862-1922) はミラノへ移って製作を続けた。客観的に見ても，これでクレモナの伝統とは別離したわけで，クレモナのヴァイオリン製作は 19 世紀で終焉したことになる」という。

一方で，ヴァイオリンの中心はフランスに移り，ヴァイオリン製作者とディーラーの黄金時代を迎えていた。フランス革命後，ヴァイオリン市場は

Ⅰ．世界のヴァイオリン製作地のマッピング〜歴史的な流れ　69

貴族に代わり，プロの演奏家と裕福なアマチュア層により支えられるようになった。庶民や大衆のための製作が必要になると手作りのヴァイオリンに代わって，廉価な大量生産の楽器が求められるようになった。クレモナのヴァイオリン製作が終焉した1820年代には，フランスのミルクールでそれまでのバロック・ヴァイオリンに代わってモダン・ヴァイオリンが大量生産され，成功を収めていた。19世紀から20世紀初頭にかけては，フランス，ドイツ，ボヘミアなどにある小さな町がヴァイオリン生産を支えることになった。その後，第一次大戦の影響で，ミルクールの大量生産は衰退し，ドイツのマルクノイキルヘンやミッテンヴァルトの楽器に大きく引き離される。

<図表3-3：19世紀のヴァイオリン産地（大量生産の時代）>

EUROPE

4. 20世紀以降

　第二次大戦後は，ドイツのマルクノイキルヘンやチェコのシェーンバッハの製作者たちがドイツのブーベンロイトに移りヨーロッパの大量生産のヴァイオリンと弓を支えてきた。大きな市場となったアメリカに，ヨーロッパの多くのヴァイオリンメーカーが移り住み，また，一方でイタリアでは手作りによるヴァイオリン製作者が増え始めた。

　その他，フランスのミルクールが近年になってヴァイオリンと弓の生産で復興の兆しを見せ，日本では「鈴木バイオリン」が大量生産のヴァイオリンを世界各国に輸出，中国でも手作業による大量生産の楽器の品質を上げている。

　20世紀初頭のイタリアの状況を振り返ると，スコラーリによれば「既にクレモナには製作学校ができていたが，ミラノ，トリノ，ヴェネツィア，ボ

＜図表3-4：20世紀のヴァイオリン製作地＞

ローニア，フィレンツェ，ローマ，ナポリなどに製作者が集まっていた」ことになる。ビソロッティによれば，「クレモナには，ミラノのアントニアッツィによって再開したもう一つのラインがあった。再びクレモナに製作は戻ってきたが，昔の素晴らしいスタイル，素晴らしいニス塗装は失われ，そこにはかつてのクレモナ製作はもう無かった。製作学校ができて，製作を教えに製作者たちが来たが，それはクレモナの伝統的流れではなかった。今日のクレモナ製作方法はそれらの製作者たちのものとは別物だ。結局今でも1600年代の製作方法には到達しておらず，クレモナの伝統的な製作方法は全て途絶えてしまったのだ」という。

スコラーリによれば「1900年代初期のクレモナのヴァイオリン製作は酷い状況だった。1937年はストラディヴァリの没後200年にあたっていた。クレモナでは市長ファリナッチが音頭をとって国際的なイベントを企画した。世界中から多数のストラディヴァリの楽器を集め，コンサート，展覧会を開催したこのイベントは世界的にも大規模なものだった。この展覧会の成功により，クレモナ工房の復活のための学校を創設しようというアイデアが生まれた。そして，1938年9月21日に国立国際製作学校が設立された。製作学校は，クレモナの古い伝統を持つ弦楽器製作の分野で，高い資格を持つ専門機関の設立を目的として創設された。学校はすぐに機能したわけではなく，1970年代から少しずつ発展して，ようやく今のような力を持つようになった。1960年代はクレモナに弦楽器製作者は一人だけだったが，少しずつ製作者が集まってきて，現在では製作者は優秀な人ばかりだし，年齢も若くなった。彼らの父親は製作者ではなく，若い人たちは自ら製作技術を学びたいと考えている。これは興味深いことだ」という。

モラッシは「製作学校を出ただけで，一人で自立して技術を身につけられたのかというと，私が学校を出た1950年代はひどい学校だったので，それは決してありえなかった。私が1958年に教師として学校に戻ったときに，学校の全てを変えた。製作学校でしていたことや，教えていたことは間違えていたからだ。私は学校を卒業した後に，自分で改めて勉強を始めた。当時クレモナには音楽も弦楽器工房も何もなかった。私がクレモナに来たときに

は，クレモナはまだ貧しかった。弦や木材などが必要になれば，ドイツに行かなければならなかった。クレモナには何もなかった。その後，私達は道具，木材など，クレモナに全て用意した」という。

　スコラーリも「最初の頃は本当にクレモナに道具が少なかった。クレモナには道具や木材を売っている人は誰もいなかった。木や道具はドイツから全て買っていた。その後イタリアでも興味を持つ人が増えてきた。ミッテンヴァルトは，既に1800年代に弦楽器製作技術について興味を持っていた」という。

　マルコ・ビソロッティは「私自身は教えていないが，私の父（フランチェスコ）や弟（ヴィンチェンツォ，Vincenzo）は素晴らしい教師だった」という。「学校ではビソロッティに師事した。出発点としてはよかった」（ジローニ），「技術に関しては，学校でのビソロッティの授業が根源になっている」（フォントゥーラ），「ビソロッティは最高の教育者だ」（カッシ），「クレモナに来たのはビソロッティがいたからだ」（ダンジェル）と，製作者たちが言うようにクレモナでのマエストロ・ビソロッティの人気は高い。

　このように製作学校では，フランチェスコ・ビソロッティ，モラッシ，スコラーリらが教鞭を取り，多くの製作者を輩出してきた。

　かくして「この数十年で，クレモナは製作者が新作のヴァイオリンを作ることのできる数少ない場所の一つとなった」（ビソロッティ）わけだ。

上：ヴァイオリンの材料
左：トリエンナーレ

Ⅱ. ヴァイオリン製作の方法

1. 材料

　ヴァイオリン製作は材料選びから始まる。一般的にヴァイオリンの表板には赤樅（赤モミ＝spruce スプルースと呼ばれるヨーロッパ産の松の一種），裏板・側板・スクロール・ネック（楽器先端の渦巻きの部分）には楓（カエデ＝maple）が使われる。他の木材が使用されたこともあるが，試行錯誤の末，16世紀前半から樅と楓がヴァイオリンには最も適した木材として使用されてきた。樅は振動を面全体に速やかに伝えるまっすぐな木目（グレイン「年輪」）を持っており，松脂を多く含むことから風化に強く，松脂自体が硬化することで木質がしまり大きな音量が得られることなどが知られている。楓は美しいトラ杢（フレーム）を持ち，軽くて振動しやすい。

　クレモナはこれらの木材の産地ではない。寒い地域の木材が木目が締まってヴァイオリンにはよいとされている。製作者ベルナベウによれば「クレモナにストラディヴァリのような巨匠が出たのは，偶然だろう。ポー川はあるが，北イタリアをずっと通っている。クレモナには木材もなくバルカン，北イタリアのものを使う」という。クレモナはミラノの港町として栄え，ヴェネツィアからの流通の拠点だったと言われているが，少なくても木材に関しては特にクレモナでなければならなかった，という理由は見当たらない。

　もっとも現在のクレモナは世界で最も原材料を調達しやすい場所となっている。工房が集積することで，材料部品の展示会も開催され，また例えばスロバキアの木材は年に1度売りにくるという。更に，現代のクレモナを代表する製作者の一人であるモラッシは，育ててきた多くの弟子たちに自山の木材を販売している。モラッシはスロヴェニアから6km，スロヴェニアとオーストリアに近いウディーネ県（タルビージオ市）の出身だ。モラッシによれば「私の故郷にはたくさんの森や大きな林があり，イタリアで昔から使わ

れている樅があった。この木材を様々な木工職人が使っているが，この中にヴァイオリンを作るための特別な種類の樅の木がある。他の地域の樅よりも，イタリアのそこのものがヴァイオリンにはよい。これを表板（la tavola）に使う。裏板の楓は，ユーゴスラビア，オーストリア，スロヴェニア，ボスニア，クロアチアから手に入れる」という。モラッシの木材は一般的には評判がよいが，「モラッシのところの道具も，よいものとそうでないものがあるので，選ばないとならない。よい評判でないものは，他のところで購入する」という製作者もいる。例えば，製作をはじめたばかりの学生が見にいくとあまりよい木材を見せてくれないという。「この中には欲しい材料がないので，他にないのか」と聞くと，「そうか」と言いながらようやく使える木材を見せてくれるらしい。材料選びは製作者の基本であり，モラッシは自分の商売と絡めながらも製作者の材料を見る目を育てていく意図もあると思われる。もちろん，製作者たちはモラッシのところばかりでなく，あらゆる機会を使ってよい材料を手に入れられるように努力する。ある製作者は「木材は馬券のようなもの」と表現している。モラッシのような品質の安定したところから直接購入する場合には，はずれは少ないがコストはかかる。このため，より安価で品質のよい材料を探しに直接産地に購入に行く製作者もいる。こういった場合には，コストは安い代わりに，リスクも負わなければならないわけだ。

　一般的には木材は最低5〜10年以上外気に晒し，乾燥させることが必要だと言われている。松下則幸は「材料は5年寝かさないと使えない。例えば裏板のつぎがずれてしまったりする」という。菊田も「20年くらい寝かせないとだめという人もいる」というが，材料を購入して工房で寝かせておくには資金的な余裕も必要だ。若手の工房を訪ねると，木材のストックはほとんど置いていないところもある。モラッシでさえ「はじめて楽器が売れたときは，すごく嬉しかった。今思うとひどい楽器だったが，そのお金で道具，美しい木，材料を買うことができた」と振り返る。クレモナに来て5年の菊田も「2〜3年乾燥された木を買って，3年くらい待てば使える」という。ベテラン松下敏幸は，「北イタリアの樅とユーゴの楓を使っている。○○山

のどこの谷の……という材料を選ぶ。やわらかいが振動する。気候のせいか，ミネラルが樅の木に影響を与えている。ユーゴの楓はレスポンスがよい」と工房に実に多くの木材をストックしている。各々の製作者がよい材料（フレーム・グレインが堅く美しい）に出会うたびに，経済的・製作状況に併せて，将来の楽器製作のためにそれらを購入しストックしていくわけだ。

製作工程①－木材

　表板の樅は丸太を中央からケーキ状にクォーター・カットする。裏板の楓はクォーター・カット（柾目），スラブ・カット（板目），ハーフ・スラブカット（追柾目）がある。

　写真右側から表板，裏板，スクロール，側板に使用する。

製作工程②－接ぎ合わせ・面だし

　クォーター・カットの木材を縦に半分に割って継ぎ目を合わせる。クォーター・カットにより，材料として最大の強度が得られる。これを平らに削り，きれいな一枚の板にする。美しい楓のトラ杢が見える。

2. デザインの決定と型づくり

　ヴァイオリンの大きさはボディレングス 355 ミリと決まっている。ヴァイオリン製作者は基本的に，① ストラディヴァリ，② グァルネリ・デル・ジェス，③ アマティ，④ シュタイナーの 4 つのモデルのいずれかを選択し，そのままサイズを踏襲するか，或いはある程度パターンをミックスして独自の型を作成するかすることになる。既に 16 世紀にアンドレア・アマティによって完成された楽器となったヴァイオリンは，後続する製作者によって模

倣されてきた。そして，現在でも16〜17世紀に製作されたこれら4つのモデルが最も優れたものとして認識されている。ファミリーには多くの製作者がいるし，どの製作者のどの楽器をモデルとするかは，その製作者の嗜好による。大抵の製作者は，様々なモデルを試しながら，最もよいモデルを探索している。リッカルド・ベルゴンツィも「製作上の試みをするのには時間が必要だ。型を変えてみるとか，自分流の材料，厚み，大きさ，スタイル，位置などをアレンジするといった製作上の試みを常に続けている」という。ドデルも「楽器製作はストラディヴァリをベースとしているが，情報からのコピーではなくインスピレーションだ。昨年末にアマティ・モデルでヴィオラも製作した」という。名器のモデルを使用しながらも，独自のヴァイオリンを製作していくことが製作者の使命であり，演奏家からの注文販売の場合には弾きやすさやサイズなどの希望も取り入れて製作していく。

　デザインが決定すると，型づくりを始めることになる。ヴァイオリン製作には外枠と内枠の作り方と2つがある。マルコ・ビソロッティは「クレモナの伝統的製法であった内枠式は，サッコーニ（ローマ生まれのイタリア，アメリカ人）がクレモナに持ってきて，父フランチェスコ・ビソロッティが復活させた。サッコーニは，クレモナの古い製作法を最初に復活させようとした人で，私の父親と親しかった。サッコーニは異色のイタリア人で，ニューヨークで製作をしていたが，修理の仕事もしていた。アメリカでは修理の仕事が盛んで，ストラディヴァリの楽器も何十台，何百台と修理している。修理している間にストラディヴァリがどのように製作していたのかが見えてきて，クレモナの古い伝統を蘇がえらせることができたのだ」という。ただ現在のクレモナの製作は外枠式によるものも多い。ビソロッティも「私達の使っている内枠式を知っている人は，この業界でも非常に少ない。ほとんどの人は，内枠式をおこなっていない」という。

　またモラッシは「私は外枠を使うことが多い。外枠式は，より正確だし，より難しい。外枠式を好んで作っているのではなく，今でも，多くのヴァイオリンを内枠式で作っている。しかし，何も変わらない。内枠を使うと美しい物ができるというわけでもない。アマティやストラディヴァリの時代より

はシンプルで合理的なほうがよいので，外枠式を使っている。ビソロッティは，いつも内枠式で作っている。私も学校では，内枠式を教えていた。学生はストラディヴァリの方式を学ばなければならない。しかし，私は他の方法も教えてきた。内枠，外枠式だけではなく，またこれらの方法でなくても，ヴァイオリンを作ることができる。製作にはたくさんの方法があるので，一つだけを見るのではなく，色々知っていた方が良い。製作方法を自分で考えていくことが正しいのだ。全ての製作者が，色々なスタイルで製作しており，細かく見れば一人ひとり違う。結局は色々なことを知った上で，自分なりのスタイルを見つけていく方法がよい」という。

製作手順も製作者により異なる。例えば，クレモナの伝統的な製作方法を踏襲するビソロッティは表裏の箱を接着してからパフリングを施すのに対し，モラッシはパフリングを先にする。「ビソロッティのやり方は車を自分ひとりで組み立てる感じだ。モラッシはベルトコンベア」と表現する製作者もいる。学校では基本を教え，製作者はその後，自分の方法を生み出していくというのがクレモナのスタイルだ。その中から，ここでは内枠式による一つの方法を紹介する。

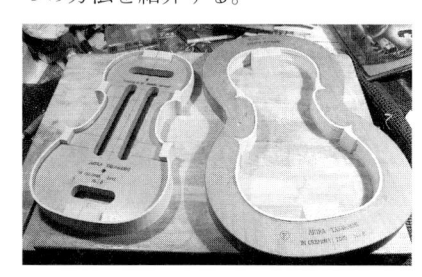

製作工程③－型づくり
　左：内枠式の型
　　　（クレモナの伝統的な方式）
　右：外枠式の型
　　　（写真は高橋明氏より提供）

型作りは，まずモデルを選定し，測定データを基に，まずヴァイオリンの形の原形となる型プレート（型紙）を作成する。次に型枠の方式を決定し，型枠を製作する。

3. 削り出し作業

ヴァイオリンの削り出し作業は㋑側板の加工，㋺裏板の加工，㋩表板の加工の順に進められるのが一般的である。

側板は木材を1ミリ強の厚さに削り出し，それをヴァイオリンの形に合わせてカーブさせることからはじまり，これらを枠に接着していく。側板が完成したら，これを面だしした表板・裏板に形取り，カッティングする。表板・裏板はアーチ（ふくらみ）が完成したら厚み出し（内側の削り出し）をする。菊田によれば「アーチングは，音作りに深く影響するとともに，美観も決定する重要な要素なのに対し，厚み出しは，見た目には関係なく音だけを追求する作業だ。板の厚さも楽器の音に大きく影響を与えるが，アーチによる音色変化も同じように大きい。材質によって，ベストなアーチというのは変化して然るべきだが，それをどう知ることができるのか…経験，直感…決め手はないが，五感を研ぎ澄ませて木材と対話する瞬間…楽器製作の醍醐味と言えると思う」という。松下敏幸も「大事なところとは，ふくらみの部分。これは自分の感覚で，弟子もよく似てはいるが，自分でしかできない。音に一番影響するところで，木の素材で変えることはできない」という。ビソロッティが「クレモナの伝統的なヴァイオリン製作には，知性を働かせた経験的な勘が必要だ。木材の質を理解し，歪みなども考慮に入れて，頭の中で計算する」と言うように，アーチングと厚み出しは製作者の木材の質に対する知識と経験知が問われる最も重要な工程の一つだ。

　アーチングが終わるとボディの外周を細く削り出し，パフリングを入れていく。後は，表板と裏板をきれいに仕上げ，表板にはf字孔を開ける。

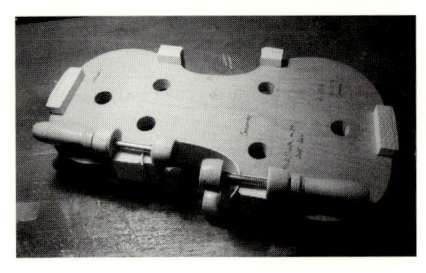

製作工程④－横板の製作

　原型となる内型にブロック材を貼り付ける。クレモナでは四角いブロック材が使用される。（ミラノでは三角にカットされたものを使用するが，いずれにしても後で楽器のカーブに合わせて削られる。）薄板（1ミリ強）を折り曲げて側板を製作する。これを枠に接着していく。

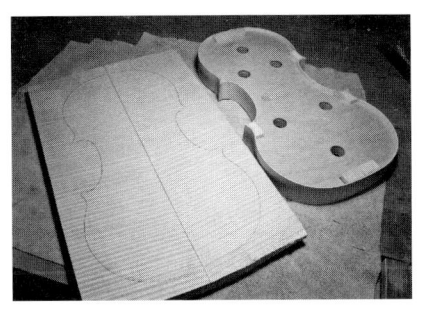

II. ヴァイオリン製作の方法　79

製作工程 ⑤－横板の完成（写真右側）**とカッティング**

　これを ② の面だしした板に鉛筆でなぞり，カッティングする。

製作工程 ⑥－アーチング

　丸ノミで表板・裏板の隆起形状（アーチ）を削りだす。

製作工程 ⑦－パフリング

　表板・裏板の外周に象眼（パフリング）を施す。パフリングはアウトラインから4ミリのところに入れた溝にはめていく。

製作工程 ⑧－表板と裏板の仕上げ

　仕上げは丸カンナとスクレーバー（鉄板を研いだもの）を使用する。

第3章 クレモナのヴァイオリン製作の特徴〜製作者の視点から

製作工程⑨－厚み出し

表板・裏板の内側をえぐって、板の厚みを出す。

製作工程⑩－ f 字孔

表板に糸ノコ、ナイフ、ヤスリを使用して f 字孔をあける。

4. 組み立て作業

次の工程は組み立てで、㋑ボディの組み立て、㋺ネックの加工、㋩ボディとネックの組み立て、の順でおこなわれる。

製作工程⑪－ボディの組み立て

表板の内側にバスバーと呼ばれる背骨を付ける。表板、側板、裏板を膠で接着する。

II. ヴァイオリン製作の方法　　81

製作工程⑫－ボディの接着
　ボディはスプールクランプという道具で閉じる。

製作工程⑬－スクロール
　角材から楽器の先端部分のスクロールを切り出す。のこぎりで大まかな形を切り出してから，丸のみでスクロールの形を切り出していく。仕上げはスクレーパー。

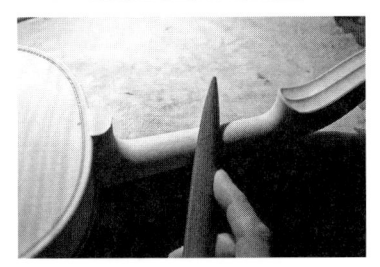

製作工程⑭－ネック
　スクロール・ネックの加工をし，ボディとネックを組み立てる。

製作工程⑮－ホワイトヴァイオリンの完成

5. 塗装作業と仕上げ

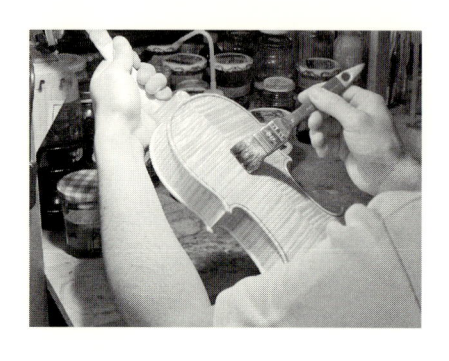

製作工程⑯－ニス塗り

　ニスには仕上げを美しくすることと，木材の保護の2つの側面がある。ヴァイオリンのニスにはアルコール・ニス（樹脂＋溶剤）とオイル・ニス（樹脂＋乾性油＋溶剤）の2種類がある。オールド・ヴァイオリンにはオイル・ニスが使われているが，現代のヴァイオリンにはアルコール・ニスが調合が容易で乾燥が比較的早いために，広く使われている。松下敏幸によれば「よく新作は音が硬いといわれるが，アルコール・ニスは乾燥すると硬くなる。オイル・ニスは音をやわらかく伝えることができる。アルコール・ニスを使えばたくさん売ることができるし，そうすれば市場で名前を覚えてくれる。私が89年にオイル・ニスを使いはじめた頃はオイル・ニスを使用している製作者は誰もおらず，私とスイス人とフランス人の3人で始めた。人気のアルコール・ニスではだめだと思った」という。クレモナの大半の製作者はアルコール・ニスを使用している。松下は「ディーラーから製作をせかされていることも一因」だともいうが，どちらがよいかは解明されておらず，製作者はそれぞれの方法で独自に調合したニスを使っている。菊田は「私がアルコール・ニスを使うのは，目指すスタイルを持っている師匠がアルコールだったからだ。アルコール・ニスも30回くらい塗ると時間がかかるし，オイル・ニスのほうが時間がかかるということもない。オイル・ニスを5～6回塗って完成させることもできる。2週間くらいで完成させる人もいる。イメージ戦略的にオイル・ニスを宣伝文句にしている人は多い」という。いずれにしても「工房に弟子入りしてもマエストロの仕事でやらせてもらえるのは荒削りくらいで，ニス塗りはやらせてもらえない」という重要な工程である。ストラディヴァ

リも弟子にはニス塗りをやらせなかったために，その調合や塗り方は伝承されてこなかった。このために，ストラディヴァリの名器の謎はニスにあるとも言われてきた。オイル・ニスとアルコール・ニスの2種類を使用したものと言われているが，諸説があり，今もってストラディヴァリのニスの成分が解明されているわけではない。

アルコール・ニスとオイル・ニスの他に，安価な大量生産用の楽器には乾燥が極めて早いラッカー・ニスが使われることもある。

ニス塗りがされた楽器は，糸巻き，駒，魂柱（表板と裏板の間に突っ張って立てている棒で，表板と裏板の振動を相互に伝達させる働きがある）などの仕上げをおこない楽器として完成する。

製作工程⑰－完成したヴァイオリン

(①～⑰の写真は③を除き菊田浩氏より提供)

Ⅲ．産業クラスターとしてのクレモナ

製作者たちのインタビューをもとに，世界の中のクレモナの状況とヴァイオリン製作の方法を示してきた。ヴァイオリン製作は「なぜクレモナなのか」について，製作者の意見を集約してみたい。

クレモナの風景　　　　　　　ドゥオーモ (Duomo)

クレモナの工房

1. クレモナに名器が生まれた理由

　田口が言うように「名器の出現は音楽の発達，道具の表現方法，宮廷（のニーズや財政的援助）などの要因が複合的に作用したためである」ことは間違いないだろう。製作者たちの意見を集約すると，① ロケーション，② 音楽家の誕生，③ 宗教グループの存在が，不可欠な要素であったことがわかる。製作方法を見ると，クレモナの楽器には材料，枠，ニスにその特徴があったことがわかる。そして，クレモナのイタリア人の美意識とバランス感覚，優れた木工技術が融合して，独自の勘に頼る（特にアーチングや厚み出しの部分）ヴァイオリン製作で音響のよい数々の名器を生産してきた。

(1) ロケーション

　ビソロッティによれば「マルティネンゴはヴェネツィア出身で，ヴェネツィアはこの時代には社会の中心地だった。知識人や重要な人物，トルコやアラブの音楽家もヴェネツィアに集まって来ていた。クレモナは運がよかった。何故なら，彼らがヴェネツィアからポー川を船で渡ってクレモナに来たし，ヴァイオリンを製作するために必要な貿易商とのつながりも持つことができた。クレモナは10年間，ヴェネツィアの支配下であった。ロケーションが重要だった」という。松下敏幸も「ヴェネツィアから上流へ物資を運ぶのに，ミラノにはポー川はなく，クレモナで荷揚げしていた。ローマ時代から植民地として栄えていたし，産業でも栄えた。昔から裕福な町だった」という。

(2) 音楽家の誕生

　ビソロッティによれば「文化の中心は，ヴェネツィアだったので，西欧世界のすべての知恵がヴェネツィアにあったわけだ。そして，ここクレモナで多くの音楽家が生まれた。オペラの作曲家モンテヴェルディだ」という。松下敏幸も楽器の発達は，クレモナにモンテヴェルディが生まれ，曲を作ったから，その曲に必要な楽器ができた。文化とはそういうものだ」という。

(3) 宗教グループ

　ビソロッティによれば「クレモナは紀元前220年頃ローマ人によって作られた。クレモナは1500年代から1600年代後半にはスペイン領となったことから，クレモナにはスペインと古くからのクレモナの2つの都市が混在する形となった。当時宗教グループはスペインとつながりがあり，カトリック教会がとても強かった。このために，クレモナにはヴァイオリンを購入するためのたくさんの資金が入ってきた。スペインは多くのヴァイオリンを買ったわけだ。クレモナ弦楽器製作技術は，宗教団体ととても親密な関係にあった。ストラディヴァリは，とても親しくしていたドメニコ修道士に庇護されていた。これに対して，アマティは資金力があり，カメリターニ，スカル

ツィ（ドメニコ派に対する宗教のグループ）など力のある宗教グループに守られていた。グァルネリは他の宗教グループとして力の強かったイエズス会のイエズス会士と関係があったと記録されている。重要なのは，クレモナは宗教がとても強い町だったということだ」という。松下敏幸も「当時ベネディクト派，イエズス派といった派閥もあったことも影響している」と指摘している。

2. クレモナの復興

クレモナにはヴァイオリン製作者がいなくなるという暗黒時代を超えて，ヴァイオリン製作のメッカとして復興することができた。ビソロッティが言うように，「クレモナで現代のヴァイオリンが生まれ発展したことには，歴史的理由がある」。クレモナの復興には様々な要因が絡んでいる。アマティ，ストラディヴァリ，グァルネリがいた町としての伝統が大きな支えになっていることは間違いないが，一度衰退したヴァイオリン産業を復興させるためには意図的な装置が作られてきた。

(1) 伝統とその研究
ベルナベウによれば「古い黄金時代の美と音」がクレモナの基盤である。しかし，ストラディヴァリの修理を多く手がけ，その製作法をクレモナに紹介したイタリア人でアメリカの製作者サッコーニがいなければ，クレモナ復興のきっかけは作れなかった。フォントゥーラによれば「現在のクレモナの製作はサッコーニの研究によるもので，ヴァイオリン製作も流れの中で成長していく」のだ。

(2) 製作学校
そして，ムッソリーニの提唱による国立ヴァイオリン製作学校が，クレモナ復興のための最も大きな装置として働いてきた。スコラーリによれば「学校が町の中心にできて，新しい弦楽器製作者を育成した。文化，特に音楽文

化が復活した。昔からヴァイオリン製作は何も変わっていない。何故なら，学校は1500年代どのように弦楽器を製作していたかを考慮して，地方自治体に提言した。つまり学校は，クレモナの伝統を通してどのように製作するかについてよく理解できる人々を多く輩出してきた。教えているのは100％クレモナ人だ。今年度は12人の教員がいるが，全員，学校の卒業生だ」という。ベルゴンツィも「クレモナは，1937年にできた学校と絡んで発展してきた歴史がある。教える，技術ということにはオープンな環境だ」。「学校は基本的なことを学ぶところ」（アジナリ）であって，スコラーリによれば「学校の運営資金は，国がお金を出している。資金は十分ではないので，スタウファー財団も貢献し，施設を寄与してくれた」という。

(3) クレモナスタイル

クレモナのヴァイオリン製作は，「モラッシやビソロッティなどのマエストロがいて，クレモナの製作者はその弟子たち。マエストロたちは昔の黄金時代とは少し違う自分のスタイルを築いてきた」（ベルナベウ）であって，これが現在のクレモナスタイルとなった。

ビソロッティも自らの製作について「クレモナ方式の弦楽器製作は，あらゆるところで引き継がれてきた。50年後，ここの部分を少し，アントニアッツィの部分を少し，サッコーニの部分を少しと，自分自身の方法を確立してきた」という。

バロック・ヴァイオリンがモダン・ヴァイオリンに代わったのも，ホールにおける演奏会が開催されるようになり，より音量の大きい楽器が求められるようになったためである。クレモナのヴァイオリン製作は一度途絶えはしたが，完全にその流れがなくなったわけではなく，クレモナの伝統を持つ製作者が各地に広がっていった。そして，それを再び集約し更に進化させるために，現在のクレモナの製作者たちは日々試行錯誤を続けている。

(4) 音楽院

クレモナの名器誕生には作曲家モンテヴェルディの出現をはじめとする音

楽が必然であったように「ヴァイオリンは常に音楽と一緒に歩んでいく」（フォントゥーラ）ものだ。ヴァイオリンは，「バッハ，ベートーベン，パガニーニといったクラシック音楽を演奏したいなら，ヴァイオリンを使わなければならない。他の楽器を使えば，彼らが作曲した音楽ではなくなってしまう」（モラッシ）ことから普及してきた。スコラーリによれば「製作学校ができてもたらした文化というのはもちろん弦楽器で，多くの若者が弦楽器の演奏を学びたがった。現在は音楽院もできて，勉強したいと思っている若者が大勢いる。昔は，ヴァイオリン，ヴィオラ，チェロといった弦楽器を勉強している学生は少なかったのだが，弦楽器を学ぶ人が増加して，これもまた弦楽器製作工房の復興に影響を与えた。演奏家がいなかったことも暗黒時代だった原因だった」という。

　スタウファー財団では音楽院のために最も多く資金援助している。「音楽院の学生は1学年20名（弦楽器のみ），これまで21年たつので，400名近くの卒業生を輩出してきた」（スタウファー財団）という。

(5) サブプレイヤーの誕生

　商業的なサブプレイヤーの存在も重要な機能を果たしてきた。スコラーリによれば「昔はかなり限定されていたが，音楽的文化が発展して，世界の市場で多くの人が動き出したことにより，小さい売買から世界的な売買になり，クレモナでは展覧会やイベントをしたり，製作者が本を作ったりするようになった。グローバル化で人の行き来が多くなったことや，展示会が増したことなど，クレモナの復活には色々な要因が重なった」という。ヴァイオリン製作者協会としてコンソルツィオ（商工会議所管轄のクレモナ製作者の協会），A.L.I.Cremona（製作者主導のイタリア製作者協会）の2つがあり，クレモナ地方自治体，クレモナ県庁，商工会議所，スタウファー財団，この4主体がトリエンナーレに資金を提供するトリエンナーレ協会も設立されている。

(6) スタウファー財団

　エルンスト・ウォルター・スタウファー（Stauffer, Ernst Walter）は1887年

イタリア生まれのスイス人である。クレモナで生涯を送り，酪農産業，商業のなどの国内外の活動を繰り広げたスタウファーは，クレモナのために1969年総額1億リラに及ぶ莫大な資産をクレモナ地方自治体に寄贈した。資金は国立ヴァイオリン製作学校と音楽院のために使われ，音楽学研究所としてスタウファー財団 (Fondazione di Musicologia Walter Stauffer) が設立された。

スタウファー財団では「道具，材料，奨学金，オーケストラ運営，図書館などのために学校に寄付している」という。スタウファー財団は，「クレモナがストラディヴァリやアマティ，グァルネリ・デル・ジェスのような偉大な弦楽器製作者が誕生した町としてだけではなく，モンテヴェルディのような音楽家も誕生した町として思い出させた」ことにもなる。財団からの資金援助は年間300万ユーロ（約4億7,988万円）に及ぶが，音楽院への資金援助が最も比率が高く，クレモナを再び音楽が盛んな町として位置づけたいという意図を持っている。

内山が言うように「文化，社会資本について考えると，文化が高まる時期というのがあり，高い密度となって人がある時期に集まってくる。クレモナはムッソリーニが学校を作ってからそうなったわけだが，そこには吸収する人材が必要だ。クレモナでは20年前にビソロッティとモラッシが吸引力となった。モラッシは弟子を養成するのがうまい。クレモナの製作者の60%が直弟子か孫弟子にあたる。この2人は巨匠で，その魅力は人を集める吸引力となっている」。人的資本の蓄積は，クレモナのヴァイオリン製作を世界のメッカとすることに成功してきた。

3. クレモナの将来

「クレモナは衰退するだろう。腕が落ちてきている。」（ディ・ビアッジョ）「クレモナの衰退は10年前からすでに始まっている」（フラヴィオ）というように，クレモナの製作者の中にクレモナの将来を危ぶむ声も聞かれる。もっとも，装置としての製作学校は，モラッシが言うように「技術を学ぶと

ころとして必要だ」と思われる。

　スコラーリは「学校はいつも，高品質を求めて専心してきた。学校については，いつも改善の努力をしている」というが，国立の製作学校であるため意志決定権は国にあり，製作者の副校長ができる範囲には限界もあるようだ。オシオは「学校については，ミラノやフランスよりよい学校だと思う。ただ，学校が終わったときにスキルがない。これは先生の問題だろう」という。モラッシも「重要なことは教える能力のある，全てできるマエストロがいることである。教えることのできる人が必要で，これが難しい。今学校で教えている先生に問題がある」と指摘する。「サッコーニもクレモナで教えたいという話があったが，国は十分な報酬を用意しなかった。私の父（フランチェスコ・ビソロッティ）やモラッシに対しても，25年前に学校を引退する際に，もっと引き止めるべきだった。学校はクレモナの製作技術を戻すために力を尽くさなかったことになる。その後，伝統製作技術の革命をするような能力のある人は出てきていない。そして，今やクレモナは1年で50人もの卒業生を出す町になった」とマルコ・ビソロッティはいう。ザネッティも「学校は，昔は大御所が教えていたが，今は30歳くらいの若い人が教えていて，経験もないので無理がある」と批判的だ。ビーニは昔の製作学校を「当時は1クラス6人だったので，卒業すればマーケットの中に入れた」と振り返るが，現在は学生数が増え，多くの製作者を輩出している。ジローニも「今は学校も1クラス25人なので教えてもらうことも難しい」と指摘する。スコラーリは「学校を作ったことで製作者が増えたことについては，プラスの部分と，マイナスの部分がある」という。98年からマスターコースの講師として仕上げ部分のセッティングと調整を教えている松下敏幸も「昔は専門学校だったが，今は普通の学校化してしまった。今は40人で4クラスに増えている。伝えることは無理だ」という。製作学校は将来大学にしたほうがよい。子供と大人が一緒に学ぶのには無理がある」（ザネッティ），「学校は選抜して本当に能力のある人を輩出していかないとならないだろう。今は一般高校みたいだが大学・専門学校になったほうがよいだろう。一般教養は高校で学んできたほうがよい」（フィオーラ）と，製作学校

のシステムのあり方にも問題があるように見受けられる。ビーニが言うように，クレモナの製作者の質を守るためには「学校は製作者になることをやめさせる役目もある。真実を言わないといけない」のかもしれない。

いずれにしても，ベルゴンツィが言うように「製作学校はクレモナスタイルまでは教えていない」のが現状で，「伝統はとても大切で，学校ではなくマエストロのもとで修行することが大事だと思う」（フォントゥーラ），「学校ができても，伝統的な徒弟制度はあまり変わっていない。ヴァイオリン作りの目ができてくるためには，マエストロのそばにいる必要があるし，同じ工房にいないとわからないこともある」（内山），「学校は道具の使い方を学ぶにはよい。準備としてで，楽器を作ることは工房で覚えることになる」（カンパニョーロ），「学校で教えても無駄で現場でないと覚えられない」（田口），「製作は徒弟制度が基本だ。やはりマエストロの下で朝から夜まで全てを学ぶということが大切で，学校ではできない」（松下敏幸），と，工房での修行が重要であることは，クレモナの全ての製作者に共通している。

製作者のインタビューから鑑みると，製作学校の問題点は教員の質，学生数，教育システムにあるようだ。

Ⅳ．クレモナのヴァイオリン製作へのインタビュー

ヴァイオリンは工芸品であって，楽器として演奏されることが目的であり，鑑賞用の美術品ではない。従ってヴァイオリン製作者は芸術家ではなく職人だが，ヴァイオリン製作は技術のみでなく芸術的側面を多分に抱えている。現在の製作者も，芸術派と技術派に分かれている。アマティによって完成された形となったヴァイオリンは，ストラディヴァリやグァルネリ・ファミリーによって進化してきた。その意味で，これらの名製作者たちは，芸術家であったと言えるだろう。

本節では，ヴァイオリン製作について語る製作者たちを，芸術派と技術派に分けて紹介していく。分類はアンケートやインタビューの総合的な内容か

ら判断したもので，必ずしも明確な線引きが可能なわけではない。また，芸術派に分類された製作者のほうが付加価値の高い作品を製作しているという事実を指すものでもない。芸術派なのか技術派なのかが重要なのではなく，各々の製作者の持つヴァイオリン製作の哲学を示す一助となればよい。クレモナにおけるオールド名器を越える新作の誕生には，一人ひとりの製作者の技術と哲学が不可欠である。人的資本，文化資本，社会資本が蓄積されて，初めて現代の名器の誕生が期待できる。

1. 芸術派

Morassi, Gio Batta（イタリア／ウディーネ）

「ヴァイオリン製作は芸術だ。アンドレア・アマティがヴァイオリンを完成形にさせたのは，アマティに才能があって，芸術家だったからだ。ニコロ・アマティも偉大な芸術家だった。ヴァイオリンは全ての釣り合いが取れていて，バランスが良くなければならない。ヴァイオリン製作は，ただ良い加工する訓練をすればよいというわけではなく，木の特徴，物理学，音響学，建築学，美術の全てを知る必要がある。製作では大きく分けて，木をどう加工するか・木をどう切るか，ニス塗り，弾く・音を知ること，これら3つが大事だ。ヴァイオリンは良い響きを出すことに加え個性も重要だ。内枠，外枠式だけではなく多様な製作方法があり，色々知っていた方が良いし，古楽器も含め色々な楽器を作ったほうがよい。ストラディヴァリはヴィオラ・ダ・ガンバ，ヴィオラ・ダ・モーレ，ハープまで多くの種類の楽器を作った。ストラディヴァリやアマティ，グァルネリ，過去における全ての偉大な製作者を知らなければならない。クレモナはストラディヴァリやアマティを生んだ町

で，そのことはこの仕事をするにあたってはとても大切なことだ。私が製作学校で学んだのは技術だけで，芸術に高めるためには，その後，知識，練習，円熟の期間を経て蓄積してきた。経験が必要だ。そして，ヴァイオリン製作のためには生まれつき持っている才能が必要だ。芸術家になるためには，特別な才能が必要であり，ヴァイオリンを知っているから芸術家になれるわけではない。芸術とは何か，製作技術とは何か，美術とは何か，音楽とは何かということはとても重要で，難しく，奥深い。このことを知るためには経験を積まなければならない。良い材料を選ぶことや，製作の精神は，ずっと保ち続けなければならない。」

Bissolotti, Marco Vinicio; Bissolotti, Francesco Mario; Bissolotti, Vincenzo（イタリア／クレモナ）

「クレモナにはもともと優れた製作者たちがいたが，19世紀に過去の素晴らしいスタイルやニスは途絶えてしまった。今のヴァイオリン製作方法はこれらの工房から受け継がれて来たものではない。フランチェスコ・ビソロッティはサッコーニから内枠式を習い，クレモナの伝統的な方法を復活させた。この方法によるヴァイオリン製作には，知性を働かせた経験的な勘が必要だ。木材の質を理解し，歪みなども考慮に入れて，頭の中で計算しなければならない。今のクレモナ方式は，クレモナから散って各地で受け継がれてきた方法を再び集めたものだ。この50年の間にミラノ派の製作者アントニアッツィやサッコーニの方法を少しずつ取り入れながら，独自の方法を確立してきた。楽器の製作は，良い仕事を完璧な仕事と取り違えないようにということが大事だ。必ずしも，完璧な仕事が良い仕事だとは限らない。フランチェスコは息子たちに几帳面な仕事について論じる以上に，自分の中の全ての感覚を一つに調和させる努力というものを教えてくれたという。クレモナ

には製作者が多すぎるし，学校も生徒数が多すぎる。1学年に10人が限界だろう。そしてモラッシやフランチェスコ・ビソロッティのような経験豊かな教授陣が必要だ。今後製作者も選抜されていくだろうし，結局よい職人だけが残っていくことになるだろう。世界で一番美しい楽器を作りたいというよりは，他の楽器よりも音がよい楽器を作りたいと思っている。」

Pistoni, Primo（イタリア／クレモナ）

「14歳で学校に入学した時には明確ではなかったが，家具や楽器を作りたかった。音楽も好きだった。クレモナの伝統的な方法といっても，それは商売上のもので，実際には伝統的な方法を守っているというわけではない。18世紀後半に製作は細い糸になり，チェルーティがミラノで習ってクレモナに戻ってきた。伝統的なクレモナの手法だといえば楽だが，何が伝統的かというと難しい。ストラディヴァリが何を使っていたかは博物館でわかるが，伝統の継承については疑問に感じている。途絶えていて抜けている部分があるからだ。古い文章があって楽器があるので，ストラディヴァリがどのように作っていたかは頭の中ではわかるが，本当のところは誰も正確にはわからない。目の前に現物があるから，コピーしているし，コピーすればよいと考えている。70%のヴァイオリン作りは型や道具は似たようなものを使っている。クレモナでは，作る立場では伝統的に作っていると言っているだけだと思う。自分は商売には興味がなくて音がよければよいと考えている。

ヴァイオリンには100ユーロのものも1万ユーロのものもある。何が違うのかというと，芸術的な要素が染み込まないと差は出てこない。楽器の中で，500年前から使われているのは弦楽器だけだ。フルートやファゴットは古くなると捨てられてしまうがヴァイオリンは価値が上がっている。ヴァイ

オリンという楽器をピラミッドでいうと，底辺に中国の工場製のヴァイオリンがあって，その上に手工ヴァイオリン，頂点にストラディヴァリなどの楽器がある。中国製から手作りのヴァイオリンへ，そしてクレモナのような高価な楽器と移り，音楽家にはストラディヴァリのような楽器が使われる。弾き手のレベルによって求められる楽器も変わってくる。中国製の楽器は組み立てや見てくれは違うが，それはそれでよい。中国も25年前まではドイツで勉強した人たちが指導していたので音はよいけれど技術は低かったが，最近はよくなってきている。昔は工房独自の作り方というのがあって個人によって違っていたが，今は学校もできて情報が知れ渡って差がなくなってきた。世界中どこでも標準的な作り方になった。

　クレモナの将来については，あまり今と変わらないだろうと思う。悲観もしていない。モラッシやビソロッティの代わりに何人かの人がリードし，その他大勢が作るという図式だ。不正な仕事をしているマエストロもいるし，クレモナに売るために商業上の問題があるとは思う。自分にとってヴァイオリン製作とは，できるだけよいものを常に追求していくということに尽きる。」

Bergonzi, Riccardo（イタリア／クレモナ）

「クレモナのよいところは知名度があり，製作者がたくさんいて励みになることだ。競争も生まれるし，互いの作品を見ることができる。クレモナは，1937年にできた学校と絡んで発展してきた歴史がある。教えることや，技術ということにはオープンな環境だ。著名な音楽家に使ってもらうこと，音が重要だと考えている。クレモナには演奏家はあまりいないが，クレモナを訪ねてくる。製作が芸術なのか，技術なのかという質問では両方だ。使える作品にしなくてはならないが，美がないわけでもない。材料を生かして個性を出すという製作は，機械仕上げではできないものだ。製作学

校はクレモナスタイルまでは教えていない。製作上の試みをするのには時間が必要だ。型を変えてみるとか，自分流の材料，厚み，大きさ，スタイル，位置などをアレンジするといった製作上の試みを常に続けている。」

Lazzari, Nicola（イタリア／クレモナ）

「ものづくり（木工）が好きで音楽が好きだった。クレモナの伝統といっても300年前のストラディヴァリの頃の伝統で，最近のクレモナの伝統は少し違っている。クレモナのスタイルというのは昔の伝統よりも日頃自分たちが工夫しながらの方が大切だ。ヴァイオリン製作は芸術と技術がミックスしている。その製作者の姿勢による。テンションとハートだ。機械のように作るだけならつまらない。特に芸術的なところを出せるのはネックの部分。ほかのところも芸術的な感性が必要だ。見ることも触ることも大切で，光の当たり方によっても変わる。色々な方法で感じることが大切。最近のクレモナは質より量を優先する傾向にある。楽器の質を維持すること，高い質を確保し，時間を取って製作することが大切だ。商売に熱心すぎるのはよくない。各々の製作者が出来る限り最もよいものを作る，という姿勢がクレモナの将来につながっていくだろう。製作はグローバルになったし，競争も激しくなっている。クレモナも40〜50年前は製作者が少なかったが今は質が上がった。製作者同士の競争もあってよくなったし，色々と人の作品を見たり情報交換する機会もある。16年間クレモナにいたが，もっと静かなところで製作したいと思って隣町に来た。でも製作者仲間との関係は持っているし，毎週クレモナに行っている。自分たちの文化を守るために（外国）人に教えないのはナンセンスだ。自分にとってヴァイオリン製作とはいつもよりよい仕事をしていくこと。まずは自分のため，そしてクライアントのためだ。ストラディヴァリやアマティの作品はもちろん，20世紀の

名人の楽器を見ることで，その人のスタイルの楽器にインスピレーションを感じる。本物を見て勉強するのはなかなか難しいが，近年の楽器ならすぐ近くにある。ストラディヴァリを越そうなどとは思っていない。そんなことは意味がない。楽器の質を保つためには年間6〜7本が限界だと思う。」

Fontoura De Camargo, Filho Nilton Josè（ブラジル）

「オーケストラのヴィオラ奏者だった。今はブラジルとクレモナの両方で工房を持っていて，1年のうち半年はブラジルで修理，残りはクレモナでは製作に専念する。ヴァイオリンを作る工程はすべて楽しい。天職だ。技術に関しては，製作学校でのビソロッティの授業が根源になっている。伝統はとても大切で，学校ではなくマエストロのもとで修行することが大事だと思う。音楽家に頼まれて製作するので，演奏者の好み，体格に近づけられるかが重要。現在のクレモナの製作はサッコーニの研究によるもので，ヴァイオリン製作も流れの中で成長していく。クレモナスタイルでは音響を重視している。ヴァイオリンは常に音楽と一緒に歩んでいく。」

Borchardt, Gaspar（チリ）

「クレモナは静かな町で製作に集中できる。クレモナのメリットはたくさんの職人が集まっていることで，仕事の発見をお互いに学ぶことができる。ドイツの製作は正確だ。イタリアの楽器は正確さには欠けるが愛情がある。小さいときから製作の文化を学べるのはよい。木の知識

や，ニスの知識として化学も必要だ。楽器はすべてが大切で，演奏家にとっての音響も大事だ。イタリアの建物の美しさなども，クレモナの楽器に生かされている。イタリアの楽器は美しい。きっちりと作ることから美しさが生まれる。絶対的な美しさはヴァイオリンの比率によるものだ。音楽家の一家に育ち，演奏家は相棒だと思っている。」

Solcà, Daniela（左：スイス）　Zanetti Gianluca（右：イタリア／マントヴァ）

「ヴァイオリンの製作は芸術的要素が強いが，技術はとても重要だ。技術と芸術的センスの両方が必要になる。工房は2人で一緒に営んでいるが，工房に2人でいると意見交換もできるし，比較もできる。製作学校は，昔は大御所が教えていたが，今は30歳くらいの若い人が教えていて，経験もないので問題があると思う。子供と大人が一緒に学ぶのには無理があるし，製作学校は将来大学にしたほうがよいと思う。」

Bini, Luciano（イタリア／クレモナ）

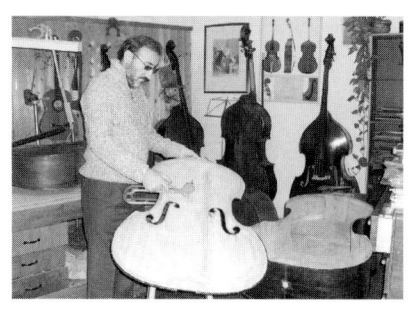

「楽器製作は芸術が30％，技術が70％。感じることが大切だ。自分の楽器は演奏家に売っている。コントラバスを多く修理しているが，これは自由にできる部分が多いからで，駒の大きさもまちまちだ。ヴァイオリンは寸法も駒のサイズもほとんど決まっているが，コントラバスは自由に試すことができる。コントラバスの製作者はクレモナに5～6人だ。クレモナにグレーの（学校を出て工房を構えず，非公式に修行している）人が多く，この人たちが税金を払わない状態はよくない。今後，製作者の人数は少なくなっていくだろう。学校には製作者

になることをやめさせる役目もあって，（製作者になれるかどうかの適性について）真実をきちんと学生に伝えなければいけない。クレモナで作ることで情報交換，ニスや原料についてコラボレーションはできる。音楽はとても素晴らしい。是非親には子供に楽器を習う機会を与えてあげて欲しいと思う。」

Di Biagio, Raffaello（イタリア／トスカーナ）

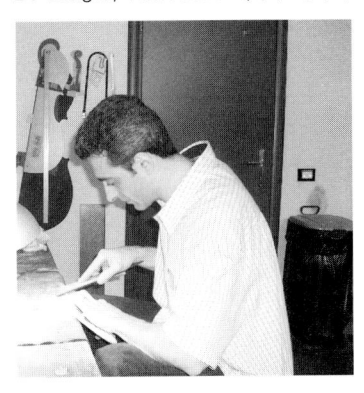

「クレモナの伝統的スタイルから，改善していく方法を見るけることができる。演奏家にとってはよい音が出ないといけない。それがほかのヴァイオリンメーカーに渡るとき，欠陥がわかったらいけない。製作は芸術と技術の融合だ。芸術家として生まれることはできても技術がないと作れない。製作は単純な作業な集まりだが，自分の考えをそこに導き出す。モデルを考えたり演奏家のことを考えたり，隠れている内面が重要だ。一度仕事を覚えてしまえば，クレモナを離れても構わないと思う。クレモナは衰退するだろう。腕が落ちてきている。クレモナの楽器製作は自由がない。過去の人に抑えられていて，若手が成長できない。30年以上前にこの状況が始まっている。」

Dangel, Friederike Sophie（ドイツ）

「小さい頃からヴァイオリンを習い，家族で室内楽を楽しむ。クレモナに来たのは，伝統があるし，ビソロッティと知り合いだったからだ。ドイツとは技術の詳細，楽器の構成，モデル，スタイル全てが違う。楽器は見栄えがよくて，音がよく，弾きやすいことが大切。クレモナスタイルとは，

18世紀の楽器を模倣すること,今日のものとは違い個性があった。今のものはクリーンすぎる。ヴァイオリンは個性と音が大切で,芸術だと思う。クレモナが一番というわけではなく,製作者は多いが,コンソルツィオや町では何もしていない。伝統と今の状況から考えると何かしないといけないだろう。」

Abbuhl, Khatarina（スイス）

「チューリッヒから製作学校のために来た。ヴァイオリン製作は音が大切だ。イタリアの楽器はホールで後ろまでよく響く。音楽・芸術が楽器だ。クレモナのメリットは同僚や学生と文化を交換できること。クレモナは外国人にも住みやすい。物価も安いし学生も多い。マエストロにはどう作るか,パーソナリティ,弟子からその人らしいものを引きだすといったエネルギーが重要だ。クレモナは一番ではない。文化の必然だろう。特に,クレモナは音楽院が問題だ。ローカルな意図しかいないし,文化的プロジェクトがない。ヴァイオリンメーカーと音楽院がつながっていかないと発展していかない。」

Bernabeu, Borja（スペイン）

「大学では経営学を学んだ。母親は画家だった。絵画は99%が創造で1%が技術で,全く新しいところから始める。ヴァイオリン製作は反対に創造が1%,技術の部分が多い。この芸術は一部の人に価値を認めてもらうものだ。音が届くためには技術的な要素がたくさんある。伝

統に基づき，技術と経験で個性が出るがバラエティは少ない。クレモナでは製作だけで生きていける。外では修理もしないといけないし，クレモナには販売の機会もある。クレモナでは新作がマエストロの値段で売れる。現代の製作者は詳細にこだわり全体像をみていない。写真家のように1枚ずつの切り取りになっている。昔は木を切るところから自分でやっていた。製作には色々なやり方があるが，質的にトップを目指したい。」

Heyligers, Mathijs Adriaan（オランダ）

「元音楽家で，ヴァイオリンを演奏していた。楽器は演奏家に売るし，自分の楽器を使った演奏会もよく聴きに行く。ヴァイオリン製作ではクリエイティブであることと，音楽家の手助けとなることが重要だ。製作はアート，スキル，テクノロジーのコンビネーションだ。クレモナの伝統は大切だが，個人の解釈によるところが大きい。インスピレーションだ。製作はコンビネーションなので，ディテールがきちんとできていれば，結果もよいし，音もよい。クレモナはヴァイオリン製作の中心地で，製作者が集まってくるし，同僚も多い。イタリアは個人が中心だが，組織として製作者たちが一緒になれば強くなるので，コンソルツィオの活動をはじめた。代表も務めたことがある。クレモナが，数は少なくても質の高いものを出すようにプロモーションしてきた。自分でこれまでに製作したのは250本ほどで，アメリカ，イタリア，ヨーロッパ，アジア諸国に販売してきた。弦楽器の専門雑誌 "Strad" に載せると宣伝効果も高い。クレモナは閉鎖的だが，歴史のある町で，ヴァイオリン製作の技術は500年も続いてきた。今は4～7名の職人がいる工房を営み，製作と修理を半々にしている。」

2. 技術派

Scolari, Giorgio（イタリア／クレモナ）

「製作学校の副校長（製作部門のトップ）を26年間務めている。昔からヴァイオリン製作は何も変わっていない。最近の製作者はみんな優秀で，年齢が若くなった。製作者たちの父親は製作者ではなく，若い人は自ら製作者になるために技術を学びたいと考えている。これは興味深いことだ。学校で教える方法は一つ（クレモナのスタイル）だが，各自のスタイルは個別のものだ。方法を教えることはできるが，それぞれ個性，その人固有のスタイルを持っている。同じ方法で教えても，出来てくる楽器は異なったものになる。自立した製作者になるためには10年かかる。私はいつもAランクの製作者になれと弟子に言っている。Bランクでは仕事を見つけるのも難しい。優れた弦楽器製作者にならなければだめだし，うまく製作できるように，楽器製作に関する全てのことを知らなければならない。」

Conia, Stefano（ハンガリー）

「伝統を学ぶにはクレモナはよいところだ。クレモナの文化，自然の景色，建築，これらのことが全てヴァイオリン製作につながっている。クレモナには演奏家がいて，コンサートがあり，教会があり，コンソルツィオもある。クレモナで製作することは息を吸うように自分には

自然なことだ。演奏家は弾いてくれるし，ディーラーは顧客に届けてくれるので，製作に専念できる。自分はプロなので，演奏家だけではなく学生やディーラーも，自分の楽器を望んでくれる人は全て大切な顧客だ。」

Voltini, Alessandro（イタリア／クレモナ）

「学校に見学に行って興味を持ったのがきっかけだ。音楽も好きだった。製作は芸術と技術と両方だ。私たちは Artigianato acustico（音響職人）だ。今のクレモナの伝統は昔の方法が一度途絶えて，1970年頃に再び作り始めた新しい伝統だ。昔の有名なメーカーについて色々なことがわかってはいるが，全てではない。情報交換もするしコンファレンスもあるので，世界中同じような方法で作っている。アメリカ，フランスといった国によっての違いもなく，全ての製作者がクレモナのまねをしている。学校では常勤で教えるようになって8年になる。今の学生は全てが熱心だというわけでもない。学校は道具を正しい方法で使えるように教えることが重要だ。道具をコントロールできるようになり，次に木について学ぶ。その後工房でどうやって作るかを学んでいく。何年修行しないとプロになれないかは人によるが，数年はほかの工房で修行する必要がある。楽器の製作には能力も，フィーリングも大切だ。木材への感覚，よい楽器を感じることができなければならない。木材を見る目と，アーチや厚み，全てをどう作るか。ヴァイオリン製作とは，興味を失わないで楽しんで作っていくこと。仕事への情熱がなければならないし，インスピレーションも必要だ。過去のメーカーだけでなく，前世紀，今世紀の優れた作品を見ることでインスピレーションを得られる。クレモナの将来について語るのは難しいが，よい将来になることを期待している。ただ，世界の経済や為替などにも影響を受ける。今のクレモナは若い人たちには状況が難しくなっているだろう。」

Hornung, Pascal（スイス）

「10年前にコンソルツィオを設立した。私は副会長でクレモナの60人の製作者が会員だ。製作学校を卒業しているか，5年間クレモナでヴァイオリン製作をしていることが加入の条件だ。保護のための証明書発行や，クレモナの手作り楽器販売のプロモーションを世界各地でおこなっている。完全な手作りということにコンソルツィオは意義を感じている。顧客も正規に登録したクレモナの製作者の楽器ということで，安心して購入することができる。クレモナ弦楽器製作者の市場は世界中にある。各国で嗜好も異なり，例えば日本では美しくニスを塗ったつやつやした楽器が好まれるが，アメリカではもっとシンプルな楽器のほうが売れる。新作ヴァイオリンの市場はとても大きい。」

Dodel, Hildegard Theresia（ドイツ）

「ドイツのマイスターの資格を持っている。イタリアは誰でもマエストロになれるけれど，ドイツでは資格がいる。試験があって，その後3～5年工房で修行，再び試験を受けて資格を取る。マイスターはドイツの中世からの制度で，実技のほかに，試験は経済・法律・音楽史・木工・ニス塗りなど多岐にわたる。製作者は細かく仕事をしすぎる傾向にあるので，製作者同士の情報交換のコミュニケーションも大切だ。クレモナは文化的な生活という面では物足りない部分もあるが，製作者の情報交換にはよいところだと思う。」

Commendulli, Alessandro（イタリア／クレモナ）

「クレモナ以外の町にもよい製作者がいるが，クレモナの伝統を守るためには，クレモナに在住するということが重要だ。外国人がクレモナで学ぶことは，外国に戻り製作を広げるために必要だと思う。ただ，帰国すると違う世界になってしまって，クレモナの伝統を失ってしまうことになる。自分はクレモナに育ったのでここにいるが，外国人だったらクレモナで製作者にはなっていなかったと思う。ヴァイオリンを製作することによってもっとよく知ること，どのような音を出すのか，感動を与えるために音をどう表現できるかということを考えている。」

Gironi, Stefano（イタリア／ミラノ）

「混声合唱をしていた。父が木工職人で，製作学校ではビソロッティに師事，出発点としてはよかった。クレモナスタイルが基礎にはなっているが，外国の技術も見ていかないといけない。楽器製作は全員から学ぶことができる。毎年技術は新しくなるので，新しい技術を使っていくことも大事だ。ヴァイオリン製作が教育か才能かというと，才能を持っていてもつぶれる人もいたし，進み方が大切だ。才能がなくても成長していくことはできる。演奏者にとっての弾きやすさと音が大切で，自分はクレモナスタイルにこだわらない。」

Dobner, Michele（イタリア／ヴェネツィア）

「楽器は色々な部分からできるので、形と音と両方大事だ。厚さによる音響、セッティング、演奏者に使いやすいということと音が重要だ。クレモナスタイルは基礎で、ミラノスタイルを取り入れている。ヴァイオリン製作は芸術的ではあるが、新しいものではない。ストラディヴァリは芸術家だったと思う。クレモナは特殊な町で、ほかの町は製作だけに集中できない。客と出会うことができるし、クレモナはヴァイオリンのメッカだ。」

内山昌行（日本）

「製作とは独自性、個性をもって楽器とは何かを追求することだ。教育・才能、それ以上に情熱が必要だ。ヴァイオリン製作には個性を求められる。技術的な緻密さだけでは冷たく非人間的なものになる。ヴァイオリン作りの目ができてくるためには、マエストロのそばにいる必要があるし、同じ工房にいるということが大切だ。クレモナの傾向は真似できるが、クレモナを離れると美意識は失われてしまう。クレモナでは東洋からの職人が多く、イタリア人が少なくなってきている。これではイタリアの産業としての独自性はない。クレモナのメリットは、作るだけで生活できる可能性があることだ。年間10本前後製作する能力を持ってコンスタントに売らないといけない。楽器販売では人脈を確たるものにすることと売り手と買い手の信頼関係が大切だ。売れるためには、市場に数が出回っているという事実も重要だ。クレモナが最高級品だけに絞っていけば、産業として衰退していく可能性が高い。手作りの安い楽器がクレモナでできたことにより評価市場ができて今日のクレモナが復活した。イタリアの職人はドイツ的・

フランス的な発想が苦手で大量生産はイタリア人の好みではない。学校ができても，伝統的な徒弟制度はあまり変わっていない。国際的な人材が，情報社会を通してクレモナに集まってくる。

中国は人口も多く，優れた技術を持ってきている。大量生産でも機械ではなく手作りだ。ただ，くせや個性を問題とせず正確さや緻密さだけを追求している。しかし自覚をもって自分のヴァイオリンを作るようになれば，脅威となる。ヴァイオリン作りにとってとても重要なのはコレクターの存在だ。ヨーロッパ人のコレクターは質が違う。好みがあり，鑑識眼がある。絵画と同じように，楽器も市場から集めている。コレクターは大きな影響力を持つ。

文化・産業の要因には，核になる人の吸引力が必要だ。ある高名なクレモナのメーカーはマーケティング能力がある。また，もう一人の高名なメーカーは独立独歩で，弟子は家族本意である。このように，メーカーとしての独自の発展もイタリア人それぞれの個性的な歩みをしている。メーカーにとって知名度を上げることも，安定して売ることもできるメリットが大切である。技術的に見れば，私はクレモナには現在も少なくても5人以上のストラディヴァリ以上に優れた製作者がいると思うが，製作本数が少ないと，一般的には知名度を上げることに大きな差障りになるということを考えていない。更に，自らが優れた製作者というばかりでなく，積極的に後継者を育成するかどうかが，将来のクレモナの繁栄に大きく影響する。」

Campagnolo, Luisa Vania（イタリア／クレモナ近郊）

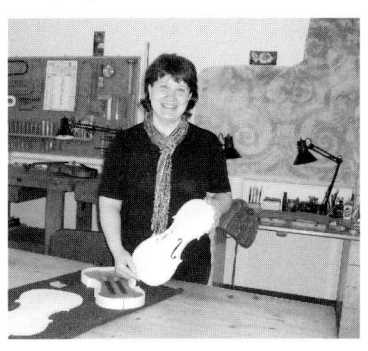

「父が木に関する仕事をしていて，自分でヴァイオリンも弾いていた。製作学校は道具の使い方を学ぶにはよいところだ。ただ，準備としてで，楽器を作ることは工房で学ぶことになる。クレモナの製作者と情報交換する。仕事をするのは人それぞれなのでライバルというのはいない。製作では音に関わる部分，中心の

部分（アーチ，ふくらみ，力木など）が重要だ。昔クレモナに来たときはみな同じに見えていたが，今はクレモナの楽器だとわかるようになった。」

Triffaux, Pierre Henri（ベルギー）

「クレモナを選んだのは最も有名だったからで，フランス，ドイツに比べてイタリアは最もセンスがよかった。クレモナのメリットは，特別な雰囲気があることで，道を歩くのにもストラディヴァリがいた町だと感じる。同業者同士の情報交換ももちろんある。ヴァイオリン作りの根はイタリアから出ている。伝統を大事にし，全部手作業だ。200人以上いる製作者の持っている思いはそれぞれ違うので，ライバルではない。製作に関する蓄積を共有するためには，同じ工房で一緒に一定の期間働くことが大切だ。100通りのやり方があり，どれもよいが，最終的には自分の仕事の方法を見つけることだ。」

Gastaldi, Marco Maria（イタリア／ピエモンテ）

「クレモナ人は，昔はよいヴァイオリンメーカーだったが，今は困難を乗り越えようと懸命ではない。イタリア人の方がクレモナから近いところから来ているし，外国人の方が，モチベーションがはっきりしている。クレモナでは同僚と意見交換もする。仲のよい同僚には外国人も多い。伝統はスタートであって固定したものではない。進化する余地はある。学校を出ればマエストロと呼ばれるが，偉大なマエストロは経験，年齢，たくさん作って教育できるといった要素が必要だ。」

Fiora, Federico（イタリア／クレモナ）

「クレモナは静かな町で，みなが食べていくことができる。製作学校は選抜して本当に能力のある人を輩出していかなければならないだろう。職人が自分で芸術家だとは言えない。ヴァイオリン製作は500年試されてきたけれど，まだこれから変わる余地もあるだろう。自分はマエストロではない。域に達していない。マエストロとは教えてくれる人。名声は後からついてくるものだ。クレモナは質が一番よい。演奏家にも学生にも使ってほしい。自分も学んでいるので，成長につながる。」

Cassi, Lorenzo（イタリア／ピアツェンツァ）

「昔の製作者は，マニュアルを残していかなかった。製作については，サッコーニの研究でだいぶわかったが，全部ではないだろう。クレモナの伝統的なやり方を使わなくてもクレモナ様式はできる。ビソロッティは一番の教育者だと思う。マエストロとは弟子のものを引き出すことができる人だ。製作学校の学生も色々な国から来ていてよかった。自分の楽器は，音楽を愛してくれる人に認めてほしい。」

Osio, Marco（イタリア／ブレッシア）

「ヴァイオリンではクレモナは一番だと思うが，それは100の工房があるからではなく，よい楽器が見つけられるからだ。たくさんのチョイスがある。ストラディヴァリがトップで，そのスタイルに近づくことがクレモナ様

式だと思う。ヴァイオリン製作は命があり，冷たくない，暖かいものだ。完璧ということは大切ではない。マエストロとは弟子にアドバイスを与えることから，長い経験が必要となる。演奏家，ディーラー，そして自分自身を満足させることが私のヴァイオリン製作の哲学だ。」

松下敏幸（日本）

「1400 年にリュートがあり，1500 年にヴァイオリンがあった。クレモナは湿度の高い町だから細工をしたはず。クレモナの楽器だけは特別な音がする。ここで作るからしかわからないこともある。私がクレモナで製作しているのは，ストラディヴァリがいた時代の全てを把握したいと思うからだ。300 年たってもそれができないのは，我々がしていることが何か間違っているからだ。それはクレモナだけでなく，世界中同じだ。ここに住んで，どういう方法で製作していたのかを考える，たとえば冬は湿度 90％で木にはよくない気候だが，その中で木を守るために何かを施していたのだろう，それが何なのかということを知るために，同じ環境に自分を置いてみている。ただ，同じ疑問を持って目指している同僚は少ない。製作は徒弟制度が基本で，マエストロの下で朝から夜まで全てを学ぶということが大切だ。学校ではできない。クレモナの伝統とクレモナの製作学校は全く違うもので，学校にはストラディヴァリの伝統はない。あこがれだけでクレモナにやってきた人が多く，本物を目指している人は製作者の 1％に過ぎない。いい傾向とは思わない。工房に入って本流を目指していくことが大切だ。ヴァ

イオリン製作は芸術ではなく技術だ。高い技術を磨くことは創造ではなく伝統的なものだ。それは現実であって，体で，手で，目で覚えて，いかに近づけるかということだ。職人なので，社会や経済は知らなくてよいと思う。しかし，たとえばニスの調合だったら化学の知識はあったほうがよいし，製作分野の視野は広いほうがよい。自然界のミネラル，木，物質などや，オイル・ニスをどう乾かしていくのかといった知識は大切だ。長い目で30〜40年先を見て作っていかなければいけない。どこに自分の目標をもつかということが重要だ。自分がいなくなっても残る楽器を作りたい。ディーラーは急いでいるので，製作者もだめになっていく。これでは，いいものはできない。製作には時間とテンポが重要だ。素材も吟味しないといけないし，製作にはメンタリティもかかってくる。分業もできるが，大事なところは任せられない。私にとって大事なところとは，ふくらみの部分だ。これは自分の感覚で，自分でしかできない部分だ。音に一番影響するところで，木の素材で変えることはできない。」

Buchinger, Wolfgang Johannes（オーストリア）

「修理をしていたこともあるが，新作を作って生活していけるのは世界でクレモナだけだし，製作に専念できる。古い楽器を見て模倣するが，そこに自然に個性が入る。自分の作品をはじめから終わりまで作ることで個性が出る。一人で製作したほうが自分のペースで作ることができるし集中できる。製作は手作業で芸術ではない。アーティストは演奏家だ。」

Asinari, Sandro（イタリア／クレモナ）

「製作は芸術ではなく技術だ。ヴァイオリンは300〜400年前から既に完成しているわけで，製作者は職人であって製作は技術だ。たくさん作ることは

重要ではなく，一本一本大切に作っていくことが重要だと思う。クレモナのように工房が集まっているところは他になく，コンソルツィオ，モンド・ムジカ，展示会などもあるのが，クレモナのメリットだと思う。ヴァイオリン製作ではクレモナが一番だ。」

Freymadl, Viktor Sebastian（ドイツ）

「ヴァイオリン製作には，サッコーニのストラディヴァリを読んで興味を持った。ヴァイオリニストだった父と一緒に製作をしていた。大量生産の波の中で，クレモナでは一人ひとりが生きないとならない。伝統ということも何なのか難しい。クレモナだから重要なのではなく，購入する人は演奏ができなければならないと同時に，製作者も生活していかなければならない。そこが難しい。質の高い楽器を作っても売れないので，どうしたらよいだろう。もっと生産量を上げることはできるけれど，今と質が同じようにはできない。」

安田高士（日本）

「小さい頃から手作業・もの作りが好きだった。高校の頃からヴィオラを弾いていた。ヴァイオリンは「楽器」なので，まず音が出ることが重要で，技術が7割だと思う。が，長い間手に取って使うものなので，見た目にも美しいものを作りたい。ヴァイオリンは他の「芸術作品」と違って限られた形の中で表さなければならないが，その外形，ふくらみ，スクロールなどの部分で色々と表現できる。クレモナは職人が多いので競争もあり，技術面での

刺激もある。一人で製作しているとアクが出てくるので，人の楽器を見ることも大切だと思う。材料が木なので，性質が一つひとつ違っていて，出来上がるまでどんな音が出るのか完全には推測できないところが面白い。材料は外見や重さ等で選択するが，削ってみないとわからないところがある。クレモナでは一般的に機械工具の導入に否定的で，全て手作りの伝統的方法を守りたいという人が多い。ただ，使えるところは機械を使ってもよいと思う。完成されたときにどう「違い」が出るのかが問題だろう。ブランドとメーカーの違いもある。その人が作った楽器なのか，その人が手を加えて完成させた楽器なのかだ。「工房製」というカテゴリーもある。ストラディヴァリやアマティの楽器も多くの弟子が手伝っていた。」

高橋明（日本）

「ヴァイオリン作りは13歳で始めた。音色を聞いて，美しい音だと思ったことがきっかけで，製作と演奏を同時に始めた。サラリーマン時代は趣味で作っていたが，本格的に作りたくて当時就職していた会社を辞め，クレモナに来た。クレモナは製作者が集中しているので，勉強するには最高の場所だと思う。楽器の見方，スタイル，芸術性といったことについて，近くでよい刺激やアドバイスを受けることができるからだ。製作は技術と芸術の両方だと思う。しかし，技術がなければ芸術にならない。芸術家である前にきちんとした職人でなければならないと思う。クレモナの伝統的な方法は，内枠を使うことだが，クレモナには世界各国から

製作者が集まっているので，いろんな製作方法が学べる。伝統を頑なに守っていくことは大切なことだが，色々な製作方法のよいところを取って自分のやりかたを見つけていくこともできる。ヴァイオリンはどんな小さな部分も音に影響するが，影響の度合いは部分によって異なると思う。何を最優先に置くかが重要だ。芸術性は技術プラスαの部分で，しっかりした技術の上にあって始めて芸術が成り立つと思う。200年，300年たっても，見て美しい，音も柔らかい楽器が本当の名器ではないか。楽器は奥が深く，完璧な楽器はない。逆に完璧な楽器は面白くないといわれる。例え欠点があってもそれを覆い隠すほどの良さがあるのが名器なのだろう。楽器の全体のバランスは重要で，製作学校でもイタリア人は，日本のように○か×かを言うことはあまりしない。ここのカーブは美しい・美しくない，私はここが好き・嫌いという判断の仕方をよく使う。一部分を指して正しいか間違っているかということを指摘するよりも，全体のバランスから見て合っているかどうかということの方が重要なのだろう。クレモナにいて，まだまだ学ぶことはたくさん残っているし，もっといい楽器を作りたいという気持ちもある。一つひとつの作業をしっかりと自信を持って前進させていくのが楽しい。問題を解決していくという楽しさだ。演奏家の多くは音色で楽器の良し悪しを判断するが，逆にディーラーの多くは見た目で判断する。見た目がよい楽器はよい音が出ると言われている。8割方は当たっているのではないか。やはり基本的な工作技術が重要で，これがないとたまたまよい音が出ても安定して同じように作ることはできない。楽器の芸術性や個性は，技術を極めていく過程で，自然に自分の中から出てくるものだと思う。その意味で，自分の腕を磨いて，精進していきたい。」

Portanti, Fabrizio（イタリア／クレモナ）
　「学校に見学に来て興味を持った。当時13歳だったが，クレモナに製作学校があることは知らなかった。ストラディヴァリやグァルネリがあってモデルがあるが，自分の目で作っている。技術と芸術は両方だ。見た目に美しい楽器を製作することも芸術だが表現するためには技術が必要だ。スタイルは

芸術の域で，技術は学校で学ぶことができる。自分の頭の中に描いているものを技術をもって完成させる。クレモナはヴァイオリン製作のレベルでは世界一だと思う。クレモナの名前があって，たくさんの職人がおり，情報交換してよくなっていく。自分はあまり情報交換に熱心ではないが，製作者の友人とバールに行って話をする。作業している人を見て真似できる。これが普通のクレモナの生活だ。クレモナの将来については，レベルの高い人たちがいてこれからも高くなっていくだろうし，レベルの低い人たちもいる。クレモナのレベルを下げる原因にもなる。ビジネスを先にもってこないこと，製作を優先させることだ。ヴァオリン作りとはよい音が鳴るように作ること。楽器の見た目がよいのは音がよいのと同じことだ。見た目が悪くて音がよいことはない。楽器作りは自分のためだ。そのために外界とは遮断している。もちろんプロの演奏家が頼んだときは別だ。材料やスタイル，音を望むように作りたいと思うが，クレモナでは演奏家に頼まれることはあまりない。年に1本くらいだ。ヴァイオリン作りは楽しい。外国人が多いのも普通のことだし，中国製の楽器もあるが，昔からハンガリーやルーマニアの工場製の楽器があったので関係ない。成功していない製作者が中国製をクレモナ製といって売っていることは問題だ。」

五嶋芳徳（日本）

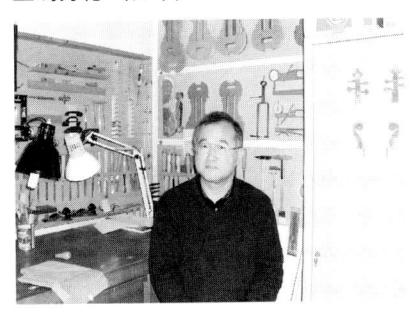

「エンジニアをしていた会社を早期退職して製作者になった。初めはドイツで勉強しようと思ったが年齢制限がありクレモナの学校を受けた。イタリアは年齢制限もなく入学させてくれる度量の大きい国だ。結果的にはクレモナの学校に入学でき

満足している。ヴァイオリン作りは300年前の技術を追いかけていて，めまぐるしく変化する情報技術とは全く逆だ。どういう技術を使っていたのかを探り，現代に生かしていく。ストラディヴァリの伝統を守って，どんな音がするのか，彼の作った音は出ないのかなと思うのが楽しい。初めはビソロッティのもとで修行した。ビソロッティはクレモナの方法を守り，モラッシやスコラーリとは違う。例えばビソロッティは表裏の箱を接着してからフィレットなのに対し，モラッシはフィレットが先で，面白いのはビソロッティのやり方だと思う。ビソロッティのやり方は車を自分ひとりで組み立てる感じなのに対し，モラッシはベルトコンベアのようだ。製作は芸術と技術の両面がある。技術だけではなく芸術でもあるからおもしろい。音がいいのは技術で，見た目がきれいだというのは芸術だ。両方おもしろい。

　板の削り方で，響き方が違うのが少し分かってきたが，まだまだ自分の思うように鳴るわけではないので試行錯誤だ。CADを使っても名器が対称的ではないことがわかる。型の右側を描いて，中心を軸にして反転しても左側とは合わない。正確に測定された本も出版されていない。全て数字が違っている。クレモナのヴァイオリン製作のKKD（経験，勘，度胸）を理論的にしたいと思っている。」

Ardoli, Massimo（イタリア／クレモナ）

「父親も製作者だった。学校ではモラッシに，その後スコラーリについて，1992年に独立した。学校では週に18時間教えている。トリエンナーレにも何度も出品しほかのコンクールにも出している。これまで300台近く製作してきた。伝統的なストラディヴァリなどのモデルは使っているが，自分のモデルだ。製作は芸術と技術は半分ずつで，全てのパートがアートだが，特にスクロールの部分はアートだ。音と形は同じくらい

大切だ。自分にとってのヴァイオリン製作とはストラディヴァリでありアマティだ。現在はたくさんの工房がクレモナにある。将来のクレモナの楽器の質を守っていくためにも，各製作者は一生懸命製作していかなければならない。」

小林肇（日本）

「クラッシック音楽が好きで，学生オケでヴァイオリンを始めた。大学では機械工学を専攻し，卒業後はエンジニアとして働いていたが，25歳で製作を始めた。独立して5年目になる。静かで落ち着いているのがクレモナの魅力だ。クレモナではアマティ，ストラディヴァリ，グァルネリそれぞれが特徴あるモデルを，それぞれの製作方法で発展させていった。小さなヴァイオリンという中でこれを実現した創造力が伝統だ。芸術でもあり技術でもあると思う。芸術という面にこだわりはないし，道具を作っているという面もある。楽器の数字や調弦などは決まっているが，その中でどのように自分のモデルを作るか，という意味では芸術といえるだろう。よい音を出すことが大切だ。音は見栄えとも関係する。材料や作りのよさ，形がよければ必ずしも音がよいとは限らないが，よい音を求めていけば形もよくなる。ヴァイオリン作りは，色々ある中で一番長く続けていきたいことだ。限界もあるが，どこまで試せるか。製作では最初に音が出たときが嬉しい。どんな音になるのかという範囲はわかるが，予想通りとは限らない。木の硬さによっても違ってくる。情報交換はあまりしていない。工房は市街から少し離れているが，ここを選んだのは両方の窓から光が入るからだ。ニスの色などよくわかる。クレモナの将来は，淘汰される人も多いだろうが10年20年で大きく変わることもないだろう。」

高橋修一（日本）

「子供の頃からヴァイオリンを弾いていた。楽器というのはそれぞれの個性があって，弾く個人になじんでいく過程があり，気候などにもよって音も変わってくることに興味を持った。ストラディヴァリなどの名器が現在の評価を得ているのは，芸術的，骨董的価値もさることながら，名手に使われ続けて，音色を熟成してきたということが大きな要因なのではないか。製作ははじめ日本で学んだが，技術だけなら日本でもよいが楽器は文化なので現地に行ったほうがよいと勧められクレモナに来た。学校にも通ったが主にコニア師匠の工房で製作を学んだ。具体的に，これがクレモナのスタイルだ，と統括するものはないように思うが，それぞれの地域の楽器がそれぞれ特徴のある雰囲気を持っている中で，クレモナの楽器は，各製作者の個性のコーディネートという点で優れているではないか。コニアも個性が強い。作りに勢いがある。細かいことにはこだわらないが，全体が見えている。大きい仕事で自分のラインをまとめていく。だから仕事も早い。細部が雑だと言われることもあるが，融合的で流れがあり，それが音にも出る。コニアは先代からやっているので古い材料をたくさん持っている。それもひとつの伝統だと思う。クレモナのヴァイオリン製作は，中国のように効率よく作っていくところとは違うところがある。製作者も社会を知り，社会の中で自分の役割をきちんと認識すべきだと思う。製作者の全てが作っているものに出るわけで，品格とか社会に対する考え方とか，全てが出てしまう。製作はその人そのものだと思う。」

鈴木徹（日本）

「学生時代は哲学を専攻していた。社会人になってコントラバスを始め製作に興味が沸いた。クレモナはストラディヴァリという一番の楽器が生まれ

たところ、習うのもクレモナが一番だと思った。はじめからコントラバスを作りたかった。ヴァイオリンと製作の基本的なところは同じだが、材料費が5〜6倍かかるのに値段にそのまま反映されるわけではない。クレモナにもコントラバス製作者は少ない。学校での教養科目も、自分ではとても大切だと思っている。イタリアで育っていないので、考え方を学ぶのにはよいし、イタリア語を学ぶ上でもプラスになる。クレモナの伝統とは空気だ。食べ物や雰囲気、話している言葉とか、目には見えないところだ。ヴァイオリンの形とか、イタリアのきれいさ、建物の美しさというのはデコレーションで無駄な部分、機能には関係のないところだ。こういう無駄（＝余裕）があるから美しいものができるのだと思う。こういう美的感覚が空気感で、クレモナで学ぶ利点だと思う。外枠や内枠はあるが、作り方は色々だ。イタリア人は例えばニスの作り方にしても目で測る。いい加減なようだが、最後にはうまくいく。順序だててきっちりはしないが、最後のもっていき方が違う。製作は技術だと思う。自分で芸術家だと言っている人もいるが、芸術家は演奏する人だ。芸術家と職人は違う。職人はいい音を追求するがそれは半分で、あとは演奏家にわたす。一流の製作者はこれがわかっている。ヴァイオリン製作とは、自分で考えていることを実現させるための手段だ。社会を知ることは大切だと思う。世界情勢の中で、少しでも色々な人が幸せになればよい。クラシック音楽を聴ける立場にある人は多分世界の1割くらいだろう。音を聴いて何かを考えるきっかけになればよい。演奏するオーケストラの中に自分の楽器がある。指揮者がいて、演奏家がいて、楽器がある。聴いている人に風を起こすことができればよいと思う。」

菊田浩（日本）

「クレモナには適切な指導を受けられるマエストロがいることが最大のメリットだと思う。機会があればマエストロの楽器と自分の楽器を手に持って較べられることも大きい。

美しいヴァイオリンを作るためには，高い技術とともに芸術的センスが重要だが，本来，芸術は演奏される音楽であり，ヴァイオリンは演奏されることで初めて芸術の一部となるのだと認識している。しかしクレモナでは，師弟や製作者同士でも楽器を外観で評価することが多い。歴代の名人たちの楽器は皆，魅力的な外観とスタイルを持っていて，その伝統を師匠から受け継ぎ自らの個性を反映させて，さらに次の世代に残していくことがクレモナの製作者にとっての誇りであるからである。良い材料を使って正しい技術で製作すれば良い音がすることを前提としているわけで，師匠の板厚やアーチなどの音に関するノウハウも弟子に伝えられるが，それ以上の音色の追求は個人の自己責任の範囲で行われるのである。木材は20年くらい寝かせるという人もいる。確かに古い木の方が乾燥して響きやすくなっているが，良い板なら数年間乾燥するだけで理想の状態になるので，年数は問題ではない。その点，クレモナでは良い材料を選びやすく，製作に向いている町だといえる。

音の良いヴァイオリンを製作するには，良い材料を選び，その材質に合った作り方をすることが必要だが，完成した音を記憶し客観的に判断できる耳も重要である。私がしていた音楽ミキシングの仕事は，音のクオリティを瞬時に判断してマイクの位置を数センチ動かすなど的確に音を判断する必要があった。短期間に2度もコンクールで優勝できたのは画期的だという声もあるが，ミキシングの仕事で鍛えられた耳を持っていたことが楽器製作にも活かされたのだと思う。」

イタリアの製作者たち（A.L.I.）

http://www.associazioneali.it/index.php?option=com_frontpage&Itemid=1

V．まとめ

　クレモナのヴァイオリン製作者の考え方は多様である。「100人製作者がいれば100通りの製作方法があって然るべき」と考えられており，クレモナでのヴァイオリン製作は各製作者の思いに委ねられている。ヴァイオリン製作は芸術であると考える製作者も技術であると考える製作者もいるが，少なくても現代の偉大なマエストロと呼ばれるクレモナの製作者たちは，ヴァイオリン製作の芸術的な要素を重視していることが伺える。製作者の人生を大きく変えるのはこれらの偉大なマエストロとの出会いであろう。もっとも，芸術的な作品を製作するためには，技術と才能の両方が必要であることは間違いない。偉大なマエストロのもとで修行することができても，必ずしも弟子の全てが素晴らしい製作者に育っていくわけではないわけだ。製作学校時代から，製作能力を大きく開花していく製作者がいる一方で，人生の早い段階で「手に職を」という選択の一つとしてヴァイオリン製作を選択し，クレモナで製作を続ける製作者もいる。クレモナは，極めて幅広いレベルの製作者をクラスターの中に抱えていることも事実である。

　クレモナの過去，現在，将来について考察すれば，過去にクレモナがヴァイオリン製作の中心地だったのはある意味で必然であり，あらゆる環境的要

因がうまく絡み合った結果であると言わざるを得ない。モンテヴェルディのような優れた音楽家がクレモナに生まれたという要素も大きかったことには違いなく，パトロンや顧客の存在，ロケーションなど，全てが重要な要因だった。そして，現在のヴァイオリン製作のメッカとしての復活は，ヴァイオリン製作学校によるところが大きい。イタリアのみならず世界中からヴァイオリン製作に興味のある学生を無償で教授する国立の製作学校は，ヴァイオリン製作にとって極めて重要な存在である。オールド・ヴァイオリンの価格の高騰により新作楽器のニーズが高まったという追い風もあり，クレモナの楽器には適正規模の市場が存在してきた。しかしヴァイオリン製作学校の国立学校としての限界が，クレモナの将来に関連して浮かび上がっている。現代の偉大なマエストロの高齢化による現役引退に伴い，クラスター内では後継者の育成が危惧されている。これからのクレモナが，どこを目指していくのかを明確にする必要があるだろう。伝統を追い求めるのか，世界一のレベルを目指すのか，クラスターとしてのメリットを最大限に生かすのか，といった問題について，製作者たちが真剣に考えることで，はじめて産業クラスターとしての発展を望むことができるだろう。インタビューで挙げさせていただいた製作者たちは，写真からもわかるように，どの方も笑顔が素敵で，とても魅力的な人物だった。クラスターの発展の如何は，究極的には人でしかない。

　次章では，クレモナの製作者へのアンケート調査の結果を示し，更にクレモナの現代の製作の特徴を明らかにしたい。

第4章
クレモナのヴァイオリン製作者への
アンケート調査の結果と分析

　本章では，本研究の一環としておこなった定量的研究の結果について提示する。定量的研究として，クレモナに在住するヴァイオリン製作者を対象としたアンケート調査を実施した。調査票については，プラットフォームとしての産業クラスターのダイナミズムを解明するために，個人と集団，組織，組織間（顧客，競合，供給業者，製作学校），及び技術に関する設問から成る調査票を設計した。日本では，これまでに文化経済の統計整備の視点から，企業メセナ協議会（1999）や日本芸能実演家団体協議会（2000）による芸術家に関するパネル調査はされているが，弦楽器製作者について調査は例がない。このため調査票の設計は，アランとメイヤー（Allen & Meyer, 1990）の組織コミットメントに関する研究，金井（1994）の企業家ネットワークに関する研究など既存の帰属意識，コミットメント，ネットワーク，モチベーション，技術者に関する研究を参照しながら，我々がおこなったパイロット調査の結果を踏まえて独自に作成した。

　第Ⅰ節で結果の要約を示した後，第Ⅱ節で各項目の結果詳細を示し，第Ⅲ節では国籍，経験年数，販売価格によるグループの比較結果を提示する。

Ⅰ．調査結果の要約

　調査票は，以下の12の項目に関する質問から構成されている。
Q1．クレモナの魅力と帰属意識（強く思う〜全く思わない4択）

Q2. 仕事に対するコミットメント（強く思う〜全く思わない4択）
Q3. 弦楽器製作に対する意識（2つの対照的な文章から選択）
Q4. 製作者ネットワーク（はい，いいえ2択と選択・記述）
Q5. 製作技術に対する意識（はい，いいえ2択と記述）
Q6. マエストロの条件（10項目より選択）
Q7. 実働時間（記述）
Q8. ヴァイオリン製作学校（はい，いいえ2択と選択・記述）
Q9. 製作工程（15項目より選択）
Q10. 仕事を認めてくれる人の存在（5項目より順位3選択）
Q11. プロフィールと背景（選択・記述）
Q12. 満足度（100点満点）

Q1. クレモナの魅力と帰属意識

　Q1は4＝「強くそう思う」3＝「やや思う」2＝「思わない」1＝「全く思わない」の4択で質問されている。12項目の質問のうち，平均値の観点から顕著な結果が見られたのは，5項目であった。「クレモナでは素材，原材料が調達しやすい。」（平均値3.46：以下同様）「クレモナにおいて弦楽器を製作していることは私の誇りだ」（3.33）「クレモナでは互いの腕前を評価し合って技能を高めている。」（3.03）の3項目が「そう思う」，「クレモナには演奏家が多くの情報をもたらしてくれる。」（2.20）「クレモナから離れることは，ほとんど考えられない。」（2.23）の2項目が「思わない」との結果となった。

　以上の結果から，インタビューでも指摘されているように，現在モラッシ氏が自山を持っていることもあり，クレモナでは素材が調達しやすいことがわかる。クレモナでは，製作者同士が作品を評価し合って切磋琢磨していることがうかがえる半面，町への世界的演奏家の出入りは少なく，多くの情報がもたらされてはいないと見受けられる。現在，クレモナで製作をしてはいるが，将来的にはクレモナに永住することは考えていない。

Q2. 仕事に対するコミットメント

　Q2 は，7 項目について Q1 と同様に 4 択の質問である。平均値の観点から，顕著な結果が得られたのは 6 項目で，「すばらしいマエストロに出会え，修行できたことに満足している」(3.55)「自分の仕事に充実感を感じている」(3.63)「自身の所属する工房の評判が気になる」(3.41)「自分の仕事に誇りを持っている」(3.25) の 4 項目が「そう思う」，「自分の子弟もヴァイオリン職人にしたい」2.15)「A.L.I.Cremona の活動に満足している」(2.31) の 2 項目が「そう思わない」との結果となった。

　よってクレモナで修行するのは，尊敬するマエストロの存在があってこそで，製作者としての自分の仕事に誇りと充実感を感じている。この反面，自分の子供を製作者にする気はないようだ。今回の調査では平均年齢 37 歳と，比較的年齢層が若かったことも原因のひとつと考えられる。

Q3. 弦楽器製作に対する意識

　Q3 では，12 項目について A，B 2 つの対照的な文章から，自分の考えが A，AB，B（A＝1, AB＝2, B＝3）のいずれに近いかを回答してもらった。平均値の観点から顕著な結果が出たのは，「クレモナ在住の製作者が多すぎる」(2.70)「弦楽器製作に分業は適切ではない」(2.66)「弦楽器製作では音が大切だ」(2.40)「製作者は製作に専念すべきだ」(2.32)「偽物の存在を許せない」(2.27)「クレモナは製品の幅を広げるべきだ」(2.25)「製作の場所にはこだわらない」(2.10)，「クレモナ独自のものを育てていきたい」(1.57)「伝統的製作方法にこだわっていきたい」(1.73) の 8 項目であった。

　以上の結果から，クレモナの製作者のこれ以上の増加は必要ないと考えている一方で，製作の場所にはこだわらないというプロフェッショナルとしての一面がうかがえる。伝統的製法にこだわり，クレモナ独自のものを育てていきたいと考える半面，製品幅を広げることで差別化を図りクラスターの製作者が生き残る道を考えているのは，イタリアの産業クラスターの特徴でもある。

Q4. 製作者ネットワーク

　Q4では，Q4-1からQ4-8までを1＝「はい」0＝「いいえ」の2択で12の項目を質問している。この結果，平均値の観点から顕著な回答が得られたのは，「クレモナに，自作の楽器の出来を評価してくれる職人がいる」が「はい」(0.86)「製作者仲間の人脈は広い方だ」が「はい」(0.72)「現在，自作の楽器を購入してくれる特定のバイヤーがいる」が「はい」(0.58)，「安くて大衆向けの楽器を製作していきたい」が「いいえ」(0.05)「自作の楽器の買い手はほとんど決まっている」が「いいえ」(0.41)「現在特定の音楽家に自作楽器の意見をもらっている」が「いいえ」(0.44)「販売に関する人脈は広いほうだ」が「いいえ」(0.45) に振れている。

　Q1の結果同様に，自分の作品を評価してくれる製作者がクレモナにおり，製作者仲間の人脈は広いことがわかる。また，Q3の結果と同様に質の高い楽器を製作していきたいと考えているが，販売では特定のバイヤーはいるものの人脈は狭く，販売に不安を感じていることがうかがえる。

　Q4-9，Q4-10は「ライバルとして意識している製作者」についての質問で，「はい」「いいえ」の2択で「はい」を選んだ回答者に国を選んでもらった。「クレモナにライバルとして意識している製作者がいる」に対しては「はい」24に対して「いいえ」が43であった。ライバルが住んでいる国としては，クレモナやクレモナ以外のイタリア都市が多くあげられた。「クレモナ以外のヴァイオリン製作の動向を意識している」では「はい」43「いいえ」23で意識していることがわかった。意識している国としては中国22が多かったのが特徴である。

　Q4-11は，「クレモナにおいて，弦楽器製作をする上での情報源」についての質問で，10択の中から重要と思われる3つを選び，順に数字を1，2，3と記入してもらった。この結果，技術上の情報源としては「クレモナの製作者」(42)「所属する工房のマエストロ」(38)「演奏家」(27)「文献・資料」(24) が多かった。特にマエストロを1番にあげた回答者が34で，全体の約半数を占めた。また，商売上の情報源としては，「バイヤー」(41)「演奏家」(33) が上位を占めた。

Q4-12は，技術面と商売に関する話で，具体的に情報交換する人の名前をあげてもらった。この結果，身近な人をあげている人が多く，コミュニティの狭さがうかがわれた。

Q5. 製作技術に対する意識

Q5-1は，「ヴァイオリン製作において改革が可能な部分は残されていると思いますか」という質問に「はい」37「いいえ」27で，これについては意見が分かれた。Q5-2では「技術を磨く」という言葉から連想されるものを，自由に回答してもらった。回答は，①木工技術，②継続性，③精神面，④芸術性，⑤鑑識眼，⑥伝統を守る姿勢，に大別された。自由回答にも関わらず，大多数の回答者が記入してくれた。

Q6. マエストロの条件

Q6は職人とマエストロの違いについて，10の項目をあげ，とくに重要と思う項目を3つ選んでもらった。その結果，「人柄」(39)「作品」(36)「技術」(35)の3項目に，回答が集中した。マエストロとして尊敬するためには，作品や技術のみでなく，人柄も重要な要素であると判断していることがわかった。

Q7. 実働時間

この項目は週当たりの実働仕事時間について，製作活動と修理に分けて回答してもらった。平均すると，週実働時間は42.17（製作活動37.97，修理作業5.37）で，回答者の61.2％が修理は全くしていないことがわかった。製作者が製作だけに専念できるのは，クレモナの大きな特徴でもある。

Q8. ヴァイオリン製作学校

Q8では，「クレモナのヴァイオリン製作学校を卒業したかどうか」，及び「学校で得られた人脈」「製作実習」「歴史などの教養科目」の3点について「とても満足」「やや満足」「やや不満」「とても不満」の4択から回答しても

らった。回答者のうちクレモナの製作学校を卒業または在学していないのは8人だけで，この中にはドイツやイタリア他都市の学校を卒業した人も含まれている。「学校で得られた人脈」については満足しており，カリキュラムの中の実技以外の教養科目については，不満があることがわかった。

Q9. 製作工程

Q9では，「製作において最も気を使う工程」について15択から3つ選んでもらうと共に，「クレモナ様式の技術の伝承」にとって重要と思われる工程を選んでもらった。最も気を使う工程としては，「材料選び」(39)「ネックセット」(34)「魂柱・駒あわせ」(34)などがあげられた。また，「クレモナ様式の技術の伝承」にとって最も重要なものとしては，選択肢にはなかったが「全体のバランス・雰囲気」との回答が多かった。

Q10. 仕事を認めてくれる人の存在

Q10では仕事を誰が認めてくれることが重要か，7択の中から選んでもらった。結果は，「演奏家」(56)「バイヤー」(47)「マエストロ」(25)の順で多かった。

Q11. プロフィールと背景

回答者は，男性58，女性12の合計70名で，内訳はイタリア人29（うちクレモナ出身者15），外国人15，日本人26であった。平均年齢は37歳，平均するとクレモナ在住14年（過去20年間合算），製作歴16.8年である。前職は様々だが，エンジニアと音楽関係が多い。親・祖父・その他親戚に製作者がいる人は7名，親しい知人に製作者がいる人は2名のみだった。ヴァイオリン製作者になったきっかけとして6択から選んでもらうと「音楽に興味があった」(46)「楽器製作に興味があった」(32)「ものづくりが好きだ」(32)の順で多かった。

また，「将来，クレモナ以外の土地で工房を開設したいと考えていますか」の質問には35名が「はい」と回答している。製作したヴァイオリンの価格

は 2,000-15,000 ユーロ，年間 8 〜 12 本を製作している。

Q12. 満足感

　質問票の最後には，「全体的にみて，弦楽器製作者としての人生に満足していますか」の項目を設けた。回答者の平均は 83.5 点で，製作者として満足していることがうかがえた。

Ⅱ．調査票各項目の集計結果

　以下，項目ごとに単純集計の結果および χ^2 検定の結果を示すことにする。χ^2 検定については，国籍により，① 日本人と外国人のグループ，② イタリア人と非イタリア人のグループ，③ クレモナ人（クレモナ出身者）と非クレモナ出身者の 3 つのグループの検定をおこない，差異が認められた項目について平均値を比較した。また，④ 経験年数では，経験年数により平均値より長いグループと短いグループに，⑤ 販売価格では，8,000 ユーロより高いグループと低いグループの 2 つに分けて，同様に χ^2 検定と平均値の比較をおこなった。

Q1. クレモナに関する次の各質問について，1（全く思わない）から 4（強く思う）までのうち，もっとも近いと思われるものひとつを選んで○をつけてください。

Q1-1. クレモナでは革新的なことをすると同業者が高く評価してくれる。

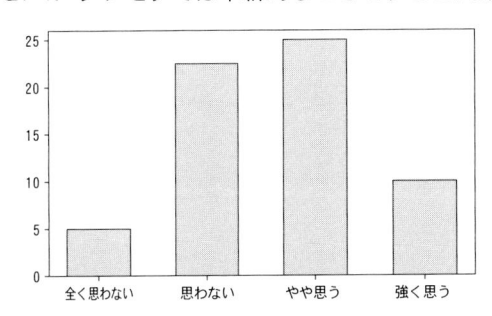

統計量

度数	有効	63
	欠損値	7
平均値		2.63
標準偏差		.848
分散		.719

130   第4章 クレモナのヴァイオリン製作者へのアンケート調査の結果と分析

		度数	パーセント	有効パーセント	累積パーセント
有効	全く思わない	5	7.1	7.9	7.9
	思わない	23	32.9	36.5	44.4
	やや思う	25	35.7	39.7	84.1
	強く思う	10	14.3	15.9	100.0
	合計	63	90.0	100.0	
欠損値	システム欠損値	7	10.0		
合計		70	100.0		

革新的とはIT技術の導入などを想定しての設問である。クレモナは革新的なことには否定的だと想定していたが,「同業者が評価してくれると思う」が55.6%で半数を上回り,意外な結果となった。χ^2検定の結果によれば,そう思う傾向は,国籍別では日本人より外国人,非イタリア人よりイタリア人のグループ(以下同グループ間比較)に強くみられた。

Q1-2. 伝統を守ることが重要で,新しい技術はさほど導入する必要はない。

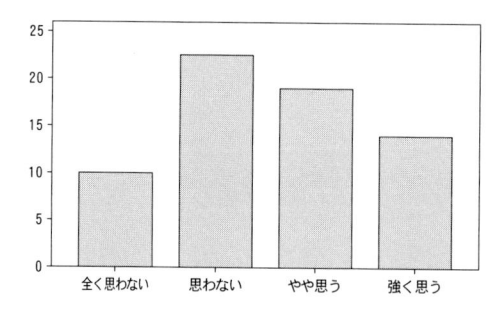

統計量

度数	有効	66
	欠損値	4
平均値		2.553
標準偏差		.9928
分散		.986

		度数	パーセント	有効パーセント	累積パーセント
有効	全く思わない	10	14.3	15.2	15.2
	思わない	23	32.9	34.8	50.0
	やや思う	19	27.1	28.8	78.8
	強く思う	14	20.0	21.2	100.0
	合計	66	94.3	100.0	
欠損値	システム欠損値	4	5.7		
合計		70	100.0		

「思う」と「思わない」が50.0%で，半数に分かれた。新しい技術を導入する必要があると考える傾向は，日本人，非イタリア人，非クレモナ人（クレモナ人との比較）に強いことがわかった。また，経験年数の長いグループのほうが伝統を守ることが重要だと思う傾向がある。

Q1-3. クレモナでは互いの腕前を評価し合って技能を高めている。

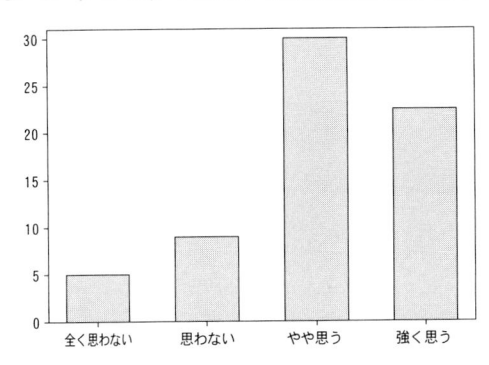

統計量

度数	有効	68
	欠損値	2
平均値		3.03
標準偏差		.914
分散		.835

		度数	パーセント	有効パーセント	累積パーセント
有効	全く思わない	6	8.6	8.8	8.8
	思わない	9	12.9	13.2	22.1
	やや思う	30	42.9	44.1	66.2
	強く思う	23	32.9	33.8	100.0
	合計	68	97.1	100.0	
欠損値	システム欠損値	2	2.9		
合計		70	100.0		

「思う」が77.9%で，大半がクレモナでは互いの腕前を評価し合って技能を高めていると考えていることがわかった。面接調査によれば「思わない」と答えた製作者は，クレモナには自分と同様な問題意識を持って製作している，或いは同じレベルで製作している人がいない，と考えている。経験年数の長いほうがそう「思う」傾向がある。

Q1-4. クレモナにおいて弦楽器製作をしていることは私の誇りだ。

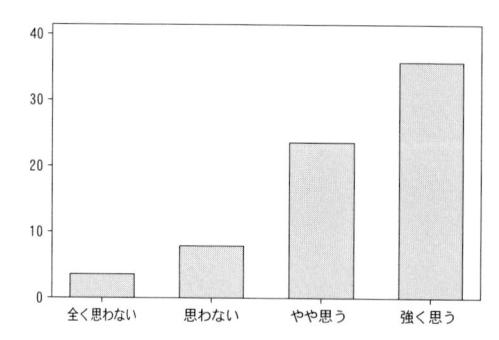

統計量

度数	有効	69
	欠損値	4
平均値		3.33
標準偏差		.834
分散		.696

		度数	パーセント	有効パーセント	累積パーセント
有効	全く思わない	3	4.3	4.3	4.3
	思わない	7	10.0	10.1	14.5
	やや思う	23	32.9	33.3	47.8
	強く思う	36	51.4	52.2	100.0
	合計	69	98.6	100.0	
欠損値	システム欠損値	1	1.4		
合計		70	100.0		

「思う」が85.5％で，製作者はクレモナで製作することに誇りを持っていることがわかる。面接調査の結果では，「思わない」と考えている製作者は，家族の都合などでクレモナに在住することを余儀なされている，或いはクレモナにはこだわらない，と答えている。誇りだと「思う」傾向は外国人，イタリア人，クレモナ人，経験年数の長いグループ，価格の高いグループに強いことがわかった。

Q1-5. クレモナで修行したことで他の製作者から評価されている。

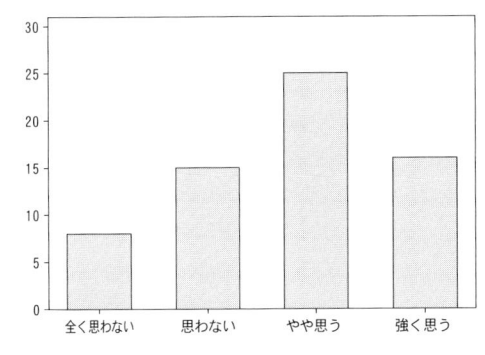

統計量		
度数	有効	66
	欠損値	4
平均値		2.79
標準偏差		.969
分散		.939

		度数	パーセント	有効パーセント	累積パーセント
有効	全く思わない	8	11.4	12.1	12.1
	思わない	15	21.4	22.7	34.8
	やや思う	26	37.1	39.4	74.2
	強く思う	17	24.3	25.8	100.0
	合計	66	94.3	100.0	
欠損値	システム欠損値	4	5.7		
合計		70	100.0		

「思う」が65.2%で，約3分の2を占めた。外国人，イタリア人，クレモナ人に「思う」傾向が強いのは，クレモナのイタリア人ということで楽器が販売しやすいことにも関連があると思われる。価格の高いグループは「思う」傾向があった。

Q1-6. クレモナを離れて弦楽器を作っても今のようには売れないと思う。

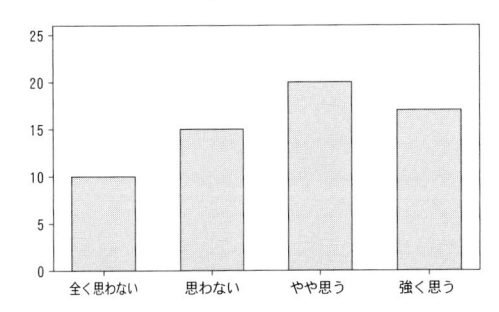

統計量		
度数	有効	63
	欠損値	7
平均値		2.71
標準偏差		1.038
分散		1.078

134   第4章　クレモナのヴァイオリン製作者へのアンケート調査の結果と分析

		度数	パーセント	有効パーセント	累積パーセント
有効	全く思わない	10	14.3	15.9	15.9
	思わない	15	21.4	23.8	39.7
	やや思う	21	30.0	33.3	73.0
	強く思う	17	24.3	27.0	100.0
	合計	63	90.0	100.0	
欠損値	システム欠損値	7	10.0		
合計		70	100.0		

　「思う」が60.3%で，販売に関してはクレモナのメリットを享受していることがわかる。クレモナ製の楽器は売りやすいとディーラーが集まってくることもあり，面接調査によれば約8割の製作者がディーラーに楽器を買ってもらっている。また，コンソルツィオが世界的な販売促進活動を展開していることも，販売の手助けになっている。

Q1-7. クレモナでは素材，原材料が調達しやすい。

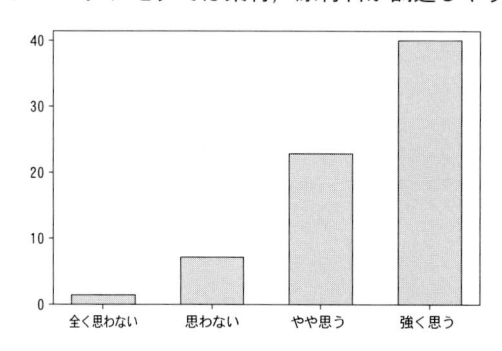

統計量

度数	有効	70
	欠損値	0
平均値		3.46
標準偏差		.716
分散		.513

		度数	パーセント	有効パーセント	累積パーセント
有効	全く思わない	1	1.4	1.4	1.4
	思わない	6	8.6	8.6	10.0
	やや思う	23	32.9	32.9	42.9
	強く思う	40	57.1	57.1	100.0
	合計	70	100.0	100.0	

　「思う」が90.0%で，クレモナでは素材，原材料が調達しやすいことがわかる。マエストロ・モラッシが自山の木材を販売していることも材料の調達

のしやすさに大きく影響している。よい材料を選ぶ鑑識眼も製作者の大切な能力の一つで、モラッシは弟子が扱っている木材の中からよい材料を選定するかどうかを見ているようだ。クレモナ近郊は昔から木材の産地ではないが、ポー川の港町として栄えてきたために原材料が入手しやすかったと言われている。現在でも、工房が集積していることで、外部からの材料業者の往来を促している。

Q1-8. クレモナには演奏家が多くの情報をもたらしてくれる。

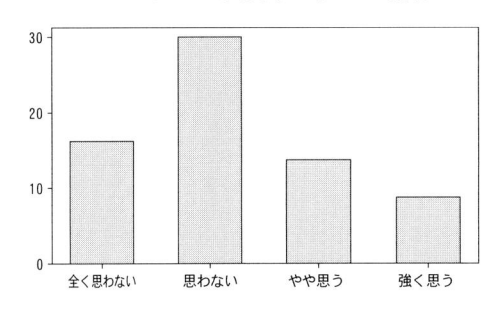

統計量		
度数	有効	69
	欠損値	1
平均値		2.20
標準偏差		.933
分散		.870

		度数	パーセント	有効パーセント	累積パーセント
有効	全く思わない	16	22.9	23.2	23.2
	思わない	31	44.3	44.9	68.1
	やや思う	14	20.0	20.3	88.4
	強く思う	8	11.4	11.6	100.0
	合計	69	98.6	100.0	
欠損値	システム欠損値	1	1.4		
合計		70	100.0		

「思わない」が68.1％で、3分の2以上の製作者がクレモナには演奏家からの情報が不足していると感じている。Q3-8で「楽器製作では音を大切にしたい」との回答が「形」より上回ったが、「クレモナに音楽院はできたが一流の演奏家が育っていない」、「クレモナでは（子供向けの）音楽教育が盛んではなく、市民が日常生活の中で楽器を演奏するということもない」など、クレモナの一つの大きな問題点として音楽家の不関与、音楽活動が盛んでないことを指摘する声もある。

Q1-9. 今後，ますますクレモナに楽器製作者が集中すると思う。

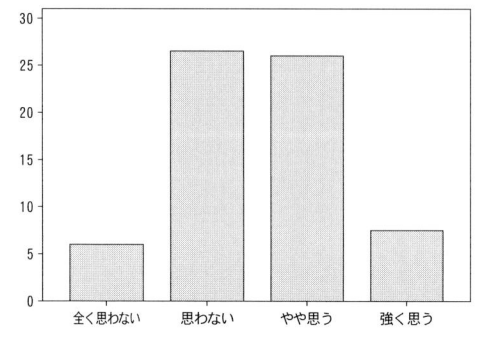

統計量

度数	有効	67
	欠損値	3
平均値		2.53
標準偏差		.821
分散		.673

		度数	パーセント	有効パーセント	累積パーセント
有効	全く思わない	6	8.6	9.0	9.0
	思わない	27	38.6	40.3	49.3
	やや思う	26	37.1	38.8	88.1
	強く思う	8	11.4	11.9	100.0
	合計	67	95.7	100.0	
欠損値	システム欠損値	3	4.3		
合計		70	100.0		

「思う」が 50.7％，「思わない」が 49.3％で意見が分かれた。「思わない」と答えたのは，基本的に需給の問題からこれ以上製作者がクレモナに集中する必要はない，と考えているためであろう。

Q1-10. 私はクレモナ市民の一員だと感じる。

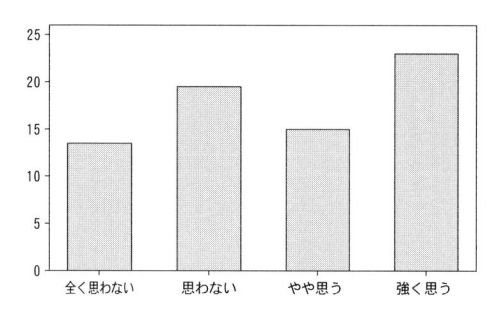

統計量

度数	有効	70
	欠損値	0
平均値		2.69
標準偏差		1.123
分散		1.262

		度数	パーセント	有効パーセント	累積パーセント
有効	全く思わない	13	18.6	18.6	18.6
	思わない	19	27.1	27.1	45.7
	やや思う	15	21.4	21.4	67.1
	強く思う	23	32.9	32.9	100.0
	合計	70	100.0	100.0	

　「思う」が54.3%,「思わない」が45.7%で意見が分かれた。クレモナでの製作に誇りを持っている製作者でも，クレモナ市民の一員だと感じているわけではないという結果は，興味深い。クレモナ出身者，或いはイタリア人は当然のことながらクレモナ市民の一員だと感じているが，外国人でクレモナでの在住期間が短い製作者は，クレモナ市民の一員だと感じていない。「思う」傾向は外国人，イタリア人，クレモナ人，経験年数の長いグループ，価格の高いグループに強かった。

Q1-11. クレモナで修行することでキャリアに箔がつく。

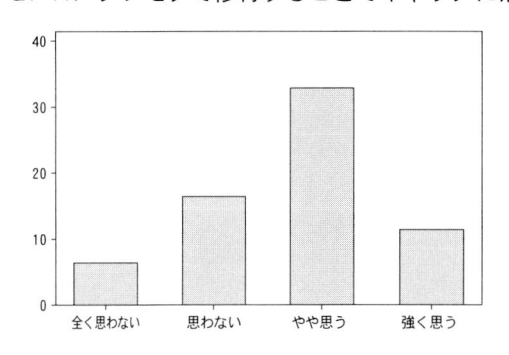

統計量		
度数	有効	67
	欠損値	3
平均値		2.76
標準偏差		.854
分散		.730

		度数	パーセント	有効パーセント	累積パーセント
有効	全く思わない	6	8.6	9.0	9.0
	思わない	16	22.9	23.9	32.8
	やや思う	33	47.1	49.3	82.1
	強く思う	12	17.1	17.9	100.0
	合計	67	95.7	100.0	
欠損値	システム欠損値	3	4.3		
合計		70	100.0		

「思う」が66.9%と3分の2を占め，クレモナでの修行がキャリアにプラスとなることを実感していることがうかがえる。「思わない」と答えた製作者には，もともとクレモナ出身で，特にクレモナという場所で修行をするということでキャリアに変化がつくとは考えていない，という意見もあった。「思う」傾向はクレモナ人，価格の高いグループに強くみられた。

Q1-12. クレモナから離れることは，ほとんど考えられない。

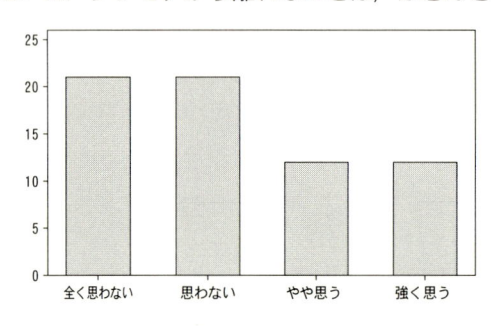

統計量		
度数	有効	66
	欠損値	4
平均値		2.23
標準偏差		1.093
分散		1.194

		度数	パーセント	有効パーセント	累積パーセント
有効	全く思わない	21	30.0	31.8	31.8
	思わない	21	30.0	31.8	63.6
	やや思う	12	17.1	18.2	81.8
	強く思う	12	17.1	18.2	100.0
	合計	66	94.3	100.0	
欠損値	システム欠損値	4	5.7		
合計		70	100.0		

「思う」が36.4%で，「思わない」が63.6%だった。クレモナという場所にこだわりを持たない製作者が3分の2程度いるという結果は興味深い。クレモナから離れることは考えられないと答えた製作者の多くは，クレモナ出身者か，家族の関係でクレモナを離れることができない，といった事情を持つ。「思う」傾向は日本人より外国人に強くみられた。

Q2. 仕事に対する態度や満足度に関する記述について，1（全く思わない）から4（強く思う）までのうち，もっとも近いと思われるものひとつを選んで○をつけてください。

Q2-1. 自分の仕事に充実感を感じている。

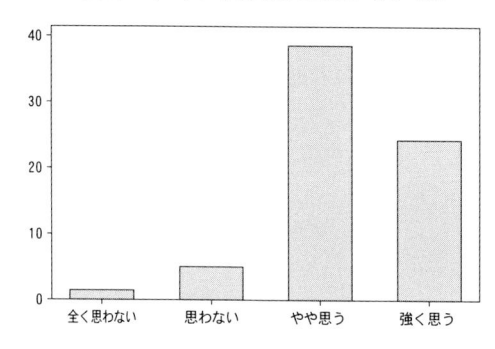

統計量		
度数	有効	69
	欠損値	1
平均値		3.25
標準偏差		.651
分散		.424

		度数	パーセント	有効パーセント	累積パーセント
有効	全く思わない	1	1.4	1.4	1.4
	思わない	5	7.1	7.2	8.7
	やや思う	39	55.7	56.5	65.2
	強く思う	24	34.3	34.8	100.0
	合計	69	98.6	100.0	
欠損値	システム欠損値	1	1.4		
合計		70	100.0		

「思う」が91.3%で，製作者は自分の仕事に充実感を感じていることがわかった。非クレモナ人のほうが「思う」傾向がある。

Q2-2. 自分の仕事に誇りを持っている。

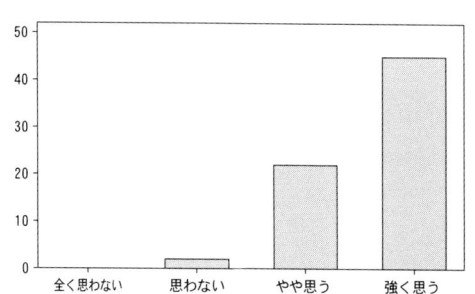

統計量		
度数	有効	70
	欠損値	0
平均値		3.63
標準偏差		.543
分散		.295

140　第4章　クレモナのヴァイオリン製作者へのアンケート調査の結果と分析

		度数	パーセント	有効パーセント	累積パーセント
有効	思わない	2	2.9	2.9	2.9
	やや思う	22	31.4	31.4	34.3
	強く思う	46	65.7	65.7	100.0
	合計	70	100.0	100.0	

　「思う」が97.3%で，自分の仕事に誇りを持っていることがわかる。欠損値は0で，全ての製作者から回答が得られた。「思わない」と答えたのは2名で，「全く思わない」と答えた製作者はいなかった。

Q2-3. 自分の子弟もヴァイオリン職人にしたい。

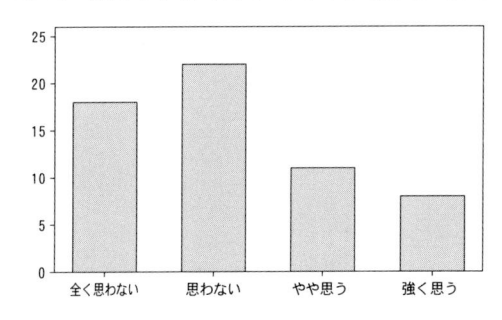

統計量		
度数	有効	59
	欠損値	11
平均値		2.15
標準偏差		1.014
分散		1.028

		度数	パーセント	有効パーセント	累積パーセント
有効	全く思わない	18	25.7	30.5	30.5
	思わない	22	31.4	37.3	67.8
	やや思う	11	15.7	18.6	86.4
	強く思う	8	11.4	13.6	100.0
	合計	59	84.3	100.0	
欠損値	システム欠損値	11	15.7		
合計		70	100.0		

　「思う」が37.2%，「思わない」が67.8%で，3分の2以上の製作者が自分の子弟を製作者にしたいと考えていないことがわかった。ストラディヴァリの時代には，ギルド制による血縁関係を中心とした技術の継承がおこなわれていたが，現在は自分の意志で製作者になる時代となっている。結婚していない，子供がいない場合には回答しない製作者もいたため，n＝59となって

いる。「思わない」と答えた製作者も子弟が製作者になることに対して否定的な意見を持っているわけではなく，大半は子供が自分自身で決めることだと答えている。

Q2-4. すばらしいマエストロに出会え，修行できたことに満足している。

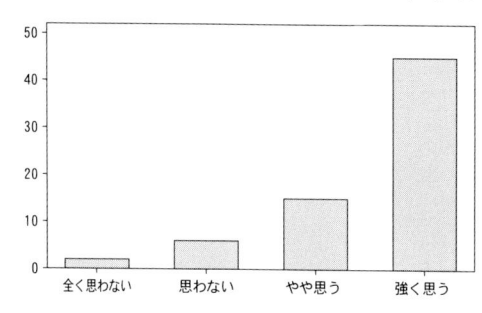

統計量		
度数	有効	67
	欠損値	3
平均値		3.55
標準偏差		.724
分散		.524

		度数	パーセント	有効パーセント	累積パーセント
有効	全く思わない	1	1.4	1.5	1.5
	思わない	6	8.6	9.0	10.4
	やや思う	15	21.4	22.4	32.8
	強く思う	45	64.3	67.2	100.0
	合計	67	95.7	100.0	
欠損値	システム欠損値	3	4.3		
合計		70	100.0		

「思う」が89.6%で，クレモナでは尊敬できるマエストロに出会えたことに満足している製作者が大半であることがわかった。面接調査では，モラッシ，ビソロッティ，スコラーリなど，特に製作学校で現代のトップ製作者に出会えたことが非常に大きかった，と回答した製作者が多かった。

Q2-5. 自身の所属する工房の評判が気になる。

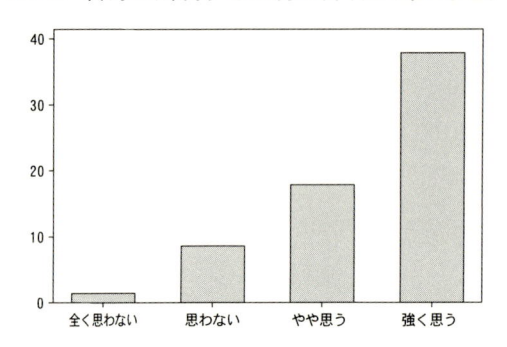

統計量

度数	有効	66
	欠損値	4
平均値		3.41
標準偏差		.784
分散		.615

		度数	パーセント	有効パーセント	累積パーセント
有効	全く思わない	1	1.4	1.5	1.5
	思わない	9	12.9	13.6	15.2
	やや思う	18	25.7	27.3	42.4
	強く思う	38	54.3	57.6	100.0
	合計	66	94.3	100.0	
欠損値	システム欠損値	4	5.7		
合計		70	100.0		

「思う」が84.9%で，製作者たちは自分の所属する工房の評判を気にしていることがわかる。工房の評判を気にする傾向は，外国人，イタリア人，クレモナ人，経験年数の長いグループ，価格の高いグループにより強いこともわかった。

Q2-6. A.L.I. Cremonaの活動に満足している。

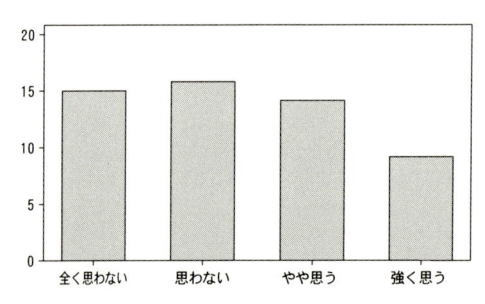

統計量

度数	有効	54
	欠損値	16
平均値		2.31
標準偏差		1.061
分散		1.125

		度数	パーセント	有効パーセント	累積パーセント
有効	全く思わない	15	21.4	27.8	27.8
	思わない	16	22.9	29.6	57.4
	やや思う	14	20.0	25.9	83.3
	強く思う	9	12.9	16.7	100.0
	合計	54	77.1	100.0	
欠損値	システム欠損値	16	22.9		
合計		70	100.0		

「思う」が42.6%,「思わない」が57.4%で,必ずしもA.L.I.の活動に満足しているわけではないことがわかった。A.L.I.はモラッシが提唱して作られたイタリアの弦楽器製作者協会で,モラッシが会長を務める。クレモナの製作者で会員になっているのは,クレモナの全製作者の約30%である。A.L.Iは文化団体で,クレモナの弦楽器製作の紹介をするために設立された。回答者には協会に所属していない製作者も多かったため,欠損値が16と高くなっている。活動の内容について知らないので答えられない,という製作者も多かった。満足している傾向はイタリア人に強かった。

Q2-7. Consorzio liutai e archettai "A Stradivari" Cremonaの活動に満足している。

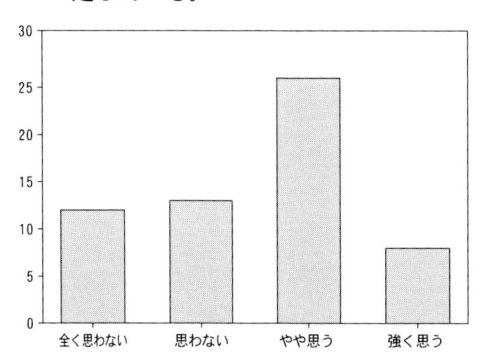

統計量		
度数	有効	59
	欠損値	11
平均値		2.51
標準偏差		.972
分散		.944

		度数	パーセント	有効パーセント	累積パーセント
有効	全く思わない	12	17.1	20.3	20.3
	思わない	13	18.6	22.0	42.4
	やや思う	26	37.1	44.1	86.4
	強く思う	8	11.4	13.6	100.0
	合計	59	84.3	100.0	
欠損値	システム欠損値	11	15.7		
合計		70	100.0		

　コンソルツィオは商工会議所と関係を持つ商業団体である。クレモナに展示室を設け，常時複数のクレモナ製作者の作品を展示・販売すると共に，クレモナでトリエンナーレを開催し，世界各地で販売促進活動を展開するなど，マーケティング活動に積極的である。また，クレモナのブランドを維持するために鑑定書の発行もおこなっている。しかし活動に満足していると「思う」のは57.7％で，積極的にマーケティング活動をおこなっている割には，製作者の満足度は低いことがわかった。

Q3. あなたは，ヴァイオリン製作について，どのようなお考え・ご意見をお持ちですか。以下にあげたAとBの対照的な考え方のうち，あなたの考え方に近い方の記号に〇をつけて下さい。どちらともいえないと思われる場合は，ＡＢに〇をつけて下さい。

Q3-1. A　クレモナ独自のものを育てていきたい。
　　　 B　独自性にこだわる必要はない。

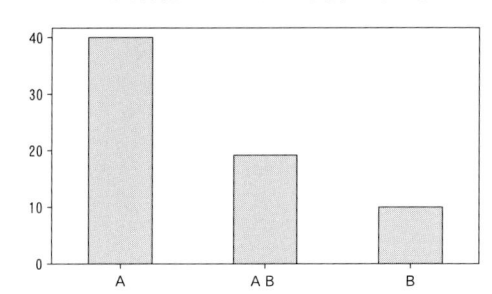

統計量		
度数	有効	69
	欠損値	1
平均値		1.57
標準偏差		.737
分散		.543

		度数	パーセント	有効パーセント	累積パーセント
有効	A	40	57.1	58.0	58.0
	AB	19	27.1	27.5	85.5
	B	10	14.3	14.5	100.0
	合計	69	98.6	100.0	
欠損値	システム欠損値	1	1.4		
合計		70	100.0		

「クレモナ独自のものを育てていきたい」が58.0%で,「独自性にこだわる必要はない」14.5%を大きく上回った。独自性を重視する傾向は,外国人,イタリア人,クレモナ人,経験年数の長いグループ,価格の高いグループに強いこともわかった。

Q3-2. A 製作では,教育よりも才能の方が重要だ。
　　　B 製作では,才能より教育の方が重要だ。

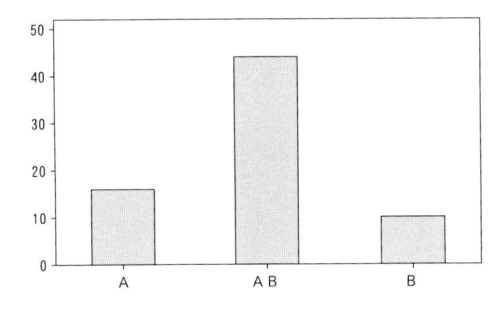

統計量		
度数	有効	70
	欠損値	0
平均値		1.91
標準偏差		.608
分散		.369

		度数	パーセント	有効パーセント	累積パーセント
有効	A	16	22.9	22.9	22.9
	AB	44	62.9	62.9	85.7
	B	10	14.3	14.3	100.0
	合計	70	100.0	100.0	

「製作では才能と教育とどちらが重要か」という質問で,「才能」が22.9%,「教育」が14.3%と,わずかに才能が上回った。才能が重要だがそれを育てるためには教育も重要だという回答が多かった。

Q3-3. A クレモナ在住の製作者は増えていくべきだ。
　　　 B クレモナ在住の製作者が多すぎる。

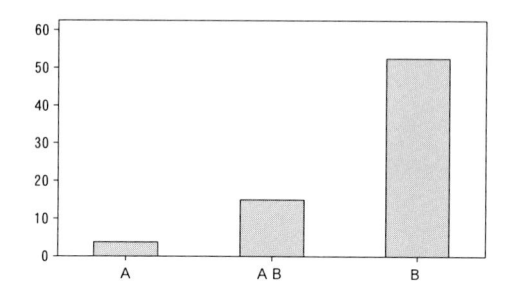

統計量

度数	有効	70
	欠損値	0
平均値		2.70
標準偏差		.548
分散		.300

		度数	パーセント	有効パーセント	累積パーセント
有効	A	3	4.3	4.3	4.3
	AB	15	21.4	21.4	25.7
	B	52	74.3	74.3	100.0
	合計	70	100.0	100.0	

　「クレモナ在住の製作者が多すぎる」が74.3%と「増えていくべきだ」4.3%を大きく上回った。「Q1-9. 今後，ますますクレモナに楽器製作者が集中すると思う」と同様に，需給の関係から，大半の製作者はこれ以上の製作者がいると適正数を超えると考えているようである。

Q3-4. A クレモナで製作することにこだわりたい。
　　　 B 楽器製作の場所にはこだわらない。

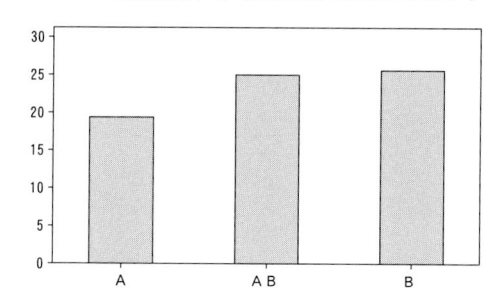

統計量

度数	有効	70
	欠損値	0
平均値		2.10
標準偏差		.801
分散		.642

		度数	パーセント	有効パーセント	累積パーセント
有効	A	19	27.1	27.1	27.1
	AB	25	35.7	35.7	62.9
	B	26	37.1	37.1	100.0
	合計	70	100.0	100.0	

「楽器製作の場所にはこだわらない」が37.1%で,「クレモナで製作することにこだわりたい」の27.1%をわずかに上回った。クレモナの製作者はクレモナでの製作にこだわりを持っていると想定していたので,意外な結果となった。クレモナでの製作にこだわる傾向は,外国人,イタリア人,クレモナ人,経験年数の長いグループ,価格の高いグループに強く見られた。

Q3-5. A よい楽器を製作すれば必ず販売できる。
B 楽器販売にはそれなりの努力が必要だ。

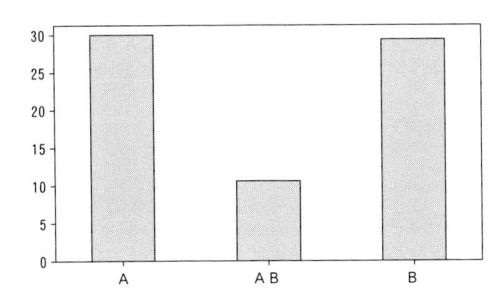

統計量

度数	有効	70
	欠損値	0
平均値		1.99
標準偏差		.925
分散		.855

		度数	パーセント	有効パーセント	累積パーセント
有効	A	30	42.9	42.9	42.9
	AB	11	15.7	15.7	58.6
	B	29	41.4	41.4	100.0
	合計	70	100.0	100.0	

「よい楽器を製作すれば必ず販売できる」が42.9%,「楽器販売にはそれなりの努力が必要だ」が41.4%で,ほぼ半分に意見が分かれた。「よい楽器を製作すれば必ず販売できる」と考える傾向は外国人,イタリア人,クレモナ人,経験年数の長いグループ,価格の高いグループに強かったが,これは販

売に関する人脈はイタリア人のほうがより広く，ディーラーもイタリア人の楽器は販売しやすいということが要因となっている。

Q3-6. A 技能向上には多くの楽器を作る必要がある。
　　　 B 技能向上には，量よりも質が大事だ。

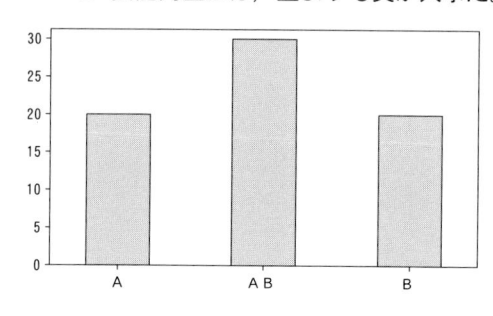

統計量

度数	有効	70
	欠損値	0
平均値		2.00
標準偏差		.761
分散		.580

		度数	パーセント	有効パーセント	累積パーセント
有効	A	20	28.6	28.6	28.6
	AB	30	42.9	42.9	71.4
	B	20	28.6	28.6	100.0
	合計	70	100.0	100.0	

「技能向上に大切なのは量か質か」という質問で，「量」が28.6％，「質」が28.6％と半数に分かれた。「量」派は，ある程度の本数を製作していかないと勘が鈍ることや，試行錯誤を繰り返すために多くの楽器を製作することが必要だと考えている。「質」派は，一本ずつ丁寧に仕上げていくことではじめて技術が向上する，と答えている。「量」より「質」が重要と思う傾向は外国人に強い。

Q3-7. A 伝統的製作方法にこだわっていきたい。
　　　 B 伝統的製作方法にこだわる必要はない。

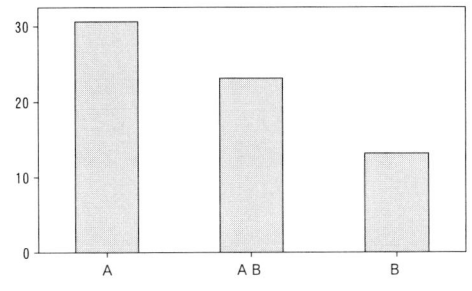

統計量

度数	有効	67
	欠損値	3
平均値		1.73
標準偏差		.770
分散		.593

		度数	パーセント	有効パーセント	累積パーセント
有効	A	31	44.3	46.3	46.3
	AB	23	32.9	34.3	80.6
	B	13	18.6	19.4	100.0
	合計	67	95.7	100.0	
欠損値	システム欠損値	3	4.3		
合計		70	100.0		

　「伝統的製法にこだわっていきたい」が46.3％で，「こだわる必要はない」19.4％を大きく上回った。こだわる傾向は，外国人，イタリア人，経験年数の長いグループ，価格の高いグループにより強い。

Q3-8. A 弦楽器製作では楽器の形を大事にしたい。
　　　 B 弦楽器製作では音を大事にしたい。

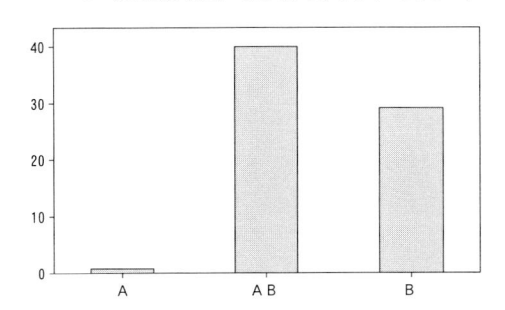

統計量

度数	有効	70
	欠損値	0
平均値		2.40
標準偏差		.522
分散		.272

150   第4章　クレモナのヴァイオリン製作者へのアンケート調査の結果と分析

		度数	パーセント	有効パーセント	累積パーセント
有効	A	1	1.4	1.4	1.4
	AB	40	57.1	57.1	58.6
	B	29	41.4	41.4	100.0
	合計	70	100.0	100.0	

　「製作において形と音とどちらを重視するか」という質問で，「音」を重視するが41.4％と，「形」を重視する1.4％を大きく上回った。しかし，音を大事にしたいと考えている割には，製作者の相互評価は「音」ではなく「形」でおこなわれる。マエストロに完成した楽器を見せに行っても，コメントは形に関する点だけで，その楽器が演奏されることはない。「音」が大事だと思う傾向は，外国人に強い。

Q3-9.　A　分業による弦楽器製作を進めるべきだ。
　　　　B　弦楽器製作に分業は適切ではない。

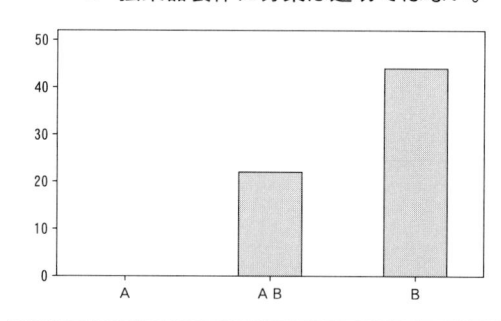

統計量		
度数	有効	65
	欠損値	5
平均値		2.66
標準偏差		.477
分散		.227

		度数	パーセント	有効パーセント	累積パーセント
有効	AB	22	31.4	33.8	33.8
	B	43	61.4	66.2	100.0
	合計	65	92.9	100.0	
欠損値	システム欠損値	5	7.1		
合計		70	100.0		

　「弦楽器製作への分業導入」の可能性を訊ねる質問で，「弦楽器製作に分業は適切ではない」が61.4％，「分業による弦楽器製作を進めるべきだ」と答えた製作者はいなかった。ストラディヴァリの時代には工房内で分業がおこ

なわれていたとされるが，現在では分業には概ね否定的なようである。分業も可能だとは思うが自分ではしない，という答えも聞かれた。分業には積極的でない製作者も，弟子を取っている場合には，実際には工房内の弟子に任せられる部分は任せるということを日常的におこなっており，これが工房の生産台数を増加させる手助けともなっている。

Q3-10. A アマチュア対象の製作教室を開催したい。
　　　　B 製作者は楽器製作に専念すべきだ。

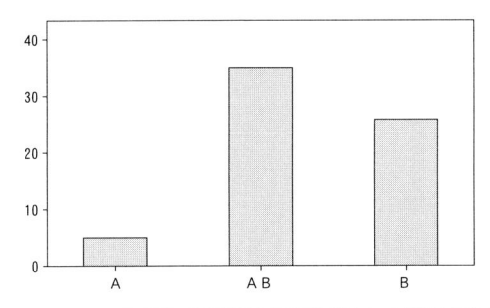

統計量

度数	有効	66
	欠損値	4
平均値		2.32
標準偏差		.612
分散		.374

		度数	パーセント	有効パーセント	累積パーセント
有効	A	5	7.1	7.6	7.6
	AB	35	50.0	53.0	60.6
	B	26	37.1	39.4	100.0
	合計	66	94.3	100.0	
欠損値	システム欠損値	4	5.7		
合計		70	100.0		

　この設問は「製作者は本業に専念すべきか，製作の普及に努めるべきか」というもので，「製作に専念すべき」が39.4%と，「広めたい」を大きく上回った。本業への専念の傾向は，イタリア人，クレモナ出身者に強く見られた。

152　第4章　クレモナのヴァイオリン製作者へのアンケート調査の結果と分析

Q3-11.　A　クレモナは最高級品に限定すべきだ。
　　　　B　低価格帯を含めた製品の幅を広げるべきだ。

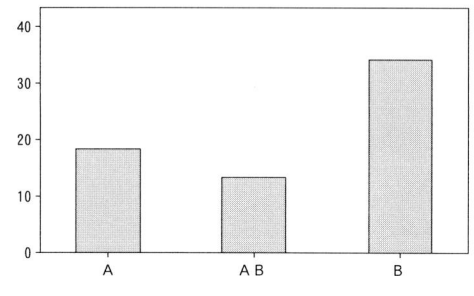

統計量

度数	有効	65
	欠損値	5
平均値		2.25
標準偏差		.867
分散		.751

		度数	パーセント	有効パーセント	累積パーセント
有効	A	18	25.7	27.7	27.7
	AB	13	18.6	20.0	47.7
	B	34	48.6	52.3	100.0
	合計	65	92.9	100.0	
欠損値	システム欠損値	5	7.1		
合計		70	100.0		

　「クレモナの製品幅」についての設問で，「クレモナは最高級品に限定すべきだ」27.7％を，「低価格帯を含めた製品の幅を広げるべきだ」52.3％が大きく上回った。クレモナでは高品質の楽器を製作する意欲が高いことを想定していたので，意外な結果となった。クレモナは手作りの安い楽器を製作してきたことで評判を高めてきたわけで，最高級品に絞るとクレモナの産業クラスターが衰退していくと考えている製作者もいる。「製品幅を広げるべき」だと思う傾向は，外国人，イタリア人，クレモナ人，価格の高いグループに強い。

Q3-12. A 偽物が出てくることは仕方がない。
　　　 B 偽物の存在を許せない。

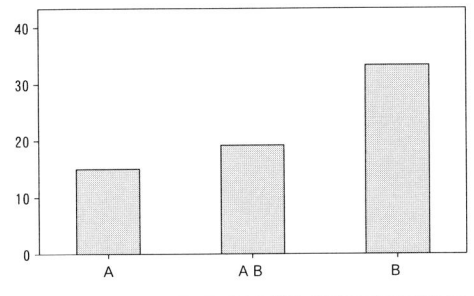

統計量

度数	有効	67
	欠損値	3
平均値		2.27
標準偏差		.809
分散		.654

		度数	パーセント	有効パーセント	累積パーセント
有効	A	15	21.4	22.4	22.4
	AB	19	27.1	28.4	50.7
	B	33	47.1	49.3	100.0
	合計	67	95.7	100.0	
欠損値	システム欠損値	3	4.3		
合計		70	100.0		

　クレモナのブランド維持に関する設問で,「偽物の存在を許せない」47.1％が,「偽物が出てくることは仕方ない」21.4％を大きく上回った。偽物が出てくることは仕方がないという回答が想定した以上に多かった。

Q4. あなた自身の弦楽器製作の現状に関する記述についてお伺いします。
　　該当するものに〇をつけてください。

Q4-1. 現在，特定の演奏家に自作楽器の意見をもらっている。

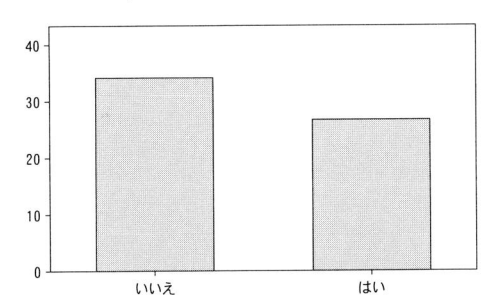

統計量

度数	有効	61
	欠損値	9
平均値		.44
標準偏差		.501
分散		.251

154   第4章　クレモナのヴァイオリン製作者へのアンケート調査の結果と分析

		度数	パーセント	有効パーセント	累積パーセント
有効	いいえ	34	48.6	55.7	55.7
	はい	27	38.6	44.3	100.0
	合計	61	87.1	100.0	
欠損値	システム欠損値	9	12.9		
合計		70	100.0		

　「いいえ」が 55.7％で，「はい」44.3％を上回った。ディーラーは使わず，演奏家だけに直販売している製作者もおり，これらの製作者は「特定の音楽家」というよりは，注文主である個々の演奏家に意見をもらっているようだ。「はい」の傾向は，経験年数の長いグループ，価格の高いグループにより強くみられた。

Q4-2. 自作の楽器の買い手は，ほとんど決まっている。

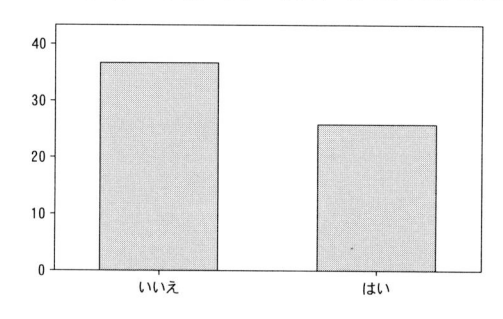

統計量		
度数	有効	63
	欠損値	7
平均値		.41
標準偏差		.496
分散		.246

		度数	パーセント	有効パーセント	累積パーセント
有効	いいえ	37	52.9	58.7	58.7
	はい	26	37.1	41.3	100.0
	合計	63	90.0	100.0	
欠損値	システム欠損値	7	10.0		
合計		70	100.0		

　「買い手が決まっているかどうか」についての設問で，「いいえ」が 58.7％と，「はい」41.3％を上回った。ただ，複数のディーラーと取引をしている製作者は全体の約 8 割と言われており，実際に工房をまわっても完成済の楽器を置いている工房はほとんどない。製作している時に必ずしも買い手が決まっていなくても，在庫を持たず販売できる状況にある。「はい」の傾向は，

外国人，経験年数の長いグループ，価格の高いグループのほうが強い。

Q4-3. 売れなくてもよいから，後世に残るような名器を作りたい。

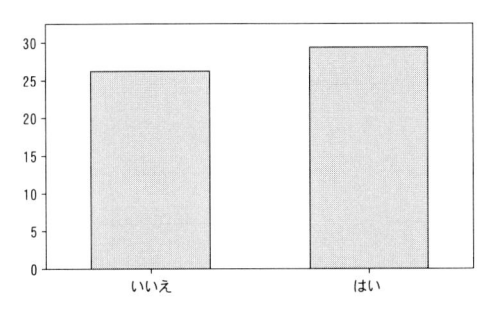

統計量

度数	有効	56
	欠損値	14
平均値		.52
標準偏差		.500
分散		.250

		度数	パーセント	有効パーセント	累積パーセント
有効	いいえ	27	38.6	48.2	48.2
	はい	29	41.4	51.8	100.0
	合計	56	80.0	100.0	
欠損値	システム欠損値	14	20.0		
合計		70	100.0		

「売れなくてもよいから，後世に残るような名器を作りたい」という設問では，「はい」が51.8％，「いいえ」が48.2％と意見が分かれた。後世に残るような楽器は製作したいが，実際には売れないと困るというのが，製作者の本音であろう。価格の高いグループは「はい」と思う傾向があった。

Q4-4. 安くて大衆向けの楽器を製作していきたい。

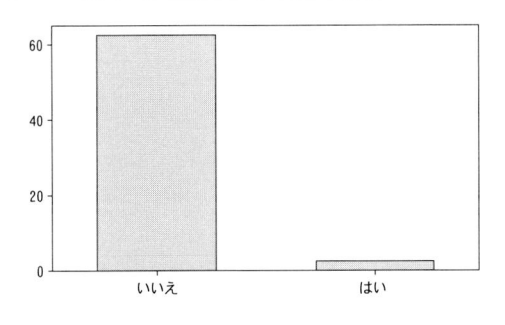

統計量

度数	有効	66
	欠損値	4
平均値		.05
標準偏差		.216
分散		.046

		度数	パーセント	有効パーセント	累積パーセント
有効	いいえ	63	90.0	95.5	95.5
	はい	3	4.3	4.5	100.0
	合計	66	94.3	100.0	
欠損値	システム欠損値	4	5.7		
合計		70	100.0		

「安くて大衆向けの楽器を製作していきたい」かどうかの設問では，予想通り「いいえ」が95.5％で，大衆向けの楽器製作を志向しているわけではないことがわかった。

Q4-5. 製作者仲間の人脈は広い方だ。

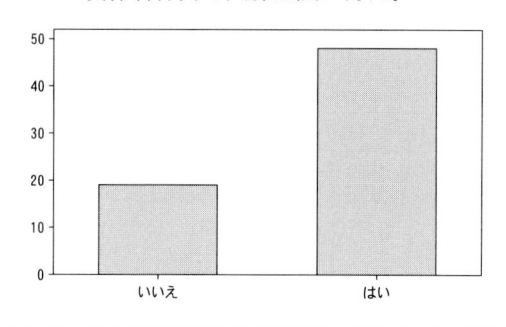

統計量		
度数	有効	67
	欠損値	3
平均値		.72
標準偏差		.454
分散		.206

		度数	パーセント	有効パーセント	累積パーセント
有効	いいえ	19	27.1	28.4	28.4
	はい	48	68.6	71.6	100.0
	合計	67	95.7	100.0	
欠損値	システム欠損値	3	4.3		
合計		70	100.0		

「製作者仲間の人脈は広いほうだ」の設問で，「はい」71.6％が「いいえ」28.4％を大きく上回った。製作者仲間の人脈が広い傾向にあるのは，日本人より外国人，経験年数の長いグループ，価格の高いグループにより強いことがわかった。

Q4-6. 販売に関する人脈は広い方だ。

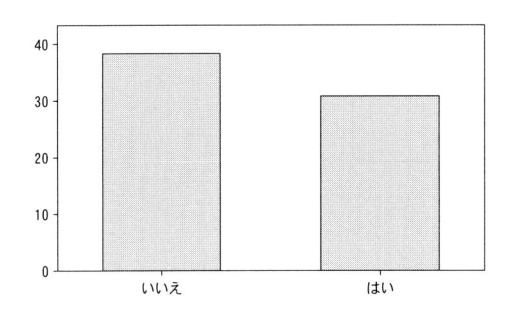

統計量		
度数	有効	69
	欠損値	1
平均値		.45
標準偏差		.501
分散		.251

		度数	パーセント	有効パーセント	累積パーセント
有効	いいえ	38	54.3	55.1	55.1
	はい	31	44.3	44.9	100.0
	合計	69	98.6	100.0	
欠損値	システム欠損値	1	1.4		
合計		70	100.0		

　「販売に関する人脈は広い方だ」については，「いいえ」が55.1％で「はい」44.9％をわずかながら上回った。製作者仲間の人脈よりは，販売に関する人脈での苦労がうかがえる。販売に関する人脈が広い傾向は，外国人，イタリア人，クレモナ人，経験年数の長いグループ，価格の高いグループに強くみられた。

Q4-7. クレモナに，自作の楽器の出来を評価してくれる職人がいる。

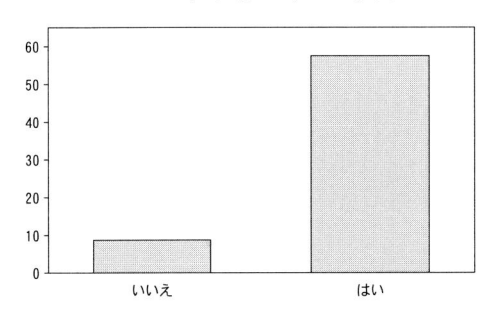

統計量		
度数	有効	66
	欠損値	4
平均値		.86
標準偏差		.346
分散		.120

		度数	パーセント	有効パーセント	累積パーセント
有効	いいえ	9	12.9	13.6	13.6
	はい	57	81.4	86.4	100.0
	合計	66	94.3	100.0	
欠損値	システム欠損値	4	5.7		
合計		70	100.0		

「クレモナに，自作の楽器の出来を評価してくれる職人がいる」に対しては，「はい」が86.4％で大半を占めた。プライドの高い職人にとって，この質問に「いいえ」と答えるのは難しかったと思われる。「はい」と答えた製作者にも自信を持って「思う」というよりは，「そうだと期待している」というコメントが多かった。

Q4-8. 現在，自作の楽器を購入してくれる特定バイヤーがいる。

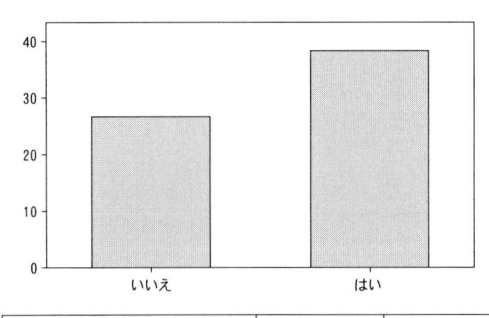

統計量		
度数	有効	65
	欠損値	5
平均値		.58
標準偏差		.493
分散		.243

		度数	パーセント	有効パーセント	累積パーセント
有効	いいえ	27	38.6	41.5	41.5
	はい	38	54.3	58.5	100.0
	合計	65	92.9	100.0	
欠損値	システム欠損値	5	7.1		
合計		70	100.0		

「現在，自作の楽器を購入してくれる特定バイヤーがいる」かどうかの質問で，「はい」が58.5％と「いいえ」41.5％を上回った。特定のバイヤーではなくても，ディーラーとの取引を通して楽器を販売している製作者が多いのは，前述の通りである。「はい」の傾向はクレモナ人に強かった。

「はい」と回答した製作者について，バイヤーの人数を訊ねたところ，2人から15人の間で，平均は4.9人であった。

統計量　人数

度数	有効	29
	欠損値	41
平均値		4.9483
標準偏差		3.58654
分散		12.863

Q4-9. ライバルとして意識している製作者がいる。

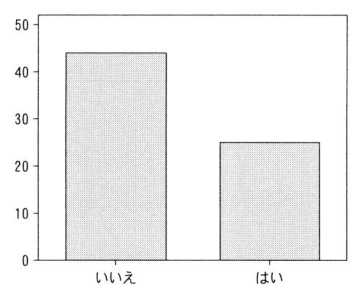

統計量

度数	有効	67
	欠損値	3
平均値		.36
標準偏差		.483
分散		.233

イタリア他都市	10
日本	5
中国	5
ドイツ	4
フランス	4
その他(クレモナ)	10

		度数	パーセント	有効パーセント	累積パーセント
有効	いいえ	43	61.4	64.2	64.2
	はい	24	34.3	35.8	100.0
	合計	67	95.7	100.0	
欠損値	システム欠損値	3	4.3		
合計		70	100.0		

「ライバルとして意識している製作者がいる」の質問には，「いいえ」が64.2％で「はい」35.8％を大きく上回った。「同僚としては意識しているが，ライバルではない」と回答した製作者もいた。また，「いいえ」と答えた中には，自分のライバルになるような製作者はいない，と考えている製作者もいる。ライバルを意識する傾向は，日本人の製作者に強く見られた。

ライバル製作者がどこの都市に住んでいるかという質問では，クレモナ（10），イタリア他都市（10）が多く，その他日本（5），中国（5），ドイツ

Q4-10. クレモナ以外のヴァイオリン製作の動向を意識している。

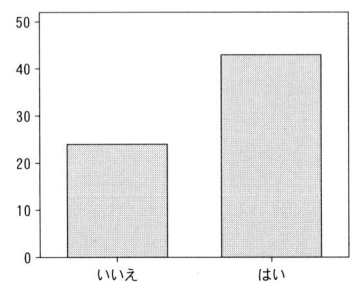

統計量		
度数	有効	66
	欠損値	4
平均値		.65
標準偏差		.480
分散		.231

中国	22
アメリカ	19
フランス	18
ドイツ	17
日本	17
イタリア他都市	16
その他アジア	12

		度数	パーセント	有効パーセント	累積パーセント
有効	いいえ	23	32.9	34.8	34.8
	はい	43	61.4	65.2	100.0
	合計	66	94.3	100.0	
欠損値	システム欠損値	4	5.7		
合計		70	100.0		

「クレモナ以外のヴァイオリン製作の動向を意識している」かどうかについては，「はい」が65.2％で，「いいえ」34.8％を大きく上回った。ライバルとは意識していないと言っても，外部の動向には多少なりとも関心を持っていることがわかる。意識している国では，中国（22），アメリカ（19），フランス（18），ドイツ（17），日本（17）などが挙げられた。

Q4-11. クレモナにおいて，弦楽器製作をする上での情報源について，重要と思われる3つを選び，順に数字を1，2，3と記入して下さい。
［選択肢：所属する工房のマエストロ，兄弟弟子，クレモナの製作者，クレモナ以外のイタリアの製作者，他の国の製作者，バイヤー，演奏家，展示会，コンクール，文献・資料］

Q4-11-1. 技術上の情報源

統計量

技術上の情報源	所属する工房のマエストロ	兄弟弟子	クレモナの製作者	クレモナ以外のイタリアの製作者	他の国の製作者
度数　　有効	38	2	42	12	18
欠損値	32	68	28	58	52
平均値	1.13	1.00	1.50	1.58	2.06
標準偏差	.414	.000	.707	.900	.873

	バイヤー	演奏家	展示会	コンクール	文献・資料
	14	27	11	16	24
	56	43	59	54	46
	2.00	1.70	1.64	2.00	2.08
	.961	.775	.924	.966	.830

　技術上の情報源としては，クレモナの製作者 42（うち1位選択 26），所属する工房のマエストロ 38（うち1位選択 34），演奏家 27（うち1位選択 13），文献・資料 24 が多かった。製作者同士の情報交換は，公式・非公式の場でおこなわれている。特に，クレモナの製作者仲間での日常的な非公式の意見交換が技術上の情報源として重要な位置づけであることがうかがえる。

Q4-11-2. 商売上の情報源

統計量

商売上の情報源	所属する工房のマエストロ	兄弟弟子	クレモナの製作者	クレモナ以外のイタリアの製作者	他の国の製作者
度数　　有効	18	2	20	2	10
欠損値	52	68	50	68	60
平均値	1.39	2.50	1.70	1.50	2.50
標準偏差	.698	.707	.865	.707	.972

	バイヤー	演奏家	展示会	コンクール	文献・資料
	41	33	22	7	7
	29	37	48	63	63
	1.56	1.58	1.91	1.43	2.43
	.776	.751	.868	.787	.787

　商売上の情報源としては，バイヤー 41（うち1位選択 25），演奏家 33（う

ち1位選択19），展示会22（うち1位選択9），クレモナの製作者20（うち1位選択11），所属する工房のマエストロ38（うち1位選択13）が多かった。

Q4-12. あなたが普段ヴァイオリン製作について情報を得ている，または意見を交換する人を3名あげてください。

Q4-12-1. 技術面の話

Q4-12-2. 商売に関する話

　この質問の回答として，情報源がクレモナ内の特定の製作者に集中することを想定していたが，情報源は様々であることがわかった。演奏家にだけ楽器を販売すると回答した製作者は商売に関する話について意見交換することはないとも答えている。身近な人の名前をあげている製作者が多い反面，技術・商売の両面について，外国人は自国の製作者やディーラーの情報を重視していることがわかった。

Q5. 製作活動に関してお伺いします。該当するものに〇をつけて下さい。

Q5-1. ヴァイオリン製作において改革が可能な部分は残されていると思いますか。

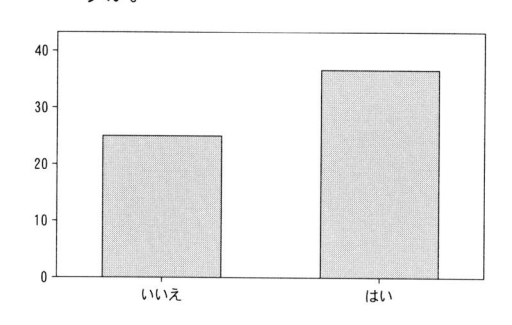

統計量

度数	有効	62
	欠損値	8
平均値		.60
標準偏差		.495
分散		.245

		度数	パーセント	有効パーセント	累積パーセント
有効	いいえ	25	35.7	40.3	40.3
	はい	37	52.9	59.7	100.0
	合計	62	88.6	100.0	
欠損値	システム欠損値	8	11.4		
合計		70	100.0		

「ヴァイオリン製作において改革が可能な部分が残されている」かどうかについては，「はい」59.7％が，「いいえ」40.3％を上回った。「ヴァイオリンという形態については改革の余地はないかもしれないが，市場に求められるものは昔と今とでは変わってきている。バロック楽器からモダン楽器へとシフトしたように，音楽の変化により楽器も変わっていくだろう。」という意見もあった。イタリア人，クレモナ人のほうが思わない傾向がある。

Q5-2. あなたは「技術を磨く」という言葉から何を連想しますか。自由に解答して下さい。

　この設問に対しては，全ての製作者から多様な回答が得られた。回答は，① 木工技術に関するもの「商品としての木工技術」「刃物さばき」「イメージの確立とそれを実現する作業方法の熟練」「段取り，工程，完成度，スピードを含めた練度の向上」「現実，体で手で目で覚えること」，② 継続性「試行錯誤」「積み重ね・想像力」「作り続ける」「日々の仕事，情性に流されない意志の力」「正しい方法を知り，それを何度も繰り返すこと」，③ 精神面「自己の向上，守脱離」「向上心・好奇心」「向上心と努力」「新しい発見を常に怠らず，不出来，失敗を繰り返しながら作り続けること」「よりよい楽器を作るために感性を磨くこと」「情熱・忍耐・訓練・集中力・秩序」，④ 芸術性「正確さプラスα，個性を埋め込むこと」「技術が高ければ人を感動させることができる」「個性の表現としての創造的プロセス」「伝統と創造力を介して才能を表現すること」「表現力」「人間の感情と知性の表現」「芸術の魅力の表現」「自分自身の頭で考え，作られたものが持つ美しさ」「アーティストの表現の自由と達成した仕事の特徴」「他人が何年もたって認めるもの」，⑤ 鑑識眼「実力のある人の作品を見る」「よいものを見る」，⑥ 伝統を守るという姿勢「16〜17世紀のものを続けていく」「500年の伝統」に大別される。

Q6. マエストロと呼ばれる条件は何ですか。普通の職人とマエストロの違いについて，とくに重要と思われる項目3つを選んで，□にレ印をつけて下さい。

　　□作品　　　　　　　□人柄　　　　　□指導方針
　　□知名度　　　　　　□販売力　　　　□製作方法
　　□技術　　　　　　　□鑑別能力　　　□原材料の調達能力
　　□人的ネットワークの広さ

統計量

マエストロと呼ばれる条件		作品	人柄	指導方針	知名度	販売力
度数	有効	39	36	15	19	2
	欠損値	31	34	55	51	68

製作方法	技術	鑑別能力	原材料の調達能力	人的ネットワークの広さ
11	35	10	2	3
59	35	60	68	67

　マエストロの条件としては，人柄（39），作品（36），技術（35）に回答が集中した。他には，知名度（19），指導方針（15），製作方法（11），鑑別能力（10）が続いている。本物かどうかを見極める鑑別能力が最も重要だという意見も見られた。

Q7. 費やした実働仕事時間（週あたり）をお答え下さい。

　　　弦楽器製作活動　　［37.97］時間
　　　修理作業　　　　　［ 5.37］時間
　　　合　　　計　　　　［42.17］時間

　平均実働時間は42.17時間で，そのうち修理作業平均は5.37時間であった。製作活動のみで修理作業を全くしていないのは，回答者49人中30人で61.2％を占めた。修理作業の方が製作活動より多かったのは3人，修理と製作が半々なのが1人だった。通常，製作者は修理で生計を立てながら製作を

することが多いが，クレモナでは製作活動だけで生計を立てていけることが特徴である。

実働時間は時期によりかなり差があり，コンクールの前などは徹夜で仕事をすることもあるという。土曜日も多くの製作者が工房で仕事をしている。

Q8. ヴァイオリン製作学校（Scuola Internazionale di Liuteria, Cremona）について伺います。

Q8-1. あなたは製作学校に通いましたか。

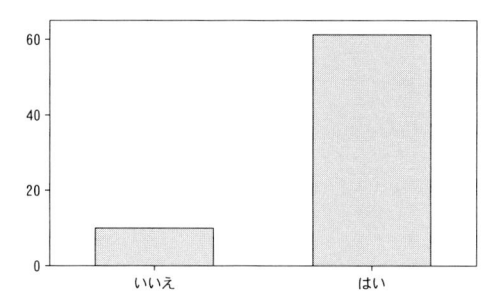

統計量

度数	有効	69
	欠損値	1
平均値		.88
標準偏差		.323
分散		.104

		度数	パーセント	有効パーセント	累積パーセント
有効	いいえ	8	11.4	11.6	11.6
	はい	61	87.1	88.4	100.0
	合計	69	98.6	100.0	
欠損値	システム欠損値	1	1.4		
合計		70	100.0		

クレモナの製作学校に通ったのは61人で全体の87.1％にあたる。このうち，卒業したのが46人，在学したことがあるのが15人，学生が9人であった。クレモナの製作学校に通ったことがない製作者も，ミラノ，トリノなどイタリアの他都市の製作学校や，ドイツの製作学校を卒業しており，全く製作学校との関わりを持たなかったという製作者は少ない。ストラディヴァリの時代には工房でマエストロのもと修行をすることで技術を身につけていたが，現代の製作者は製作学校を通して技術習得を図るというのが通例である。

Q8-2 製作学校の満足度についての記述について，1（とても不満）から4（とても満足）までのうち，もっとも近いと思われるものひとつを選んで○をつけてください。

Q8-2-1. 学校で得た人脈

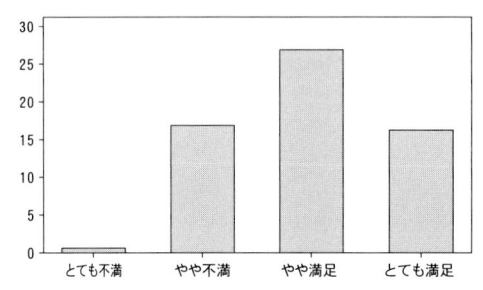

統計量		
度数	有効	57
	欠損値	13
平均値		2.95
標準偏差		.766
分散		.586

		度数	パーセント	有効パーセント	累積パーセント
有効	とても不満	1	1.4	1.8	1.8
	やや不満	15	21.4	26.3	28.1
	やや満足	27	38.6	47.4	75.4
	とても満足	14	20.0	24.6	100.0
	合計	57	81.4	100.0	
欠損値	システム欠損値	13	18.6		
合計		70	100.0		

製作学校で得た人脈（マエストロや製作者仲間）に関しては「満足」が72.0％で，大半の製作者は満足していることがわかった。日本人のほうが「満足」の傾向にある。

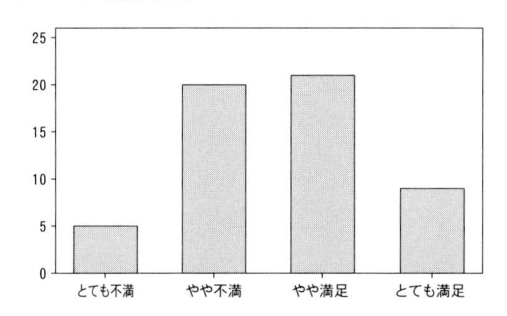

Q8-2-2. 製作実習

統計量		
度数	有効	55
	欠損値	15
平均値		2.62
標準偏差		.871
分散		.759

		度数	パーセント	有効パーセント	累積パーセント
有効	とても不満	5	7.1	9.1	9.1
	やや不満	20	28.6	36.4	45.5
	やや満足	21	30.0	38.2	83.6
	とても満足	9	12.9	16.4	100.0
	合計	55	78.6	100.0	
欠損値	システム欠損値	15	21.4		
合計		70	100.0		

　製作学校のカリキュラム編成は変化してきており，近年では学校教育制度の中での位置づけとして，一般教養科目も必修となり，その分実習時間が短くなっている。従って，どの時代に製作学校に通っていたかにより，製作実習に費やした時間も異なるが，回答としては自身の通った時代について訊ねた。この結果「満足」が54.6％，「不満」が45.5％で，半々に分かれた。現在の実習に関しては「時間が短すぎる」「教える人材の不足」といった不満の声も多く聞かれ，「製作学校を卒業しても楽器を一人で1本製作することができない」ことが問題視されている。

Q8-2-3．歴史などの教養科目

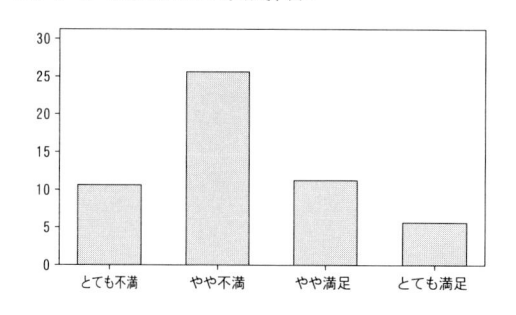

統計量		
度数	有効	55
	欠損値	15
平均値		2.24
標準偏差		.902
分散		.813

		度数	パーセント	有効パーセント	累積パーセント
有効	とても不満	11	15.7	20.0	20.0
	やや不満	26	37.1	47.3	67.3
	やや満足	12	17.1	21.8	89.1
	とても満足	6	8.6	10.9	100.0
	合計	55	78.6	100.0	
欠損値	システム欠損値	15	21.4		
合計		70	100.0		

教養科目に対しては「満足」が 32.7%,「不満」が 67.3%で,特に大学や高校を卒業して入学してきた製作者には,「既に学んだことの繰り返しとなるために無駄だと思う」という声が多く聞かれた。

Q9. 弦楽器製作において重要な工程についてお伺いします。
Q9-1. 次の項目のうち,最も気をつかうものを 3 つ選んで,該当する□にチェックを入れてください。

1. □デザインの決定 2. □材料選び
3. □枠作り   4. □荒削り作業
5. □表板の削り作業 6. □裏板の削り作業
7. □スクロールの加工 8. □エフ字孔
9. □バスあわせ   10. □パフリング
11. □表板のつなぎ合わせ 12. □ネックセット
13. □ニスの調合   14. □ニス塗布
15. □魂柱・駒あわせ
16. □その他（具体的に   ）

統計量

最も気をつかう工程		デザインの決定	材料選び	枠作り	荒削り作業	表板の削り作業	裏板の削り作業	スクロールの加工	エフ字孔
度数	有効	25	39	19	11	28	23	23	20
	欠損値	45	31	51	59	42	47	47	50

	バスあわせ	パフリング	表板のつなぎ合わせ	ネックセット	ニスの調合	ニス塗布	魂柱・駒あわせ	その他
	26	18	20	34	24	28	34	23
	44	52	50	36	46	42	36	47

多くの製作者は「全ての工程が重要なので,一つを取り上げることはできない」と前置きしながらも,選択してくれた。最も気を使う工程としては,「材料選び」39,「ネックセット」34,「駒合わせ」34,「表板の削り作業」28,「ニス塗布」28 が多かった。その他としては,「厚み出し」や「ふくらみ」が挙げられた。11 人の製作者が,全てと回答した。

Q9-2. あなた自身が最も気をつかう工程はどのようなものですか。上記の選択肢の番号でお答え下さい。

　最も気を使う工程については意見が分かれた。選択肢がないにも関わらず「全て」との回答が13,「材料選び」7,「魂柱・駒合わせ」7,「表板の削り作業」6,「ニス塗布」5,「デザインの決定」3,「裏板の削り作業」3,「スクロールの加工」3,「ネックセット」2,「ニスの調合」2,「エフ字孔」1,その他としては「厚さ」「音」「ふくらみ」「アーチ」「力木・バスバー」などが挙げられた。

Q9-3. クレモナ様式の「技能の伝承」にとって，最も重要だと思われる工程を一つ選んでください。
　　　上記の選択肢の番号でお答え下さい。もし上記の選択肢になければ，具体的にお書きください。

　クレモナ様式についても，意見が分かれた。全てと回答したのが12,「ニスの調合」3,「デザインの決定」「材料選び」「表板の削り作業」「裏板の削り作業」「ニス塗布」「魂柱・駒合わせ」その他で「スタイル」各2,「枠づくり」「バス合わせ」「パフリング」各1であった。クレモナの伝統的製法を守りたいと考えていても，クレモナ様式については統一的な見解が得られていないことがうかがえる。面接調査によれば，クレモナ様式とは「正確な一つひとつの作業を通して実現する全体のバランス，雰囲気」であるという答えが多かった。

Q10. あなたにとって，あなたの仕事を誰が認めてくれるのが重要ですか。
次の項目の中から特に重要な人々を3つ選んで，1位から3位まで順位をつけて下さい。
[選択：演奏家　マエストロ　バイヤー　クレモナの製作者　家族　その他]

統計量

仕事を認めてくれる重要な者		演奏家	マエストロ	バイヤー	クレモナの製作者	クレモナ以外の製作者	家族
度数	有効	56	42	47	14	12	11
	欠損値	14	28	23	56	58	59
平均値		1.43	1.57	1.81	2.29	2.25	1.73
標準偏差		.657	.770	.680	.914	.866	.905
分散		.431	.592	.463	.835	.750	.818

仕事を認められたい対象としては，演奏家56（うち1位選択37），バイヤー47（うち1位選択16），マエストロ42（うち1位選択25）が多かった。その他として「コンクール」「音楽を愛してくれる人全て」「興味を持ってくれる人」「ヴァイオリン指導者」という意見もあった。外国人のほうが演奏家が大事と思う傾向がある。

Q11. あなた個人のことについて伺います。

Q11-1. 該当するすべての項目の□欄にレ印でチェックし，年齢，高校卒業時の住所など該当する［　］欄にご記入下さい。

F1. 性別　　　□男　　□女

回答者は，男性58，女性12の計70である。クラスターにおける女性の製作者の比率は低く，女性ということで売りにくい側面も否めないことから，名声を確立するまではディーラーとの関係で不利益を被ることもあると言う。

性別

		度数	パーセント	有効パーセント	累積パーセント
有効	男性	58	82.9	82.9	82.9
	女性	12	17.1	17.1	100.0
	合計	70	100.0	100.0	

F2. 年齢　　平均 [37] 歳

平均年齢は 37 歳で，10 代 2，20 代 9，30 代 34，40 代 18，50 代 4，60 代 2 であった（回答数 69）。

年齢	度数	パーセント	有効パーセント	累積パーセント
有効　16	2	2.9	2.9	2.9
20	1	1.4	1.4	4.3
24	2	2.9	2.9	7.2
25	1	1.4	1.4	8.7
26	2	2.9	2.9	11.6
27	1	1.4	1.4	13.0
29	2	2.9	2.9	15.9
30	5	7.1	7.2	23.2
31	4	5.7	5.8	29.0
32	2	2.9	2.9	31.9
33	2	2.9	2.9	34.8
34	3	4.3	4.3	39.1
35	5	7.1	7.2	46.4
37	6	8.6	8.7	55.1
38	3	4.3	4.3	59.4
39	4	5.7	5.8	65.2
40	4	5.7	5.8	71.0
42	2	2.9	2.9	73.9
43	1	1.4	1.4	75.4
44	3	4.3	4.3	79.7
45	4	5.7	5.8	85.5
46	3	4.3	4.3	89.9
49	1	1.4	1.4	91.3
50	2	2.9	2.9	94.2
52	1	1.4	1.4	95.7
55	1	1.4	1.4	97.1
61	1	1.4	1.4	98.6
63	1	1.4	1.4	100.0
合計	69	98.6	100.0	
欠損値　システム欠損値	1	1.4		
合計	70	100.0		

平均値＝36.99　標準偏差＝9.164　N＝69

F3. 結婚されていますか。　　□未婚　□既婚　□離婚・死別して独身

未婚 33，既婚 27，離別・死別 4（回答数 64）であった。

F4. 学歴　　□大卒　□高卒　□専門学校卒　□中卒

学歴の内訳は，大学卒 15，短大卒 3，高卒 28，専門学校 15，中卒 9 であった。外国人より日本人，イタリア人より非イタリア人，クレモナ人より非クレモナ人のほうが学歴が高い傾向にある。製作学校が職業訓練学校であることから，イタリア人は中学卒業と同時に入学するケースも多い。

F5. うまれた場所

国籍

		度数	パーセント	有効パーセント	累積パーセント
有効	1 クレモナ人	15	21.4	21.4	21.4
	2 イタリア人	14	20.0	20.0	41.4
	3 その他の外国人	15	21.4	21.4	62.9
	4 日本人	26	37.1	37.1	100.0
合計		70	100.0	100.0	

F6. クレモナ在住以前の直近の住所

　国籍別では，イタリア人29（うちクレモナ出身者15），外国人15，日本人26であった。クラスター全体では正確な数は把握できないが，コンソルツィオ所属130，A.L.I所属112のリストを見る限り，クレモナ出身者は全体の20～25％，イタリア人は40％以下に見受けられる。外国人の比重が高いのがクレモナの産業クラスターの特色である。これは製作学校が外国人にも門戸を広げていることによるものである。直近の住所は，出身地であることが多かった。回答者の外国人の国籍は，ドイツ（3），フランス（2），スイス（2），チリ（2），スペイン，オランダ，オーストリア，ベルギー，ハンガリー，ブラジル（各1）であった。

F7. **過去 20 年のうちクレモナに何年住んでおられますか。**　　［平均 14］年

　回答者の過去 20 年のうちクレモナ在住期間は，1 年から 20 年までで，平均 14 年であった。

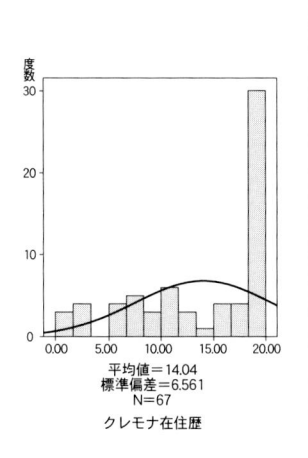

クレモナ在住歴		度数	パーセント	有効パーセント	累積パーセント
有効	1.00	3	4.3	4.5	4.5
	2.00	3	4.3	4.5	9.0
	3.00	1	1.4	1.5	10.4
	5.00	1	1.4	1.5	11.9
	5.50	1	1.4	1.5	13.4
	6.00	2	2.9	3.0	16.4
	7.00	3	4.3	4.5	20.9
	8.00	2	2.9	3.0	23.9
	9.00	3	4.3	4.5	28.4
	10.00	5	7.1	7.5	35.8
	11.00	1	1.4	1.5	37.3
	12.00	1	1.4	1.5	38.8
	13.00	2	2.9	3.0	41.8
	14.00	1	1.4	1.5	43.3
	15.00	2	2.9	3.0	46.3
	16.00	2	2.9	3.0	49.3
	17.00	3	4.3	4.5	53.7
	18.00	1	1.4	1.5	55.2
	19.00	2	2.9	3.0	58.2
	20.00	28	40.0	41.8	100.0
	合計	67	95.7	100.0	
欠損値	システム欠損値	3	4.3		
合計		70	100.0		

平均値＝14.04
標準偏差＝6.561
N＝67
クレモナ在住歴

F8. ヴァイオリン製作歴は何年ですか。　　　［平均16.8］年

回答者の製作歴は，1年から40年までで，平均16.8年であった。

ヴァイオリン製作歴		度数	パーセント	有効パーセント	累積パーセント
有効	1.50	1	1.4	1.6	1.6
	2.00	2	2.9	3.1	4.7
	3.00	2	2.9	3.1	7.8
	4.00	1	1.4	1.6	9.4
	5.00	1	1.4	1.6	10.9
	6.00	3	4.3	4.7	15.6
	7.00	2	2.9	3.1	18.8
	8.00	4	5.7	6.3	25.0
	9.00	1	1.4	1.6	26.6
	10.00	1	1.4	1.6	28.1
	11.00	2	2.9	3.1	31.3
	12.00	1	1.4	1.6	32.8
	13.00	3	4.3	4.7	37.5
	14.00	3	4.3	4.7	42.2
	15.00	3	4.3	4.7	46.9
	16.00	1	1.4	1.6	48.4
	17.00	3	4.3	4.7	53.1
	18.00	2	2.9	3.1	56.3
	19.00	3	4.3	4.7	60.9
	20.00	2	2.9	3.1	64.1
	21.00	3	4.3	4.7	68.8
	22.00	2	2.9	3.1	71.9
	23.00	1	1.4	1.6	73.4
	24.00	4	5.7	6.3	79.7
	25.00	2	2.9	3.1	82.8
	27.00	2	2.9	3.1	85.9
	28.00	3	4.3	4.7	90.6
	29.00	1	1.4	1.6	92.2
	30.00	1	1.4	1.6	93.8
	32.00	1	1.4	1.6	95.3
	33.00	1	1.4	1.6	96.9
	35.00	1	1.4	1.6	98.4
	40.00	1	1.4	1.6	100.0
	合計	64	91.4	100.0	
欠損値	システム欠損値	6	8.6		
合計		70	100.0		

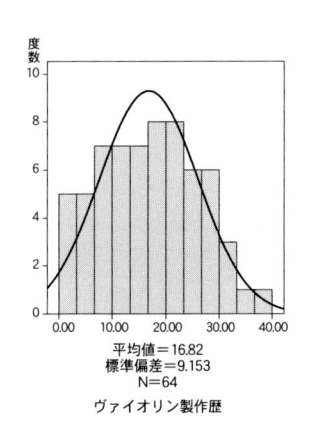

平均値＝16.82
標準偏差＝9.153
N＝64
ヴァイオリン製作歴

F9. あなたのご両親，祖父母，あるいは親戚に楽器製作者がおられますか。

　□父親　　　□母親　　　□祖父　　　　□祖母
　□叔父　　　□叔母　　　□その他親戚　□親族でないが親しい知人

親族に製作者を持つのは7人で，全体の1割に過ぎなかった。祖父・父・叔父と代々製作者の家族であるのが1，父親2，叔父1，親戚3，親しい知人に製作者を持つ者は2であった。

F10. あなたが製作者になるきっかけについて該当するものすべてにレ印でチェックしてください。

　　　□ものづくりが好きだ。　　　□木工細工が得意だった。
　　　□音楽に興味があった。　　　□楽器製作に興味があった。
　　　□親戚の影響やすすめ。　　　□知人の影響やすすめ。
　　　□その他

統計量

製作者になるきっかけ		ものづくりが好き	木工細工が得意	音楽に興味があった	楽器製作に興味があった	親戚の影響やすすめ	知人の影響やすすめ
度数	有効	32	18	46	32	8	7
	欠損値	38	52	24	38	62	63

　製作者になったきっかけは，音楽に興味があった 46，楽器に興味があった 32，ものづくりが好きだ 32，木工細工が得意 18 の順に多かった。クレモナ近郊の出身者には，父親が木工職人だったという回答が 3 あった。

Q11-2. 将来，クレモナ以外の土地で工房を開設したいと考えていますか。

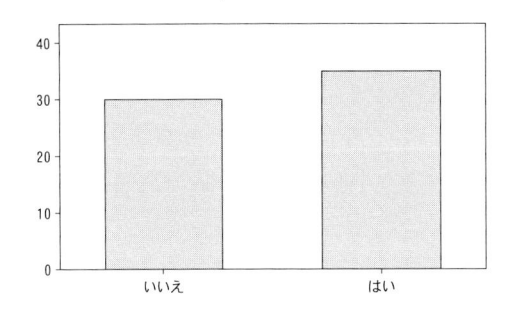

統計量

度数	有効	65
	欠損値	5
平均値		.54
標準偏差		.502
分散		.252

		度数	パーセント	有効パーセント	累積パーセント
有効	いいえ	30	42.9	46.2	46.2
	はい	35	50.0	53.8	100.0
	合計	65	92.9	100.0	
欠損値	システム欠損値	5	7.1		
合計		70	100.0		

将来，クレモナ以外の土地で工房を開設したいと考えているのは，35 (53.8%) で，予想以上に多いことがわかった。場所としては出身地をあげている場合が多く，外国人はクレモナを技術習得の場所として，将来は自国で製作活動をするという意志がうかがえる。日本人，非イタリア人，非クレモナ人のほうがそう思う傾向があった。また，経験年数の長いグループ，価格の高いグループは，そう思わない傾向にあった。

Q11-3. ヴァイオリン製作を始める前には，どのような仕事に就いておられましたか。具体的にお書き下さい。

前職としては，エンジニア，演奏家，ギター製作者の他，事務職，営業職，工員，アルバイトなど多様であった。

Q11-4. あなたがクレモナを選んだ最も大きな理由は何ですか。具体的にお書き下さい。

「製作学校があった」(18)「尊敬するマエストロ」(5)，「ヴァイオリン発祥の地」(5)，「知人の勧め」(5)，「製作のメッカ」(4)，「家族・プライベートな理由」(2)，「仕事に就くため」(2)，「販売・客と出会う機会」(2)，「音楽家だった・音楽が好きだった」(2)，「製作方法が合っていた」などがあげられた。クレモナ出身者は「そこに生まれたから」(7) という回答が多かった。製作学校が外国人にも無料で開放していることが，クレモナに来る大きな理由になっている。

Q11-5. あなたの製作活動について教えてください。
F1. この1年間に製作した弦楽器の数を [ ] の中にご記入下さい。

F2. この1年間に修理した弦楽器の数を [ ] の中にご記入下さい。

製作した楽器数は，年間1～15本であった。年間8本～12本程度製作している製作者が多い。修理については，オールド楽器の修復には1本で何年も費やすこともあるため，修理の対象にもよる。

F3. あなた自身が製作されたヴァイオリンの価格はいくらですか。

［2,000］ユーロ ～ ［1万5,000］ユーロ

ヴァイオリンの価格については，楽器店での販売価格なのか，ディーラーへの卸価格なのか，演奏家への販売価格なのかといった誰に売るのかによっても価格が異なるデリケートな質問であった。大別すると，作品を販売していない学生を除くと，8,000ユーロ以下が40.0%，8,000ユーロ以上が47.1%であった。8,000ユーロは，高価格帯かどうかを判別する一つの基準となる。

		度数	パーセント	有効パーセント	累積パーセント
有効	学生	9	12.9	12.9	12.9
	8,000以下	28	40.0	40.0	52.9
	8,000以上	33	47.1	47.1	100.0
	合計	70	100.0	100.0	

Q12. 全体的にみて，弦楽器製作者としての人生に満足していますか。
100点満点でお答え下さい。

［平均83.5］点

製作者としての人生満足度は平均83.5点で，100点をつけた製作者が15人いた。50点をつけた製作者が2人いたが，これは「現在の状況に満足すると向上心がなくなるため」とのことだった。

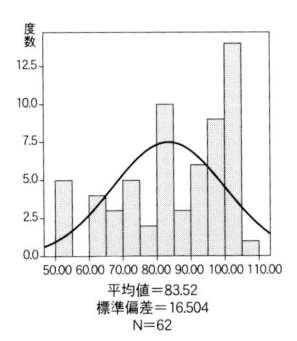

平均値＝83.52
標準偏差＝16.504
N=62

（全体的にみて，弦楽器製作者としての人生の満足度100点満点）

Ⅲ. クロス集計の結果

χ^2検定については，国籍により，① 日本人と外国人のグループ，② イタリア人と非イタリア人のグループ，③ クレモナ人（クレモナ出身者）と非クレモナ出身者の3つのグループの検定をおこない，差異が認められた項目について平均値を比較した。また，④ 経験年数では，経験年数により平均値より長いグループと短いグループに，⑤ 販売価格では，8,000ユーロより高いグループと低いグループの2つに分けて，同様にχ^2検定と平均値の比較をおこなった。

1. 日本人と外国人の差異

日本人・外国人

			度数	パーセント	有効パーセント	累積パーセント
有効	0	外国人	44	62.9	62.9	62.9
	1	日本人	26	37.1	37.1	100.0
合計			70	100.0	100.0	

□カイ二乗独立性検定
　帰無仮説H0：2つの変数間に関係はない
　対立仮説H1：2つの変数間に関係がある
　ここでは，対立仮説が採用されれば，日本人か外国人かの違いと各質問項目の間に関係があるといえる。t検定により，2つのグループで平均値を比較した結果は以下の通りである。（以下同様）

□1％水準で有意
Q1-1「クレモナでは革新的なことをすると同業者が評価」（外国人の方がそう思う傾向）

Q1-2 「伝統が重要で新しい技術は導入する必要はない」（外国人の方がそう思う傾向）
Q1-4 「クレモナで製作することは誇り」（外国人の方がそう思う傾向）
Q1-5 「クレモナでの修行が評価される」（外国人の方がそう思う傾向）
Q1-10 「クレモナ市民の一員と感じる」（外国人の方がそう思う傾向）
Q1-12 「クレモナから離れることはほとんど考えられない」（外国人の方がそう思う傾向）
Q2-5 「所属する工房の評判が気になる」（外国人の方がそう思う傾向）
Q3-1 「クレモナの独自性へのこだわり」（外国人の方がそう思う傾向）
Q3-4 「楽器の製作場所（クレモナ）へのこだわり」（外国人の方がそう思う傾向）
Q3-5 「楽器の販売努力は不要」（外国人の方がそう思う傾向）
Q3-6 「技術向上には，量より質」（外国人の方がそう思う傾向）
Q3-7 「伝統的製作方法へのこだわり」（外国人の方がそう思う傾向）
Q3-8 「弦楽器製作には形より音を大事に」（外国人の方がそう思う傾向）
Q3-11 「クレモナ製品は価格帯を広げるべき」（外国人の方がそう思う傾向）
Q8-1-1 「製作学校を卒業したかどうか」（外国人の方が卒業した傾向）
Q10-1 「仕事を認めてくれる重要な者：演奏家」（外国人の方がそう思う傾向）
Q11-1-4 「学歴」（日本人の方が高学歴）
Q11-2 「クレモナ以外の土地で工房を開設したい」（日本人の方がそう思う傾向）
Q11-2-3 「工房を開設したい場所は出身地か」（日本人の方がそう思う傾向）

□５％水準で有意
Q4-2 「自作楽器の買い手は，ほとんど決まっている」（外国人の方がそう思う傾向）
Q4-5 「製作者仲間の人脈は広い」（外国人の方がそう思う傾向）
Q4-6 「販売に関する人脈は広い方だ」（外国人の方がそう思う傾向）
Q4-9 「ライバルとして意識している製作者がいる」（日本人の方がそう思う傾向）
Q8-2-1 「学校で得た人脈に満足」（日本人の方がそう思う傾向）

180　第4章　クレモナのヴァイオリン製作者へのアンケート調査の結果と分析

日本人と外国人の差異

```
┌─────────────────────────┐           ┌─────────────────────────┐
│        外国人            │           │         日本人           │
│ 伝統＞革新               │           │ 革新＞伝統               │
│ クレモナの独自性・誇り  大│   ⇔      │ クレモナへの帰属意識　低 │
│ 所属する工房の評判       │           │ 販売努力不要             │
│ 製作・販売人脈　大       │           │ 製作学校の人脈大切       │
│ 販売努力不要             │           │ 音＆形・量               │
│ 価格帯を広げるべき       │           │ ライバル意識             │
│ 形より音・質             │           │ 高学歴                   │
│ 演奏家に認められたい     │           │ 将来クレモナ以外に工房   │
└─────────────────────────┘           └─────────────────────────┘
```

　日本人と外国人と比較すると，外国人のほうが伝統に対する意識が高く，クレモナの独自性や誇りを大切にしていることがわかった。また，外国人のほうが製作・販売の人脈が多く，販売の努力は必要ないと考えている。形より音を重視し，自分の楽器を演奏家に認められたいと思う傾向が日本人より強い。技術の向上には量より質が重要だと考えている。これに対し，日本人はより革新に対する意識が高く，クレモナへの帰属意識は低い。そして，将来はクレモナ以外，特に出身地に工房を持ちたいと考えている。製作・販売に関する人脈が広くないことから，製作学校の人脈が大切だと考える傾向が強く，よい楽器を作るだけでは充分ではなく販売努力も必要だと考えている。ライバル意識は外国人より高く，高学歴である。技術向上には質より量が大切だと考える傾向にあり，音にこだわる傾向は少ない。

2. イタリア人と非イタリア人の差異

イタリア人・非イタリア人

		度数	パーセント	有効パーセント	累積パーセント
有効	0　イタリア人	29	41.4	41.4	41.4
	1　非イタリア人	41	58.6	58.6	100.0
合計		70	100.0	100.0	

III. クロス集計の結果　181

□カイ二乗独立性検定
　帰無仮説 H0：2つの変数間に関係はない
　対立仮説 H1：2つの変数間に関係がある
　ここでは，対立仮説が採用されれば，イタリア人か非イタリア人かの違いと各質問項目の間に関係があるといえる。

□1％水準で有意
Q1-4　「クレモナで製作することは誇り」（イタリア人の方がそう思う傾向）
Q1-5　「クレモナでの修行が評価される」（イタリア人の方がそう思う傾向）
Q1-10　「クレモナ市民の一員と感じる」（イタリア人の方がそう思う傾向）
Q2-5　「所属する工房の評判が気になる」（イタリア人の方がそう思う傾向）
Q3-1　「クレモナの独自性へのこだわり」（イタリア人の方がそう思う傾向）
Q3-4　「楽器の製作場所（クレモナ）へのこだわり」（イタリア人の方がそう思う傾向）
Q3-5　「楽器の販売努力は不要」（イタリア人の方がそう思う傾向）
Q3-11　「クレモナ製品は価格帯を広げるべき」（イタリア人の方がそう思う傾向）
Q4-6　「販売に関する人脈は広い方だ」（イタリア人の方がそう思う傾向）
Q5-1　「ヴァイオリン製作における改革可能な部分はある」（イタリア人の方がそう思わない傾向）
Q11-1-4　「学歴」（非イタリア人の方が高学歴）

□5％水準で有意
Q1-1　「クレモナでは革新的なことをすると同業者が評価」（イタリア人の方がそう思う傾向）
Q1-2　「伝統が重要で新しい技術は導入する必要はない」（イタリア人の方がそう思う傾向）
Q2-6　「A.L.I. Cremona の活動に満足している」（イタリア人の方がそう思う傾向）
Q3-7　「伝統的製作方法へのこだわり」（イタリア人の方がそう思う傾向）

Q3-10 「製作者は楽器製作に専念すべき」（イタリア人の方がそう思う傾向）
Q8-1-1 「製作学校を卒業したかどうか」（イタリア人の方が卒業した傾向）
Q11-2 「クレモナ以外の土地で工房を開設したい」（非イタリア人の方がそう思う傾向）

イタリア人と非イタリア人の差異

イタリア人
- 伝統＞革新
- クレモナの独自性・誇り　大
- 製作学校卒業
- 所属する工房の評判
- 販売人脈　大
- 販売努力不要
- 製作への専念
- 価格帯を広げるべき

⇔

非イタリア人
- 革新＞伝統
- クレモナへの帰属意識　低
- 販売人脈　小
- 販売努力必要
- 高学歴
- 将来クレモナ以外に工房

　イタリア人と非イタリア人のグループの比較では，イタリア人がより伝統を守りたいと考えており，クレモナの独自性や誇りを大切にしている。イタリア人のほうが販売の人脈が広く，製作者は製作に専念すべきで，よい作品を作れば販売の努力は必要ないと考えている。これに対し，非イタリア人はより革新的で，クレモナへの帰属意識が低く，将来クレモナ以外に工房を持ちたいと考えている。販売の人脈が広くないことから，販売努力が必要だと考えている。非イタリア人のほうが高学歴である。

Q1-1 「クレモナでは革新的なことをすると同業者が評価」（イタリア人の方がそう思う傾向）
Q2-6 「A.L.I. Cremona の活動に満足している」（イタリア人の方がそう思う傾向）
Q3-7 「伝統的製作方法へのこだわり」（イタリア人の方がそう思う傾向）
Q3-10 「製作者は楽器製作に専念すべき」（イタリア人の方がそう思う傾向）
Q8-1-1 「製作学校を卒業したかどうか」（イタリア人の方が卒業した傾向）

イタリア人のグループ，クレモナ人のグループには同じ傾向が見られる部分が多かったが，上記の5つの質問に関しては，イタリア人のグループに傾向が見られたが，クレモナ人と非クレモナ人については差異が認められなかった。

Q1-11 「クレモナで修行するとキャリアに箔」（クレモナ人の方がそう思う傾向）
Q2-1 「自分の仕事に充実感」（クレモナ人の方がそう思わない傾向）
Q4-8 「楽器を購入してくれる特定のバイヤーがいる」（クレモナ人の方がそう思う傾向）

そして，上記3つの質問に関しては，クレモナ人には傾向が見られたが，イタリア人と非イタリア人のグループでは差異が認められなかった。

3. クレモナ人と非クレモナ人の差異

クレモナ近郊・遠方

		度数	パーセント	有効パーセント	累積パーセント
有効	0 クレモナ近郊	25	35.7	35.7	35.7
	1 クレモナ遠方	45	64.3	64.3	100.0
合計		70	100.0	100.0	

□カイ二乗独立性検定

帰無仮説H0：2つの変数間に関係はない

対立仮説H1：2つの変数間に関係がある

ここでは，対立仮説が採用されれば，クレモナ人（クレモナ近郊）か非クレモナ人の違いと各質問項目の間になんらかの関係が存在していることが分かる。

□1％水準で有意

Q1-2 「伝統を守ることが重要」（クレモナ人の方がそう思う傾向）
Q1-4 「クレモナで製作することは誇り」（クレモナ人の方がそう思う傾向）
Q1-10 「クレモナ市民の一員と感じる」（クレモナ人の方がそう思う傾向）
Q2-5 「所属する工房の評判が気になる」（クレモナ人の方がそう思う傾向）
Q3-1 「クレモナの独自性へのこだわり」（クレモナ人の方がそう思う傾向）

Q3-4 「楽器の製作場所（クレモナ）へのこだわり」（クレモナ人の方がそう思う傾向）

Q3-5 「楽器の販売努力は不要」（クレモナ人の方がそう思う傾向）

Q3-11 「クレモナ製品は価格帯を広げるべき」（クレモナ人の方がそう思う傾向）

Q4-6 「販売に関する人脈は広い」（クレモナ人の方がそう思う傾向）

Q4-8 「楽器を購入してくれる特定のバイヤーがいる」（クレモナ人の方がそう思う傾向）

Q5-1 「ヴァイオリン製作における改革可能な部分はある」（クレモナ人の方がそう思わない傾向）

Q11-1-4 「学歴」（クレモナ人の方が低い傾向）

Q11-2 「将来クレモナ以外で工房を開設」（クレモナ人の方がそう思わない傾向）

□5％水準で有意

Q1-5 「クレモナでの修行が評価される」（クレモナ人の方がそう思う傾向）

Q1-11 「クレモナで修行するとキャリアに箔」（クレモナ人の方がそう思う傾向）

Q2-1 「自分の仕事に充実感」（クレモナ人の方がそう思わない傾向）

4. 経験年数による差異

□カイ二乗独立性検定

　帰無仮説 H0：2つの変数間に関係はない

　対立仮説 H1：2つの変数間に関係がある

　ここでは，対立仮説が採用されれば，経験年数と各質問項目の間になんらかの関係が存在していることが分かる。

　経験年数の平均値16.8年より上と下の2つのグループに分けて検定をおこなった。

□1％水準で有意

Q1-10 「クレモナ市民の一員と感じる」（経験年数が長い人の方がそう思う傾向）

Q3-4 「楽器の製作場所（クレモナ）へのこだわり」（経験年数の長い人の方がそう思う傾向）
Q3-5 「楽器の販売努力は不要」（経験年数が長い人の方がそう思う傾向）
Q4-5 「製作者仲間の人脈は広い方」（経験年数が長い人の方がそう思う傾向）
Q11-2 「将来クレモナ以外で工房を開設」（経験年数が長い人の方がそう思わない傾向）

□ 5％水準で有意
Q1-2 「伝統を守ることが重要」（経験年数が長い人の方がそう思う傾向）
Q1-3 「クレモナでは相互に腕前を評価して技能を高めている」（経験年数が長い人の方がそう思う傾向）
Q1-4 「クレモナで製作することは誇り」（経験年数が長い人の方がそう思う傾向）
Q1-5 「クレモナでの修行が評価される」（経験年数が長い人の方がそう思う傾向）
Q2-5 「所属する工房の評判が気になる」（経験年数が長い人の方がそう思う傾向）
Q3-1 「クレモナの独自性」（経験年数が長い人の方がそう思う傾向）
Q3-7 「伝統的製作法へのこだわり」（経験年数が長い人の方がそう思う傾向）
Q4-1 「特定の演奏家に意見をもらっている」（経験年数が長い人の方がそう思う傾向）
Q4-2 「楽器の買い手はほとんど決まっている」（経験年数が長い人の方がそう思う傾向）
Q4-6 「販売に関する人脈は広い」（経験年数が長い人の方がそう思う傾向）

　帰属意識に関しては，国籍別だとイタリア人以外のほうが低いという結果が出ていたが，この結果を見ると，経験年数が長くなるとクレモナへの執着が強くなり，人脈も広がることから販売も容易となるために将来もクレモナから離れないという気持ちが強くなるようだ。楽器の買い手はほとんど決まっており，適度に演奏家とのコンタクトも増えることが，クレモナでの修行が評価されるという結果につながっていると考えられる。

Q1-2 「伝統を守ることが重要」

Q1-3 「クレモナでは相互に腕前を評価して技能を高めている」

　経験年数によるグループの差異と，価格によるグループの差異には，同じ傾向が多かったが，上記の2つの質問では，価格によるグループでは差異が認められなかった。価格が高いほうが伝統を守ることが大切と思う傾向も，クレモナでは相互評価で技能を高めていると思う傾向もないことは興味深い。価格の高い製作者のプライドがうかがえる。

5. 販売価格による差異

□カイ二乗独立性検定
　帰無仮説 H0：2つの変数間に関係はない
　対立仮説 H1：2つの変数間に関係がある
　ここでは，対立仮説が採用されれば，販売価格の変数と各質問項目の間になんらかの関係が存在していることが分かる。価格グループは，実質的な高価格の判断基準となる8,000ユーロを目安とし，8,000ユーロ以上と以下のグループに分類した。

□1％水準で有意
Q1-5 「クレモナでの修行が評価される」（価格が高い人の方がそう思う傾向）
Q1-10 「クレモナ市民の一員と感じる」（価格が高い人の方がそう思う傾向）
Q2-5 「所属する工房の評判が気になる」（価格が高い人の方がそう思う傾向）
Q3-1 「クレモナの独自性へのこだわり」（価格が高い人の方がそう思う傾向）
Q3-4 「楽器の製作場所（クレモナ）へのこだわり」（価格が高い人の方がそう思う傾向）
Q3-11 「クレモナ製品は価格帯を広げるべき」（価格が高い人の方がそう思う傾向）
Q4-2 「楽器の買い手はほとんど決まっている」（価格が高い人の方がそう思う傾向）
Q11-1-7 「在住歴」（価格が高い人の方が長い）

Q11-2 「将来クレモナ以外で工房を開設」(価格が高い人の方がそう思わない傾向)

□ 5％水準で有意
Q1-4 「クレモナで製作することは誇り」(価格が高い人の方がそう思う傾向)
Q1-11 「クレモナで修行するとキャリアに箔」(価格が高い人の方がそう思う傾向)
Q3-5 「楽器の販売努力は不要」(価格が高い人の方がそう思う傾向)
Q3-7 「伝統的製作方法へのこだわり」(価格が高い人の方がそう思う傾向)
Q4-1 「特定の演奏家に自作楽器の意見をもらっている」(価格が高い人の方がそう思う傾向)
Q4-3 「売れなくてもよいから後世に残るような名器を作りたい」(価格が高い人の方がそう思う傾向)
Q4-5 「製作者仲間の人脈は広い」(価格が高い人の方がそう思う傾向)
Q4-6 「販売に関する人脈は広い」(価格が高い人の方がそう思う傾向)
Q11-1-8 「製作歴」(価格が高い人の方が長い)

Q1-5 「クレモナでの修行が評価される」
Q1-11 「クレモナで修行するとキャリアに箔」
Q3-11 「クレモナ製品は価格帯を広げるべき」
Q4-3 「売れなくてもよいから後世に残るような名器を作りたい」

　価格によるグループの差異と，経験年数によるグループの差異には，同じ傾向が多かったが，上記の4つの質問は，経験年数によるグループでは差異が認められなかった項目である。クレモナでの修行が評価されているということは，結局は価格に反映されているかどうかということで判断されるものと思われ，経験年数ではなく高価格グループのみが「評価されている」，「クレモナで修行をすると箔がつく」と考えているところは興味深い。

IV. まとめ

　本章では，クレモナの現役ヴァイオリン製作者へのアンケート調査の結果を提示した。ヴァイオリン製作は極めて地味な作業の連続であり，クローズドな世界でおこなわれている。従って，このような広範な内容を網羅する調査が実現する可能性は極めて低いと言えよう。一つひとつの質問項目について極めて興味深い結果が得られたために，本章では各項目について，敢えて質問票の順序に基づき，生データを提示することにした。

　調査の結果を見ると，クレモナで製作することに対するメリットは，原材料の調達のしやすさ，マエストロからの評価・ピア・レビュー，他の製作者との情報交換などにあり，仕事に対しては充実感を感じている。ただ，クレモナには製作者が多すぎると感じている製作者が多く，クレモナがこれらの製作者を抱えるためには，幅広い価格帯の製品を製作することがふさわしいと考えている。製作のスピードは製作者によるが，年間の製作本数から鑑みると，少なくても1本の楽器に1ヶ月以上はかけているようである。ニス塗りを入れると完成までに2〜3ヶ月は要する。中国の工場での量産楽器に比較すれば，中国では多くの場合全て手作りではあるが分業化されているので，1本について数日で完成し，ニス塗りを入れても1ヶ月はかからない。一人の製作者によるものでも1ヶ月に2〜3本は製作できるという。クレモナの楽器は一人の製作者による極めて丁寧な手作りヴァイオリンであり，中国製の量産ヴァイオリンとは全く別の次元の製品であることは間違いない。クレモナでは，一人ひとりの製作者は異なった哲学を持ちながら，自分の個性を埋め込んだヴァイオリンを製作している。そして，その一人ひとりの製作者の考え方が，クレモナのヴァイオリン産業のクラスターを形成しているわけである。

　本調査の分析結果については，次章のクレモナの産業クラスターの特徴にて示すことにする。

第 5 章
クレモナの産業クラスターの特徴

I．5 つのポイント

　クレモナの産業クラスターにおける技術の継承とイノベーションという観点から，① 伝統と製作学校，② 帰属意識，③ 競争と協調，④ 情報，⑤ 多様性，という 5 つのポイントで集計結果を整理してみたい。

1．伝統と製作学校

　ストラディヴァリの時代には，イタリアでは職業は世襲で親の職業を引き継ぐことが当然とされていたが，現在のクレモナの製作者の中で父親を製作者に持つのはわずか 2 人であった。祖父から代々製作者だという家庭が 1 人，その他の親族を含めても 7 人で，親族に製作者を持つのは全体の 1 割に過ぎなかった。現代の製作者は，世襲ではなく，自分の意志で製作者になり，そのために製作学校に入学する。実際に，「自分の子弟をヴァイオリン製作者にしたいか」という質問には，67.8％の製作者が「思わない」と答えている。
　回答者のうちクレモナの製作学校に通ったことがあるのは 61 人（87.1％）で，残りの製作者もミラノやトリノなどイタリアの他都市の製作学校や，ドイツの製作学校に通った経験がある。学歴は多様で，大卒 15 人，短大卒 3 人，高卒 28 人，専門学校卒 15 人，中卒 9 人であった。χ^2 検定および平均値の比較で，イタリア人より外国人のほうが学歴が高いことがわかったが，これは製作学校がイタリアでは職業訓練学校の一つとして位置づけられてい

ることもあり，特にクレモナ近郊の出身者には中学卒業と同時に製作学校に入学するという選択があることによる。

製作学校については，「学校で得た人脈」に対しては満足（72.0%）しているものの，職業学校から教育機関の一つとして位置づけが変わってきたこともあり，実習時間が少なくなっている。このため「一般教養科目」（不満：67.3%）「実習」（不満：45.5%）と，必ずしも学校の授業には満足していない。

伝統については，「クレモナの独自性を育てていきたい」が58.0%（「どちらとも言えない」27.5%「こだわらない」14.5%），「伝統的製法にこだわっていきたい」が46.3%（「どちらとも言えない」34.3%「こだわらない」19.4%）で，クレモナの伝統へのこだわりを持っていることがわかる。そこで「伝統」とは何かを明らかにするために，製作工程の中からクレモナの伝統と言われる「クレモナ様式」にはどの部分が重要なのか回答してもらった。しかし，そこでは統一的な回答は得られなかった。個別の工程では答えられず全てと回答したのが12人，その他は「ニスの調合」「デザインの決定」「材料選び」「表板の削り作業」「裏板の削り作業」「ニス塗布」「魂柱・駒合わせ」など意見が分かれた。面接調査によれば，クレモナ様式とは「正確な一つひとつの作業を通して実現する全体のバランス，雰囲気」であるという答えが多かった。また，「全体のバランス」が重要であることから「弦楽器製作に分業は適切ではない」が66.2%で，「分業を進めるべきだ」と回答した製作者は一人もいなかった。

2. 帰属意識

「クレモナで製作していることが私の誇りだ」と思う製作者が85.5%である一方で，「私はクレモナの市民の一員だと感じる」には「思う」54.3%と「思わない」45.7%で意見が分かれた。「思う」傾向は当然ながら，イタリア人，クレモナ出身者に強かった。「クレモナで修行することでキャリアに箔がつく」と考えているのが67.2%だが，一方で53.8%の製作者が「将来ク

モナ以外の土地で工房を開設することを考えている」ことがわかった。この傾向は，特に外国人に強い。このように，外国人にとっては，クレモナは技術を修得するところであって，箔はつくが，将来は出身地で工房を構えたいと考えていることがわかる。クレモナで製作することを「誇り」には思っていても，必ずしもクレモナに帰属意識があるわけではない。

3. 競争と協調

　これまでの定性調査では，関係者からは「クレモナのヴァイオリンは世界一だ」という意見が多く聞かれたが，実際製作者にクレモナでは「最高級品に限定すべき」か「製品幅を広げるべき」かについて尋ねると，前者が27.7％に留まり，48.6％が「製品幅を広げるべき」と考えていることがわかった。これはイタリアの産業クラスターの特徴でもあり，製品幅を広げることで，クラスター内の製作者が生存できるようにという協調の表れでもある。「安くて大衆向けの楽器を製作したい」については「いいえ」が94.0％であったが，「売れなくてもよいから，後世に残るような名器を作りたい」については「はい」が50.9％，「いいえ」が47.4％で，自身では高品質の楽器を製作したいとは思いながらも，やはりコンスタントに売れることが重要だと認識していることがわかる。実際にクレモナの工房にはほとんど在庫が存在しない。「自作の楽器の買い手はほとんど決まっている」41.3％，「自作の楽器を購入してくれる特定のバイヤーがいる」57.6％で，約8割の製作者がディーラーに楽器を卸していると言われている。高価な名器の製作を目指すよりも，現在のレベルの作品を製作すれば販売できる現状にある。

　「ライバルとして意識している製作者がいるか」との質問には，64.2％が「いいえ」と答えている。多くの製作者がクレモナの他の製作者のことを，ライバルではなく同僚だと考えている。これは，各製作者が独自のルートで楽器を販売し，現在は需給関係が程よいことによるもので，競争意識は低い。ただ，全く他の製作者を意識していないわけではなく，「クレモナ以外のヴァイオリン製作の動向を意識している」には「はい」が65.2％で，国で

は中国 (22)，アメリカ (19)，フランス (18)，ドイツ (17)，日本 (17)，イタリアの他都市 (16) が多かった。海外の動向については，多少意識していることがわかる。

4. 情報

　クレモナでは，「自作の楽器を評価してくれる製作者がいる」86.4%，「製作者仲間の人脈が広い」71.6%と，製作者同士の相互評価がクラスターのメリットになっていることがうかがえる。販売に関しては，「販売の人脈は広いほうだ」に「はい」と答えたのが44.9%に対し，「いいえ」が55.1%で，特に外国人は販売の人脈を作るのに苦労していることがわかった。これには，クレモナのブランドではイタリア人製作者のラベルのほうが売り安いというディーラーの意図も関係している。「特定のディーラー」と取引しているのは，57.6%で，平均すると5人の特定ディーラーと取引していることがわかった。製作者，販売の人脈に比べ，音楽家の関与が少ないこともクレモナの特徴である。「クレモナには音楽家が多くの情報をもたらしてくれる」との質問には，「思わない」68.1%が「思う」31.9%を大きく上回った。製作者自身は，「形と音とどちらを大切にしたいか」という問いに，「音」41.4%，「どちらともいえない」が57.1%，「形」1.4%で，「音」が「形」を上回ったが，実際には「音」に必要な音楽家が情報をもたらしておらず，製作者の相互評価も「形」のみでおこなわれている。

5. 多様性

　国籍による χ^2 検定によるクロス集計結果で有意が認められた項目に対しt検定による平均値比較をおこなった結果をまとめたものが図表5-1である。第4章で示したように，クレモナ (C) 出身者とその他 (NC)，イタリア人 (I) と非イタリア人製作者 (NI)，外国人 (F) と日本人 (J) という3グループで比較した。図表5-1のCはC対NCでC>NC，IはI (Cを含

む）対NIでI＞NI，F・JはF（C・Iを含む）対JでFはF＞J，JはJ＞F
を表す。＊＊＝1％水準で有意，＊＝5％水準で有意，-＊はC＜NC, I＜NI
を示している。

<図表5-1：クレモナの弦楽器製作者の多様性>

分野	質問項目	C	I	F	J
1	クレモナでは革新的なことをすると同業者が評価してくれる		＊	＊＊	
	伝統が重要で新しい技術は導入する必要はない	＊＊	＊	＊＊	
	クレモナで製作することは誇り	＊＊	＊＊	＊＊	
	クレモナでの修行が評価される	＊	＊＊	＊＊	
	クレモナの一員だと感じる	＊＊	＊＊	＊＊	
	クレモナから離れることはほとんど考えられない			＊＊	
2	自分の仕事に充実感を感じている	-＊			
	所属する工房の評判が気になる	＊＊	＊＊	＊＊	
3	クレモナの独自性が重要	＊＊	＊＊	＊＊	
	クレモナで製作することにこだわる	＊＊	＊＊	＊＊	
	楽器の販売努力は必要ない	＊＊	＊＊	＊＊	
	技術向上には量より質が重要			＊＊	
	伝統的製作方法にこだわるべきだ		＊	＊＊	
	弦楽器製作には形より音が大切			＊＊	
	クレモナは製品の価格帯を広げるべき	＊＊	＊＊		
4	自作楽器の買い手は，ほとんど決まっている			＊	
	製作者仲間の人脈は広い方だ			＊＊	
	販売に関する人脈は広い方だ	＊＊	＊＊	＊＊	
	楽器を購入してくれる特定のバイヤーがいる	＊＊			
	製作者は楽器製作に専念すべき		＊		
	ライバルとして意識している製作者がいる				＊
5	ヴァイオリン製作に改革可能な部分は残されていない	＊＊	＊＊		
8	学校で得た人脈に満足している				＊
10	仕事を認めてくれるのに重要なのは演奏家			＊＊	
11	クレモナ以外で工房を持ちたい		-＊		＊＊

多数の項目において，国籍グループでの差異が認められる。クレモナの製作者の外国人比率は約60％である。クレモナの製作者に外国人が多いことが，クラスター内に多様性を増大させていることがわかる。

II．クレモナにおける弦楽器産業クラスターのダイナミズム

<図表 5-2：調査のまとめ>

```
調査のまとめ
クレモナ弦楽器産業クラスターの特徴
①伝統と製作学校：伝統≠製作学校の技術伝承
②帰属意識：必ずしも高くない
③競争と協調：製品の差別化
④情報：製作者の相互評価，ディーラー・演奏
  者の関与
⑤多様性：学歴，技術革新・クレモナへのこだ
  わりに対する意識に国籍間の差異
```

アンケート調査の結果からは「技術継承」に関しては伝統と製作学校の役割，製作者の帰属意識に特徴がみられた。また「イノベーション」に関しては，クラスター内での協調・競争関係と情報の流れ，創造主体の多様性に特徴があることがわかる。また，製品幅を広げてきたところや，外国人の活躍にクレモナの産業クラスターの特徴がみられるが，その理由を明らかにしておく必要があるだろう。これらを踏まえて，本項ではクレモナの弦楽器産業クラスターのダイナミズムについて考察する。

1．技術継承の特徴

クレモナの製作者は伝統的手法を守りたいと考えている。しかし，クレモナの伝統としてクレモナらしさと言われるクレモナ様式とは，正確な一つひ

とつの作業を通して実現する全体のバランス，雰囲気であって，一つひとつの工程分析がされているわけではないことがわかった。各製作者が正確な一つひとつの作業を学んだのは，製作学校である。しかしその製作学校は，長年のクレモナの空白期の後に1938年に設立されたもので，当初はクレモナ人で教鞭に立つ製作者もおらず，外国人によって教えられていた。従って，製作学校で教えている技術はストラディヴァリの時代の技術が継承されているというよりは，設立以降の試行錯誤によって生まれたもの，更に言えば，ビソロッティやモラッシ，スコラーリといった現代の名マエストロにより伝えられてきた彼らの技術である。現在のクレモナの製作者の大半は，これらのマエストロの弟子，または孫弟子であり，師匠の技術を継承しようとしているに過ぎない。よって，製作者が伝統を守りたいと考えていても，彼らの守ろうとしている方法がヴァイオリン製作の伝統，クレモナの伝統とは異なるということに気づいていない製作者も多い。もちろん楽器製作の「暗黙知」を「形式知」として継承させようとした製作学校が功を奏し，世界中から意欲ある製作者を集めることができたという意味で，製作学校がクラスター形成に果たしてきた役割は大きいが，同時にクレモナの技術継承には根本的な問題が潜んでいることが明らかになった。

　クレモナの製作者は必ずしもクレモナに対する帰属意識が高いわけでもない。個人の技術には関心があっても，クレモナでの技術の継承という点には全く関心を示さない製作者もいる。当然の結果ながら，クレモナ人，イタリア人ほどクレモナへの帰属意識は高い。半数以上を占める外国人の存在は，クレモナの産業クラスターの特徴でもあるが，外国人にはクレモナは技術を取得するところで，将来は母国に帰り，母国で工房を持ちたいと考えている製作者も多い。ストラディヴァリの時代にはギルド制により，技術の継承が血縁関係を中心にしたクローズドな世界でおこなわれていたわけだが，現代は技術も製作学校を通したものであり，工房間でも比較的オープンで，製作技術を得た製作者がクレモナに留まらず，世界に分散していくことで新たな競争を巻き起こすというウィンブルドン現象が起こっている。

2. イノベーションを促す要件

　クレモナでは製作者同士の相互評価により技術が磨かれており，クレモナでは，イタリアの産業クラスターの特徴でもあるコミュニティの信頼を基盤としての産業クラスターの形成がされていると言える。製品幅を広げ，クラスター内の製作者たちが生き残るという方法を望んでいるのも，イタリアの産業クラスターの特徴で，協調関係が重視されている。従って，ライバルという意識は低く，同じ問題意識を持つ同僚として非公式にも交友関係を持っている。一方で，産業クラスターの条件である競争という意識については極めて低い。多くの関係者が「クレモナは世界一」とクレモナの弦楽器製作の優位性，優越性を語っている。クレモナの製作学校で学んだ中国人が母国に帰国して以来飛躍的に品質を上げたという中国の大量生産について意識する程度で，それが現実の競合になるとは考えていない。工房という小さい世界で仕事と人生が完結しており，外部との情報交換について積極的ではない製作者も多い。しかし，例えば中国は大量生産といえども全て手作業によるもので，クレモナで学んだ製作者も多い。その規模といい品質といい，低価格での販売はこれまで大量生産に強かった日本のみならず，クレモナの脅威ともなってくることは必須である。革新しないと生き残れないという市場やライバルからのプレッシャーが弱いことがイノベーション発生への阻害要因となっている。

　前述のように製作者の相互評価は非公式にも頻繁におこなわれている。また，産業クラスターとして，コンソルツィオなどの専門家協会が設立され，技術についての情報交換の場も公式に持たれるようになっている。「自分と同レベルの問題意識を持つ製作者がいない」と職人らしいプライドを持つ製作者も多いが，それでも数人の同僚を見つけ，製作・販売面での情報交換は日常的にしている。測定によるだけでなく，光の当たり具合，手触りなどを加えた職人の勘によって判断されるヴァイオリンの製作技術は，製作の途中段階でマエストロの意見を聞いたり，同僚との意見交換をしたりするフェー

ス・トゥ・フェースの情報交換は極めて重要で，クレモナという地理的空間は技術に関する粘着性の高い情報の流れを促進し蓄積するための最適な「場」として機能している。

　また，クレモナのクラスターの特徴はディーラーの深い関与にも現れている。約8割の製作者は作品をディーラーにも販売している。これまでの有力な市場は日本だったが，ユーロ高のための価格高騰から現在はアメリカが主力市場である。ディーラーはマージンが高いことから，演奏家にも，或いは演奏家にだけ販売するという製作者もいる。特にコンソルツィオに所属している製作者は，既に価格が高くディーラーはあまり興味を持たないという。ディーラーは安くて質のよい楽器を求めている。ディーラーにとっての質とは，クレモナのブランドであり，クレモナという産地で製作された製作者のラベルが重要なのだ。必ず年間数本を買い取ってくれるディーラーの存在は，製作者にとっては有難いに違いないが，ディーラーとの関わりを深く持つほど，ディーラーの求める質という意味では，製作者が量に走り，自分の納得のいかない作品を作り続けてしまう可能性も否めない。価値とコストのジレンマはイノベーションにはつきものであるが，名器を超す新作楽器への技術的イノベーションは徹底したこだわりの中から創造されるものである。

　更に，演奏家との関わりが薄いこともクレモナの特徴である。製作者は「形より音」と答えながら，実際にはクレモナには演奏家がもたらす情報が不足していると考えている。音楽院はあるものの，一流の演奏家が育ってクレモナで演奏活動を続けているという話は聞かないし，ヴァイオリンで有名である割には，一流の演奏家が訪れる機会も少ない。町で子供や大人が演奏をしている音が聞こえるわけでもない。クレモナは製作の町ではあるが，演奏の町，音楽が盛んな町ではない。このことが，クレモナの技術的イノベーションの阻害要因ともなっている。高い要求水準の顧客が創造主体にプレッシャーを与え，このプレッシャーがイノベーションの発生を促すからである。

　クレモナに外国人が多いことはクラスターのイノベーションの源泉ともなってきた。外国人はわざわざ遠くからクレモナに来たこともあり，製作に

対してもアグレッシブである。クレモナ人，イタリア人に比べ高学歴で製作者になる意思決定をしていることからも，技術の革新ということに意欲的であるといえる。従って伝統や独自性など「クレモナ」にこだわるというよりは，弦楽器の製作技術の獲得ということに焦点を定めている。外国人を広く受け入れ，その中から優れた技術をもった製作者が誕生，母国の市場を開拓すると共に，技術的にもイタリア人製作者に刺激を与えてきた。これらの多様性が，産業クラスターの新市場の獲得や技術革新というイノベーションにつながるクラスター活性化の要因ともなっているわけだが，同時に，クレモナの産業クラスターに貢献する意欲は高くないことがクレモナの産業クラスターにとっての問題点でもある。

3. 製品幅を広げてきた理由

　クレモナの産業クラスターについて技術継承とイノベーションの観点から，そのダイナミズムを整理してきた。「場」としてのクラスターは，ポーターの指摘するように要素条件（歴史的遺産，人的資源，行政や民間からの資金提供，多様なインフラなど）ばかりでなく，需要条件（高度な要求水準の顧客），企業戦略・競争環境（ライバルとの協調・競争関係，大量生産品の品質向上など），関連産業・支援産業（製作学校，職業協会，音楽院など）の要件が揃うことで競争優位を発揮できる。
　製品幅が広くしてきたということはクラスターでの協調・競争関係のジレンマを解消するために重要であった。そこで，なぜ，どのようにして製品幅を広げきたのかについて考えてみたい。製品幅が広いということは即ち価格帯が広いということである。その理由としては，まず，弦楽器の価格は基本的に製作者本人が決定するという点によるところが大きい。クレモナには「あの製作者は自分より楽器作りの腕が良いから高い，又，別のあの製作者はそれほどでもないので安い。自分のヴァイオリンは中間のこの位の価格にしておこう」という笑い話もあるように，製作者が恣意的に楽器の価格を決めている。当然のことながら，クレモナに製作者が増加するにつれ価格帯も

広がったと考えるのが順当であろう。また一方で，市場ニーズにより製作者は意図する価格の変革を余儀なくされた，或いは，製作者が意図的に市場の状況判断をして価格帯を広げたという側面も無視できない。

　もともと弦楽器は他の手工芸品に比べ，価格設定において付加価値の占める比率が極めて高い製品である。弦楽器製作者は音楽という芸術の一端を担う芸術家としてみられる風潮の中で，弦楽器も芸術作品として付加価値の高い製品となった。弦楽器特有の付加価値の大きさが，クラスター内でも今日のような価格の幅の広さを可能としたわけである。製作者自身が技術によってその付加価値を創りだすわけだが，これが製作者の自尊心にもつながっている。価格づけは製作者本人の自信の表れでもある。はじめて楽器を販売する場合には，どのように価格づけをしたらよいか見当もつかないという。材料費に作業時間を計算して価格づけするのが最もベーシックな考え方だが，そこにどの程度の付加価値を載せるかは，製作者次第である。更に，価格には製作者の経済環境の状況判断も反映されている。ヴァイオリン製作者といえども，日々の生活を余儀なくさせられているのは他の社会人と変わらない。従って設定された価格には製作者の意思と思惑がこめられているわけだ。多様な価格帯は，個々の製作者の個性の表現と経済環境のかかわりのバランスの結果であり，個々の製作者の生活，性質，作風などを鑑みて眺めると極めて興味深い。

　クレモナの弦楽器は，16世紀には王侯貴族を相手に教会組織を通じて普及されていったが，近代に入ると教会組織に代わって商人たちがその役割を担うようになり，大衆にも楽器を広めていった。そして，現代では製作者自身もマーケティング，販売活動に携わるようになってきた。このことで，価格の決定に際し，製作者が自らの希望価格を表明できるようになったとも言えるだろう。クレモナの製作者たちは，質の高い楽器の製作を目指すと同時に，製作コンクールや展示会への出品などのマーケティング活動を積極的におこなうといったことで，自らの楽器の付加価値を高める努力をしてきたわけで，その結果として製品価格の幅も一層広がったと考えられる。

4. クレモナにおける外国人製作者の活躍

　それでは，クレモナの産業クラスターにとってイノベーションの源泉となる外国人の活躍がなぜ可能になったのかについて考えてみたい。クレモナでは，これまで見てきたように外国人の占める割合が高く，その存在意義も大きい。クレモナのヴァイオリン産業に外国人が参入してきた理由としては，クレモナがヴァイオリン製作のメッカだという世界的な評判に加え，外国人の入学に寛容であった製作学校の果たす役割が大きかった。ヴァイオリン製作学校には，世界中からヴァイオリンを作りたいという意欲のある外国人が集まってきた。人々が集まる中で能力のある製作者が出現するのはごく自然なことである。外国人が多く集まってくるようになったのには，交通手段の発達により人々の移動が容易になったことも見逃せない。

　わざわざクレモナまで楽器製作の勉強にこようという外国人たちは進取の気風に富んだ者たちも多く，古来の保守的なイタリア人製作者より，率先してマーケティングにも，販売にも励んできた。もちろん，地元のイタリア人にも製作者として優れた人材は多いが，マーケティングや販売活動といった，製作以外の側面を果敢に開拓していくという人材には乏しいのではないかと感じられる。ディーラーはイタリア人の楽器を率先して買付にくる。その中で外国人製作者たちは，オーケストラの演奏家やアマチュアなど演奏者，ディーラーや楽器店など，自国を中心とした独自のルート開拓に努めてきた。製作者が増加する中で，生き延びていくためには独自の販売ルートを確保する必要があったわけで，これが結果的にクレモナの名を世界に広め，更に製作者たちがコンソルツィオという商業協会を設立することで，未開の市場開拓にも参画できるようになった。クレモナの製作者たちを眺めてみると，製作活動だけに専念している者と，マーケティングや販売活動にも熱心な者とに分かれていることがわかる。製作者の中では，「あいつは商売に熱心だ」と批判的に見られることも多いようだが，クラスターとしては，このように販売活動に熱心な製作者がいることで，また，クレモナの名を広める

役割を果たしていることも確かである。

Ⅲ. クレモナのブランド形成のメカニズム

1. 中間層を狙ったマーケティング

　次に，アート・ビジネスの観点から，クレモナの産業クラスターの特徴を捉えていくことにする。クレモナの楽器は歴史的にも，イタリアばかりでなく世界を市場として顧客をつかんできた。要求水準の高い顧客は技術面でのイノベーションを促す重要な要件となる。クレモナの楽器を購入する顧客の特徴は情報のプラットフォームとなる「場」の形成にどのような影響を与え，クレモナはそのことで，産業クラスターとしてのブランドを確立してきたのだろうか。現在，クレモナのクラスター全体としてはプロの演奏者との関わりが薄い傾向が明らかになった。このことは，クレモナの楽器の芸術作品としての位置づけに大きく影響していると思われる。そこで，クレモナのブランドについて考えていきたい。

　クレモナのヴァイオリンは，これまで一流のプロの演奏家でもなく，初心者のアマチュアでもないその中間層を対象とした独自のブランディングで成功してきた。政策的な意図を背景とした戦後のクレモナの復活においては，ストラディヴァリ生誕の地という強みを活かしながら，その知の変換メカニズムは，装置としての製作学校に大きく頼られてきた。しかし，製作学校で伝授されるヴァイオリン製作の技法は，クレモナの黄金時代から伝わる製作方法ではなく，製作学校設立以来試行錯誤を重ねてきた結果生まれたクレモナ様式である。学校の設立当初は，教授陣にクレモナ出身の製作者はおらず，外国人が教鞭を取ったこともある。製作学校では，その後，ビソロッティやモラッシをはじめとする現代の名マエストロを誕生させてきたわけで，これらの名匠がゲートキーパーとなってイノベーションを促し，クレモナが産地としての活気を取り戻したのである。これはクレモナで現在継承さ

せている技術は，製作学校を通して彼らの技術が継承されたものであることを示している。現在のクレモナの大半の製作者は，このいずれかのマエストロの弟子，孫弟子にあたる。

　ところで，演奏家にとっては楽器には「音」が最も重要な要素である。このために，プロの演奏家はコンサートホールで響くオールド楽器を好む傾向がある。クレモナの製作者は「形より音が大事」と考えてはいるが，製作者の相互評価，或いはマエストロが弟子に指摘するのは，音ではなく形についてである。そこでは楽器が弾かれることはなく，全て形で判断される。通常，高価な高品質の楽器には，相応の弓が必要であるが，「音」を重視し音楽家のみに販売すると言う製作者の工房にも，試奏用の弓としては機械生産の数万円のものが平然と置かれている。演奏家には安価な弓では弾きにくく，音の判断もしにくいが，それを製作者は理解していない。「製作者は貧乏なので高い弓は買えない」という製作者の声もあるが，演奏する上では楽器と弓のバランスが重要だ。クレモナにはディーラーが深く関与しているが，ディーラーの目的は，「安く仕入れ高く売る」ことに尽きる。ディーラーにとっては，音よりも形の方が重要である。中間層の顧客の多くは，自分で音を判断することが難しいため，ディーラーが勧める楽器を購入している。そしてその結果，コンスタントに楽器が売れる状況を保ってきたことが，製作者の音に対する感覚の成長を妨げているに違いない。

　これはアートのマネジメントに共通する特質でもある。よい楽器かどうかを判断するのは，聴衆なのか，演奏者なのか，ディーラーなのか，或いは製作者なのか。聴衆は，コンサートでは必ず演奏者を通して楽器の音を聴くことになるため，聴衆自体が楽器の良し悪しを判断するのは難しいと思われるが，判断基準が曖昧なために，よい楽器を評価するということ自体が難しい。この曖昧さこそが，クレモナのブランドを確立させる要因となってきた。製作学校は大量の製作者を輩出した。そして，ディーラーが入りこむことで，その楽器を音に敏感なプロの演奏家でもなく，廉価なヴァイオリンに甘んじるアマチュアでもない，「高価過ぎない手作りの楽器が欲しい」中間層にうまく取り込んだことで，クレモナのヴァイオリン製作は一気に隆盛期

となった。中間層を狙う競争者がいなかったからである。

　大量生産の楽器についてはこれまで，日本の品質が最高だとされてきた。中国の楽器は低価格ながら低品質のものが多かったが，近年の中国の技術の進歩は目覚しく，工場生産ながら手作りの製品を世界中に輸出してきている。中国が，近い将来クレモナの現在の品質に追いつくことは間違いないだろう。クレモナが産業クラスターとしてさらに高品質を志向した技術革新を目指さない限り，近い将来中間層を狙った市場での競争に敗れる可能性は否定できない。

2．ブランド形成のブラックボックス

　「ヴァイオリン業界は，残念ながら作る人，売る人，買う人の悪いサイクルがある」というクレモナの製作者の声も聞かれるように，ヴァイオリンの価格設定は曖昧で，これは特にオールドの楽器に顕著である。そして，現在ではクレモナの新作楽器にもこの状況がもたらされている。即ち，クレモナのブランド形成にはブラックボックスが存在する。

　ヴァイオリンの流通には，卸業者，楽器店，演奏家と様々な顧客のレベルがある。卸業者にしか販売しない製作者や，演奏家にしか販売しない製作者もいるが，大半は多様な流通レベルの顧客に販売している。従って，一人の製作者の楽器も最終消費者が手にする価格は様々である。もちろん，コンスタントに買い取ってくれる卸業者と，一見の顧客では製作者のつける価格が異なるのも当然である。一方で，消費者にとってはヴァイオリンの価格は極めてわかりにくい。その上クレモナの製作者も多様であり，その品質も上下の幅が広い。それでも，クレモナの名前は楽器価格を中間層以上の消費者をターゲットとしたものと位置づけてしまう。従って，例えば日本では500万円程度で販売されている製作者をトップとして，中間レベルでも百万円以上の末端価格がつけられている。更にブラックボックスを大きくしているのは，クレモナの名前がクレモナ製の楽器以外にもつけられているという事実である。クレモナにも中国製の白木の楽器や，学生や卒業生に作らせたりし

た楽器を買い取って，自分の名前で販売するマエストロがいるというのは周知の事実だが，問題はクレモナ製に留まらない。クレモナのブランドを模倣する中国製の楽器の大半は，出荷段階ではラベルを貼っておらず，流通段階でクレモナの楽器となって出回っていく。製作者から「知り合いが安い楽器を買ってラベルにクレモナと書いてあるというので，その製作者を探してみたが，クレモナにはそういう名前の製作者はいなかった」という話も聞かれた。

　安田が指摘するように「ブランドとメーカーの違い」もある。ヴァイオリンでは有名なフレンチ弓も，昔はドイツに型で作らせて，この中からよいものを選んで烙印を押していたという。クレモナでは，現実には一人の製作者が手作りで製作できる数を確実に超えている台数を販売している製作者が存在している。これには，中国の白木楽器を使うというよりは工房内の協働作業で，弟子などの楽器を最終的なチェックをマエストロ自身がおこなって，マエストロの名前で出荷するという場合も含まれている。消費者には製作者の出荷台数は把握できないので，結果的にその製作者の作品だと思ったものが実はそうではなく弟子の作品だった，ということが起こってくる。工房で協働作業により製作されたものなのか，一人のマエストロによって製作されたものなのかについては消費者には明白に伝えることで，消費者のクレモナのブラックボックスに対する不安はかえって軽減できることになるだろう。もちろん白木のヴァイオリンを購入して加工した上でクレモナ製として販売するということは，クレモナの品位を落とすものである。しかし信頼のおけるマエストロの工房で製作されたものは，ここまで悪質ではない。マエストロ自身が一人で製作したものでなくても，工房製ということで，それを明白にしさえすれば十分にその品質は保証されていると考えたほうがよいだろう。もっとも「このような製作者は１割に過ぎず，大半は真面目にやっている」といわれており，コンソルツィオ自体もこのような事実を把握してはいても，その設立が販売促進を目的とするために，クレモナの楽器が多く売れることで知名度が上がり，それがクレモナのブランド価値になると目をつぶっているという感は否めない。何故なら中国製の白木を使用していると悪

評高い製作者が，今も平然と証明書をつけて売り続けているからである。このような事実にも，製作者の良心に頼るだけで，クレモナのクラスターとしての徹底的な取組は行われていないのが現実である。

3. ブラックボックスとクレモナの将来

　日本ではブランド志向が強いこともあって，クレモナの楽器はよく売れている。クレモナの名前はストラディヴァリなどの名器が多くの日本人ヴァイオリニストに使用されていることからも有名になった。そして，クレモナの楽器には「ブラックボックスがあるために，業者が消費者を言いくるめやすい」のは事実だ。製作者には「ディーラーが安く仕入れて高く売ることができるのは，彼らが見る目を持っているからだ」と正当化する声も多い。「クレモナの将来は淘汰される人も多いだろうが，クレモナも10年，20年で変わることはないだろう。これはブラックボックスがあるからだ」と指摘する製作者もいる。クレモナの製作者が，クレモナというブランドを使って築きあげたディーラーと中間層の消費者との商売の関係をそっとしておきたい，と考えるのはもっともなことでもある。

　ディーラーの多くは見た目で判断するが，「見た目のよい楽器は音がよいと言われている。8割方は当たっている」（高橋明），「板の削り方で7〜8割は音がよいとわかる」（五嶋）と指摘するように，経験を積み，音のよい楽器を見分けることのできる技術に適正な対価を支払うのは当然のことであろう。ただ，「クレモナ」という名前だけで中途半端な楽器を高価に売りつける一部の人たちのために，楽器の市場が混乱しているのは確かだ。そして，コンソルツィオの発行する証明書も，偽造が出回るという悪循環に陥る可能性は高く，根本的な解決にはなっていない。五嶋も「中国のヴァイオリンの影響を受けていないクレモナの製作者は20〜30人程度だろう」という。確固とした独自のスタイルで売ることのできる製作者が少ないのも，またクレモナの事実である。30〜50年後のクレモナはどうなっているのかを考えたとき，楽器とはブラックボックスがあるものだという慣習に捉われず，真実

を伝えるということの大切さを理解する必要があるだろう。クレモナの大半の製作者は真面目にヴァイオリンを製作している。そして、ビソロッティやモラッシを継ぐ40代〜50代の中堅層も、着実に素晴らしい作品を製作してきている。楽器はミステリアスなものではないし、ヴァイオリンをめぐる古いビジネスのスタイルも一新していく必要があるだろう。ブラックボックスのない透明なクレモナのほうが、消費者にはより魅力的である。そして、新作のヴァイオリンは本来ブラックボックスを作る必要もない。顧客とのオープンな関係は、クラスターのポジティブ・フィードバックにつながることになる。

Ⅳ. クレモナにおける楽器製作のイノベーション

1. オールド・ヴァイオリン

　第1章で見たように、クレモナの黄金時代へと導いたアマティ、ストラディヴァリ、グァルネリをはじめとする工房では、①社会的環境、②音楽的環境、③地理的環境、④顧客環境、⑤業界環境といった様々な要因が絡み合って、名器が誕生していった。クレモナという小都市が、ミラノやヴェネツィアの支配下にありながら、それらをうまく利用する形で栄えつつ独自の文化を築きあげ、音楽の発達や音楽家の誕生を必須の条件としながら、ヴァイオリンという楽器を完成させ、洗練させていった。この時代の知の変換をもたらすイノベーションが如何にもたらされたのかについては、「名器は親方と弟子の協力的かつ総合的な工房での協働作業により製作され、イノベーションは職人としての技術革新への情熱、探究心、伝統の継承と打破の試行錯誤により実現し、新しい血を入れることで促進された」と考えられる。名器の製作は一人の天才というよりは、工房内の血縁関係を中心とした技術の継承の中で、クレモナという産業クラスターにおける相互評価と情報交換が土台となって生まれたものである。

　ポーターのダイヤモンド・モデルを使って説明すれば図表5-3のようにまと

められる。要素条件としては，大都市の統治下にありながらクレモナ独自の自律性を守り，ポー川というヴェネツィアからミラノへの流通の拠点としての地理的利点を生かし，血縁関係を中心とした従弟制度により技術を伝えた点が大きい。需要条件としては，音楽の発達に伴い編成も大規模化し演奏会にはオーケストラ用の複数の楽器が必要とされるなど弦楽器の普及が進み，修道会の宗教活動に伴う欧州各地の王侯貴族から大量の注文を受けていた。企業戦略・競争環境としては，血縁を中心としながらも外部からの血を採り入れ，競合の産地とは美しく精巧な楽器へのこだわりで差別化を図っていた。更にクラスター内に多数の製作者がいることで，大量の楽器を流通させた。関連産業・支援産業としては，音楽の発達や，クレモナにモンテヴェルディを代表とする音楽家が生まれたこと，そして製作者たちがカルメル会やイエズス会に経済的な保護を受けていたことが大きかった。このことで製作者たちは経済的な心配をせずに，最高の原材料を使って製作に専念することができたわけだ。これらの条件が整って，クレモナに最初のイノベーションが起こったのである。

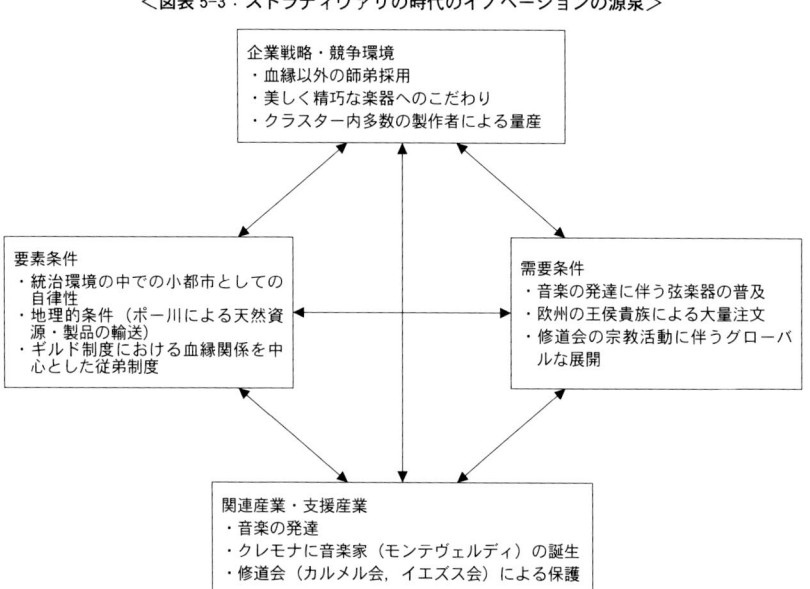

<図表5-3：ストラディヴァリの時代のイノベーションの源泉>

企業戦略・競争環境
・血縁以外の師弟採用
・美しく精巧な楽器へのこだわり
・クラスター内多数の製作者による量産

要素条件
・統治環境の中での小都市としての自律性
・地理的条件（ポー川による天然資源・製品の輸送）
・ギルド制度における血縁関係を中心とした従弟制度

需要条件
・音楽の発達に伴う弦楽器の普及
・欧州の王侯貴族による大量注文
・修道会の宗教活動に伴うグローバルな展開

関連産業・支援産業
・音楽の発達
・クレモナに音楽家（モンテヴェルディ）の誕生
・修道会（カルメル会，イエズス会）による保護

そして，これらの時代に製作された楽器は，演奏家によって常に弾き継がれてきたと同時に，商売上もアート・ビジネスの対象として現代まで引き継がれてきた。その間には，バロック楽器からモダン楽器へという音楽上の必要性に迫られた画期的なイノベーションもあった。そして，現在では ① 鑑定書を発行するヴァイオリン専門店，② 優れた演奏家と名器を購入するパトロンをマッチングさせるディーラー，③ オークションでの手数料収入を求めるオークション・ハウス，④ 価格に糸目をつけないコレクターの存在，これらの関係者の意図と情報操作が絡まって現在の名器の高価格が成立している。演奏家自身が名器を購入する場合もあるが，大半はコレクターをパトロンとして，貸与される形で楽器を弾き継いでいる。名だたるソリストがコンサートで使用する名器の音色は，演奏家自身のものなのか，名器自体の音色なのか判断に難しい部分もあるが，見た目も美しく，コンサートではホールの隅々まで明確に届く柔らかくたくましい音色に，演奏家も聴衆も満足を覚えていることは確かである。

オールド名器の誕生も，顧客なしにはイノベーションは起こり得なかった。貴族のニーズや宗教活動の後援のもとで，製作者たちは当時手に入れることができる最高の素材を使用し，思うような作品を製作することができたのだ。

2. 新作ヴァイオリン

そして，空白の時代を経て20世紀になって再びクレモナにヴァイオリン製作が戻ってきたのは，紛れも無く製作学校の果たす役割が大きい。設立当初クレモナには製作者がおらず，学校では外国人製作者が教鞭に立っていた時代から，伝統が一度絶ちきれてしまったクレモナでは，試行錯誤の時代が始まった。製作学校の卒業生たちが，少しずつ製作環境と技術を蓄積していった。そこに，サッコーニがストラディヴァリの研究からクレモナの内枠式を再発掘し，ビソロッティはこの伝統的な方法を実践していった。もっとも実際には現在クレモナでも伝統的な内枠式を使っている製作者が多いわけではない。外枠式・内枠式は半々である。クレモナから各地に散らばったク

レモナの伝統的な方法を少しずつ取り戻しながら，新しい方法も取り入れて，製作者たちは独自のスタイルを見つけて製作をしてきた。過去のイノベーションと共通する点は試行錯誤を繰り返した点にあるが，伝統を打破する活力という意味では，現在は逆に伝統に近づく方法を模索しているとも言える。

1970年頃からクレモナが世界のヴァイオリン産地として復活することができたのは，初期の製作学校で学んだビソロッティ，モラッシ，スコラーリらのイタリア人たちが，優れた才能を発揮して製作に励み，ゲートキーパーとなって製作者の輪を広げていくことで，クレモナを現代の新作ヴァイオリンの地位に築きあげたことにある。道具も材料も揃っていなかったクレモナをヴァイオリンの産地として甦らせた。

クレモナには音楽院も作られ，同業者組合も整備されていった。行政やスタウファー財団の支援により「場」を形成する関連産業・支援産業を揃えることができた。製作学校は設立当初から外国人の受入れにも寛容ではあったが，グローバル化が進展する中で，さらに世界各国から外国人の製作者も集まってくるようになった。需要条件としては，中流階級の音楽教育・才能教育の普及から，アマチュア演奏家からのニーズも大きくなった。クレモナには製作者も増え，生産台数も多くなった。そして，そこにディーラーが着目してクレモナの名を一気に世界に広めたわけだ。有能な供給業者の存在は，競争優位に不可欠であった。

クレモナの新作ヴァイオリンは「伝統からの分断と，クレモナの新しいスタイルの開発」によるものである。技術の継承は製作学校を中心におこなわれてきた。これは，クレモナの製作者のほとんどが製作学校出身者であることからもわかる。クレモナの伝統的な方法を守ろうとするビソロッティ，オープンに知識を提供し広く後継者を育てようとするモラッシ，製作学校で奮闘するスコラーリなど，現代の名マエストロとして知られている製作者たちの求心力で，クレモナは産業クラスターとして復活したのだ。新作ヴァイオリンのイノベーションは，これらの現代の巨匠たちがいなかったら起こり得なかったものである。クラスターとして，製作者同士の情報交換を密にし，技術・商売上の利点を生かしながら，クレモナの現代のイノベーションは起こった。

多くの製作者を作り出し，世の中にクレモナの楽器を多く売っていくことでクレモナの名を確立させたことは，イタリアの地方政策の意図としても成功したといえるだろう。そして，そこで貢献しているのはイタリア人ばかりではない。外国人の製作者たちが世界から集まり，腕を上げていくことで，クレモナの名はより一層不動なものになったのだ。あくまでも「道具の使い方を教えるところ」（ポルタンティ）としながらも，製作学校は数ある生徒の中から才能ある製作者たちを発掘し，短い期間で世の中に送り出す役割を果たしているといえるだろう。

これらの考察から，「新作ヴァイオリンのイノベーションは製作学校が装置となり，クレモナ人が環境整備を整えながら，そこに外国人が集まることで技術向上と市場の広がりをもたらした」と言える。過去の名器を排出した時代と同じように，やはり外部からの血は重要な要素であった。イタリア人のためのイタリアの製作学校では，ここまで産業クラスターとして発展してくることは難しかったであろう。外国人の存在は，新作ヴァイオリンのイノベーションに不可欠であった。母国に帰った製作者も，世界でヴァイオリンという楽器を広め，またクレモナの名前を広めることに貢献している。

ポーターのダイヤモンド・モデルを使って現在に至るクレモナのイノベーションの源泉を示せば，図表5-4のようになる。要素条件としては，ストラディヴァリに代表される巨匠たちの遺贈であるクレモナの伝統，技術を「形式知」として教える製作学校，クレモナ市とスタウファー財団による資金援助，マエストロ・モラッシの自山からの品質のよい木材やトリエンナーレなどで集まってくる供給業者からの原材料調達のしやすさ，独立し工房を構える起業のしやすさ，ビソロッティ，モラッシ，スコラーリなどゲートキーパーとなる複数のマエストロたちの存在などが重要である。需要条件としては，アマチュアや学生など音楽教育の普及により拡大した中間層のニーズ，多国籍な製作者による独自の販売ルート確立によるクラスターとしてのグローバルな展開，ディーラーや楽器店による大量の注文などがあげられる。大量に買い付けてくれるディーラーや楽器店は，売りやすい楽器として形状についての要求もおこなう。企業戦略・競争環境としては，クラスター内で

のオープンな技術，量産品普及の中で完全に手作りというこだわり，クレモナ様式という伝統的製作方法への回帰，クラスター内に多数の製作者がいることでの全体生産量の拡大，寛容な留学生の受け入れがあげられる。関連産業・支援産業としては，ディーラーや楽器店など有能な供給業者による買い付け，音楽院の設立による音楽家の輩出，コンソルツィオ（商業的製作者協会）やA.L.I.（文化的製作者協会）の設立によるネットワーク，展示会と製作者コンクールを3年に1度開催するトリエンナーレなどが重要である。コンソルツィオによる未開拓市場への広報活動は市場拡大の手掛かりとなり，また証明書の発行はクレモナの製作者たちの意識に少なからず影響を与えてきた。これらの要素を揃えることで，クレモナの弦楽器製作の生産性が高まり，製作者の生活水準が向上するとともに経済を発展させてきたと言える。

<図表5-4：クレモナにおけるイノベーションの源泉>

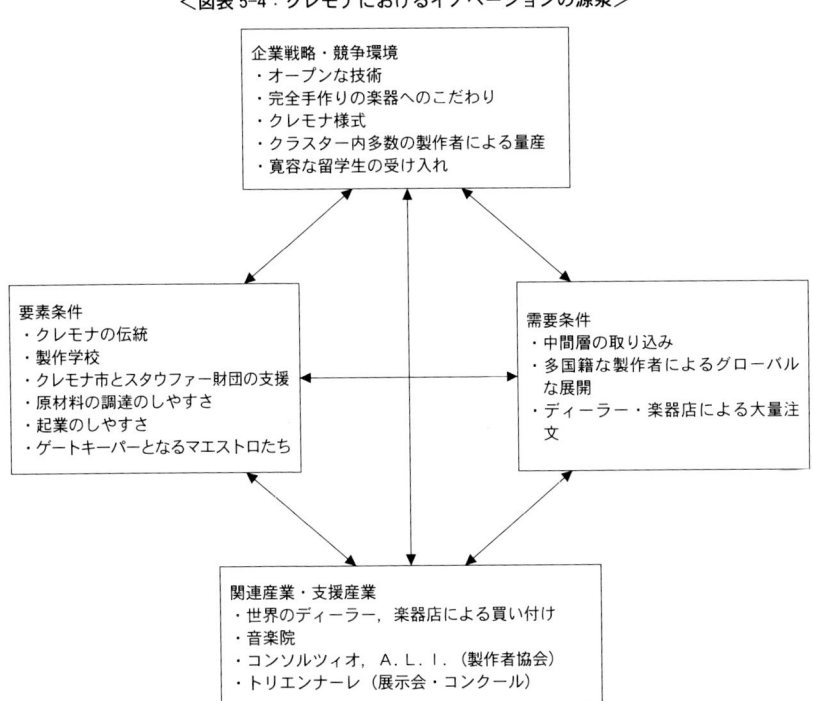

企業戦略・競争環境
・オープンな技術
・完全手作りの楽器へのこだわり
・クレモナ様式
・クラスター内多数の製作者による量産
・寛容な留学生の受け入れ

要素条件
・クレモナの伝統
・製作学校
・クレモナ市とスタウファー財団の支援
・原材料の調達のしやすさ
・起業のしやすさ
・ゲートキーパーとなるマエストロたち

需要条件
・中間層の取り込み
・多国籍な製作者によるグローバルな展開
・ディーラー・楽器店による大量注文

関連産業・支援産業
・世界のディーラー，楽器店による買い付け
・音楽院
・コンソルツィオ，A.L.I.（製作者協会）
・トリエンナーレ（展示会・コンクール）

3. クレモナのイノベーション～今後の展望

このように，ヴァイオリンという楽器はオールド・ヴァイオリンの時代のイノベーションにより完成し，バロックからモダン楽器へと音楽上の必要性からその形態を変化させてきた。そして，クレモナの弦楽器産業クラスターは，長い暗黒時代の後製作学校の設立を契機として，インクリメンタルなイノベーションを繰り返してきた。外部市場の需要の継続的な拡大と変化する需要に対して集積の柔軟性を保ってきたことが成功のポイントであった。これらの現状分析を踏まえ，最後にクレモナの今後の展望について論じておきたい。

クレモナの現在の問題は，製作者の数が多すぎることと，中国製など安価なヴァイオリンが品質をあげていることに加え，クレモナ内部にもそれらの楽器を利用した商売に熱心な製作者が混在していることにある。ビジネスを優先させてきたディーラーや楽器店の責任もある。中間層の顧客はかえってブランド志向が強いこともクレモナの楽器の市場を拡大した原因であるが，これまで安心して購入できていたクレモナの楽器にも偽物が横行してきている。これまでにも述べてきたように，ヴァイオリン製作は決して神秘的なものではない。一つひとつの正確な作業の積み重ねと経験が，見た目にも美しい楽器を作るために必要な技術になっている。もちろん古い木材の入手はより好ましいだろうし，ニスの配合には製作者独自の考案によるところが大きいが，基本は製作学校で学んだものが使われている。クレモナの技術が製作者たちにオープンなのは，ヴァイオリン製作に秘密はないからである。

それでもより美しい楽器，より音のよい楽器を作れるのは，製作者の感性によるところが大きい。技術系出身の製作者が正確な寸法で，きっちりした仕事をしても，必ずしも美しい楽器が作れるわけではないのは，ヴァイオリン製作は製作者そのものであるからである。頭脳明晰だから，説明能力が長けているからといって，素晴らしい楽器が製作できるわけでもない。ただ，優れた楽器を作る製作者たちは，それぞれの哲学を持って製作している。そ

の製作者の人生観，美的感覚といったものが，楽器からは読み取ることができる。

「クレモナの衰退は歴史の必然である」（内山）というように，産業としての盛衰はあって然るべきであろう。「クレモナは親の七光りという感じもあって残っていくだろう」という製作者もいる。クレモナがこれまでの中間層を狙ったあいまいなマーケティングを続けていく限り，情報化社会の中で生き残っていくことは難しいのかもしれない。「クレモナの伝統」という商売上の謳い文句から脱却し，「クレモナの新作ヴァイオリン」という名器を創り出すことがクレモナの産業クラスターに課された課題であると考える。

将来のクレモナの繁栄は，次世代の製作者たちの求心力なくしては難しい。幸い40～50代には技術的にはストラディヴァリを超すと言われるほどの複数の素晴らしい製作者が育っている。これらの人々は製作学校の卒業生で，クレモナ出身者も多い。従ってクレモナの産業クラスターについても意識が高いと思われる。ただ，製作活動の質を重視すれば，一人の製作者の年間製作本数も限られている。現在のビソロッティやモラッシのように，市場で名を知られた楽器を生産しているということも，クラスターとしては重要な部分である。本数が少ないと，市場に名が浸透していかない。一人の製作者が製作できるのは年間10本程度だと考えると，生涯かけても500本生産することは難しいという計算になる。3,000本を残したと言われるストラディヴァリの時代には，工房内での協働作業により製作をおこなっていた。そのためには自らが製作するばかりでなく，信頼できる弟子を育てていくということに労力を注ぐ必要もあるのかもしれない。また，その次の時代を担う30代の製作者たちがクレモナを背負うだけの技術革新をおこなうことができるかどうか，という点も重要な課題となろう。伝統を追うと思いながら，誰もが「ストラディヴァリを越すことはできない」と思っている現状では，クレモナの発展は期待できない。楽器は，イタリアの文化そのもの，空気そのもの，製作者の人生そのものである。クラスターとして，製作学校のあり方を見直すことも必要かもしれない。そして，多様なレベルの製作者たちをどう淘汰していくのか，あるいはどのように生き残る方法を考えるのか

については協働作業の奨励も含め，ブランドとメーカーについても一部では考えていく必要があるだろう。

クラスターの存続は，一人の製作者だけがよい楽器を製作すればよいというものではない。クレモナとしての将来を担っていくのは，一人ひとりの製作者の意識であり，技術である。コンソルツィオはクレモナ楽器の販売促進のために作られた製作者協会だ。色々な考え方がある中で，コンソルツィオは伝統的な方法を守りたいという一派で，全てを手作りで製作することを売りにしている。ストラディヴァリは機械を使っていなかったからという理由だが，当時から丸太を切り分けるのには機械を使用していたし，情報技術の進んだ現代で機械を使用しないということにどれ程の意義があるのかは定かではない。パントグラフを使用して同じ大きさにコピーすることも，CADの利用した測定も可能だ。例えばヤマハで試みているように，情報技術や最新機器をうまく利用した製作方法も生産効率を高める上では重要かもしれない。もちろん高橋明のいうように「完璧な楽器はない。完璧な楽器は面白くないし，欠点をくつがえすものがあるのが名器」という意味では，個々の作業以上に全体のバランスが重要で，機械だけで画一化された楽器製作にストラディヴァリを超えるイノベーションが起こるとは考えにくい。製作者の技術がなければ，芸術作品にはならない。

ニッチ業界で名が高いイタリアは，個性を売りものにした産業クラスターにおいて力を発揮し，他の追随を許さない。「自分たちの文化を伝えるために人に教えないのはナンセンス」というラザーリの言葉が示すように，イタリア人は度量が大きい。そして，楽器の製作も製作者の個性を大切にし，正しい正しくないという判断よりは，美しいかどうかという製作者の判断を重んじる。製作者それぞれの製作方法が存在するが，そうは言っても7割は同じような道具を使用し，同じような方法で製作している。ピストーニの語るように「100ユーロの楽器と1万ユーロの楽器の違いは，芸術的な要素を染み込ませないと出てこない」のである。クレモナに様々なレベルの楽器があってもよいが，少なくても世界をリードする製作者が複数存在し，市場にクレモナの楽器を流通させなければ，クレモナの産業クラスターの将来の地

位は危ぶまれることになるだろう。そのためには，製作者が商売上の理由でディーラーにうまく使われるというようなことを避け，当然ながら「できる限りよいものを追求していく」(ピストーニ) こと，自分自身との対話の中で「常に前進していくこと」(高橋明) に尽きる。そして，その模索すべき中には「全て一人の製作者による手作り」ということ以上に重要な要素が含まれているかもしれない。クラスターの次のイノベーションのために，個人の製作者の枠を超えた積極的な取り組みが期待される。

4. まとめ

　ヴァイオリンは極めて完成度の高い楽器である。そのために，現在の楽器に対する改良の余地は少ない。数百年もたつオールド・ヴァイオリンが高値で取引されるのも，コンディションがよく保管されていれば，演奏会で比類をみない音色や音量を今なお期待できるからである。高名なヴァイオリニストの多くが，これらのオールド楽器を使用しており，一流の演奏家に新作が使用される頻度はそれ程高いとは言えない。これは，オールド楽器の柔らかく力強い音が新作楽器では実現しにくく，また，演奏のしやすさもオールド楽器のほうが優れていると感じられているためである。ストラディヴァリを愛用するヴァイオリニスト川久保賜紀は，「クレモナの新作楽器を試演した際に楽器に求めるのは音のフレキシビリティやふくらみをどの位表現してくれるか」[99] だと述べている。ヴァイオリンは形状が実に美しく，腕のよい演奏家によって演奏されることによって，一層華やかな輝きが見られるようになる不思議な楽器である。

　弦楽器製作におけるイノベーションとは何を目的にすればよいのだろうか。クレモナでは，ヴァイオリン製作は技術か芸術か，という質問に対して製作者の意見が分かれた。もちろん，創造 (クリエーション) とイノベーションは別物であり，クリエーションとは新しいことを考えだすこと，イノベーションとは新しいことを実行にうつすことである。ヴァイオリン製作は，ヴァイオリンという楽器の寸法も形状も16世紀には完成していること

から，その意味でクリエーションではない。しかし，アマティ，ストラディヴァリ，グァルネリに代表されるオールドの名器は，間違いなく芸術作品としての美しさを持っている。演奏を通してのみその価値が発揮できるというよりは，楽器の存在そのものが芸術作品である。オールド楽器が芸術作品であるのに対し，新作のヴァイオリンが製作者にとって芸術作品と捉えられていないことは疑問でもある。もっとも芸術よりも技術だという製作者たちは，「芸術＝創造」というイメージで技術だという返答をしたものと考えられる。しかし，例えばオーケストラの演奏家が芸術家であるより職人であることを選択した時に，その音楽は人の心を魅了しないのと同様に，ヴァイオリン製作者も職人に徹することで芸術としての追求を見失う危険性もはらんでいる。本書で敢えて製作者に対し「ヴァイオリン職人」という言葉を使用してこなかったのは，技術の継承を意識するだけではオールド名器を越える新作の楽器は誕生し得ない，という思いからであった。

　本調査により，クレモナでは技術の継承はオールド楽器の製作技法のルートからは途絶えたものであり，ヴァイオリン製作学校の設立に伴い現代の名マエストロが育成されたことによって，新しく生み出された技術であることがわかった。そして，彼らをコアにした産業クラスターの人的ネットワークが作り出され，ノウハウが弟子達に広がってきたという構図である。しかし，伝統を重視するという以上，オールド・ヴァイオリンの製作技術を継承するという方向性を再認識する必要はあるだろう。

　完成形となったヴァイオリンも，音楽の発達と共にイノベーションを繰り返してきた。その最大の変化は，バロック・ヴァイオリンからモダン・ヴァイオリンであり，今後も音楽上の必要性から，またその形態が変化するということもあり得るかもしれない。ただ，ヴァイオリン製作に今求められているのは，そのような形態の変化ではなく，製作上のイノベーションである。産業クラスターの中でイノベーションが起るためには，ヴァイオリン製作のためのインフラが整備された社会的環境，ディーラーの存在や適正な市場といった経済的環境，伝統に支えられた文化的環境といった社会資本，経済資本及び文化資本の全てが融合する必要がある。そして，その根底にあるのは

人的資源であり，一人ひとりのヴァイオリン製作者である。このような視点から，本書ではクレモナでヴァイオリンを製作する多くの製作者たちの話を通じ，また，アンケートによる定量調査結果により，その考えを紹介してきた。

　ヴァイオリンという楽器は，形状は極めて美しいが，その価値は極めてわかりにくい。だからこそ多くのディーラーがその市場に入り込み，オールドの名器ばかりでなく，新作の楽器の価格も操作している。クレモナはうまくその波に乗ることができた。更に，例えば中国ではオールド楽器仕立ての手作りの楽器が量産され海外に大量に輸出されている。これらは，ディーラーや楽器店において新しくラベルが貼られることになるが，その中にはクレモナのラベルも多いのが現状だ。本物と贋物の区別が極めて難しいのもヴァイオリンの特徴である。ヴァイオリン自体に製作者のサインが施されているわけではないので，消費者はラベルや音色や見栄えにより判断するしかない。高価な楽器についてはヒル商会やベア商会といった世界の有名楽器店で鑑定書を作成するが，鑑定書は偽物も多い。クレモナで贋物防止のために考案された新作楽器の鑑定書についても，偽物が出回るのは時間の問題だと見られている。製作者は自分の楽器は100％わかると言うが，消費者にはその区別はつかないのが普通だ。そしてコレクションとするか，商品とするか，演奏するかによっても，選ばれる楽器は変わってくる。従って，一様に価値を決定することが難しくなっている。

　クレモナの楽器は一人の製作者による手作り楽器を売りにしている。プロの製作者ですら，「コンクールでもクレモナの楽器かどうか判断することは難しい」と述べていることからもわかるように，クレモナの楽器の特徴は世界中で摸倣されている。クレモナで勉強した製作者たちも世界中に散在している。その中で，クレモナが産業クラスターとしての独自性を持つことは容易ではないかもしれない。しかし，クレモナにこだわり，クレモナで製作を続ける製作者たちがイノベーションを意識して製作をしていくことで，更に芸術作品としての品質の高い楽器が誕生し，将来に発展する産業クラスターの形成につながることと思う。そのためには，楽器は芸術作品であり，製作は芸術であるという意識が重要だろう。イノベーションの創造は，クラス

ターの中でいかに高付加価値のついたヴァイオリンを製作していくかの取り組みにかかっている。

V．おわりに

　「文化とは，なぜ自分がここにいるのか，という問いに答えるものである」とは文学者でフランスの文化大臣を務めたアンドレ・マルロー（Marleaux, Andre 1901～1976）の言葉であるが，これは文化の真髄を表しているといってもよい。しかしさまざまな文化論があるように，時代によっても人によっても文化の捉え方は異なり，それを一概に定義することは難しい。芸術は学問と並んで高次の文化と考えられている。それは芸術の語源 art←L.ars が示すように，芸術は熟練した技術の上に成り立つが，それにとどまらず，美とか，人生観，世界観といった高度に精神的な主張の要素が加わってはじめて芸術となるからである。芸術家 artist と職人 artisan の違いもそこにある。ヴァイオリンという作品は芸術品になり得るが，ヴァイオリン製作者が全て芸術家というわけではない。しかし，名器の製作には，職人から芸術家としての自負を持った製作者になる必要があるだろう。

　クレモナという産業クラスターが，世界のディーラーの注目を集めていることはクレモナにとって強みであると同時に，弱みにもなっている。継続的に大量注文をしてくれる優れた能力を持つ供給業者の存在は，クレモナの経済活性化にとって不可欠な要件であった。このために，クレモナでは製作者が修理をしなくても製作だけで生計を立てることができているが，ディーラーが深く関与することによって，「販売しなければならない」というプレッシャーの中で，才能ある製作者が自分の力を十分に伸ばしながら，納得のいく楽器の製作に専念することは難しくもなっている。コストと時間をかければよい楽器が製作できることはわかっていても，製作者にも生活があり，常に高付加価値をつけた芸術品の完成を目指すわけにはいかず，製作と商売のジレンマに置かれている。アマティ，ストラディヴァリ，グァルネリ

といった名製作者たちが後世に残る素晴らしい楽器を製作できたのには，パトロンの存在が大きかった。安く買いたたき多数の楽器を製作させるディーラーではなく，優れた製作者が質のよい楽器だけを製作できるように十分な価格で買い取ってくれるパトロンが，現在のクレモナにも必要であろう。歴史的にみても芸術にはパトロンの存在が不可欠であったことがわかる。

　クレモナの産業クラスターを構成する製作者たちは，様々な形で楽器の製作に従事している。これは，製作者たちが個性的で，個人の製作者としての選択をそれぞれの方法でおこない，自己実現の道をたどってきた結果と言えるかもしれない。原材料を売買する者，修理を専業とする者，後進の指導にあたる者，マーケティング活動の一環として出版にその道を見出す者，クレモナの地方政治の分野で楽器産業の進展を図る者などバラエティに富んでいる。個々人の楽器製作者としての在り方の追求が，製作ばかりでなく，関連多業種に及んでいることがクレモナのダイナミズムの源泉となっている。

　クラスター内の多様性は，当然，商売に熱心な製作者も創り出していく。商売に走る製作者を否定するわけではない。クレモナでは，製作者自らがマーケティング活動や販売活動を手掛けてきたのが特徴でもある。現在のクレモナの成功も商売に熱心なマエストロの存在がなければ成し得なかったに違いない。実際に，クレモナの製作者には，第3章であげた芸術派と技術派という分類ばかりでなく，職人肌とディーラー肌という分類も成立するだろう。楽器としての付加価値を追求し商売にあまり関心のない職人肌の製作者と，強い供給業者との関わりを持つばかりでなく，自らも商売を始めるディーラー肌の製作者が存在する。職人肌の製作者たちは技術面での，ディーラー肌の製作者たちは市場拡大でのイノベーションを起こす原動力になる。

　クレモナはアマティ，ストラディヴァリの伝統をブランドの拠所として，ヴァイオリン製作のメッカとなってきた。トップ・マエストロがゲートキーパーとなった人的ネットワークはうまく機能し，極めて友好的な協調関係を形成している。クレモナに欠けていることがあるとすれば，それは世界市場を見据えた競争意識で，ヴァイオリン製作の現状を的確に把握し，製作者の

意識改革をおこなっていく必要があると思われる。協調ばかりでなく競争も産業クラスターにとって不可欠な要素なのである。クラスターの地理的近接性は，信頼関係の醸成と共に，ピア・プレッシャーによって競争意識を生み出し，これが組織活力の源泉となる。ウィンブルドン現象により競合は世界に広がった。そのクレモナの「場」からスピンアウトした製作者たちが，量でクレモナに追いつこうとしている。クレモナは技術に対しオープンであるために，世界各地で製作されているヴァイオリンはクレモナの楽器と判別できないように似通ってきている。製作学校の設立により，ヴァイオリン製作技術という極めて高感度な情報である「暗黙知」を「形式知」に変えることができたが，今度は逆にフェース・トゥ・フェースの情報交換が可能な地理的近接性を生かした「暗黙知」を強みとしていく必要が出てきている。人間関係や文化に埋め込まれた「埋め込み型の知識」をベースに相互学習していくことで，粘着性の高い知識を「場」に蓄積し，クレモナの産地ならではの個性を追求していくことが重要である。

　実際には，製作者が守りたいと思っている「伝統的手法」がクレモナの伝統とは異なるのであるとすれば，現在の技術継承に留まらず，技術革新に対しクラスターとして取り組む必要があるだろう。産業クラスターの発展のためには，オールド楽器を越える新作を目指さなければならない。市場で求められているオールド名器を超えた高品質の新作楽器とは，具体的には形状的・視覚的に美しいばかりでなく，音色，音量，浸透性ともに備えたプロ仕様のコンサート・ヴァイオリンである。最高の原材料を使用し，時間をかけて丁寧に仕上げられた作品でなければ，芸術としての音楽を奏でる楽器としてふさわしくない。クレモナが情報や資源のプラットフォームとして「場」におけるイノベーションに臨むならば，要求水準の高い演奏家との直接的な関与を一層広げ，美的美しさばかりでなく演奏者の表現を最大限に引き出す高付加価値製品を製作していくことが必要だ。クレモナに備わった伝統・文化を土台として，現在のトップ・マエストロのレベルの製作技術をクラスターの「知」として蓄積すると共に，新たな粘着性の高い知識を創造するための情報交換を促進していく必要がある。更に，現代の最新技術を駆使した

新たな生産性向上への挑戦といったクラスターでの取り組みが実現されれば，ヴァイオリン製作に新たなイノベーションが生まれる可能性は高い。インクリメンタルなイノベーションを続けていくことで，クレモナはヴァイオリンの産地としてこれからも生き続けることができるのだ。クレモナでのオールドの名器を越える新作の誕生を望んでいる。

注
99 BS ジャパン「バイオリンの聖地クレモナ〜ストラディヴァリウスに魅せられた日本人たち〜」2008 年 7 月 26 日放送.

あとがき

　本研究の目的は，知の変換をもたらす情報交換のダイナミズムを実証的に明らかにすることであった。ストラディヴァリを筆頭としてオールド・ヴァイオリンは，現代でも最高傑作として評価されているが，なぜこのような高付加価値をつけた製品が完成したのかについては解明されてこなかった。そこで，クレモナを舞台にした産業クラスターという「場」を通して，楽器製作という高感度な情報を必要とする技術の継承とイノベーションについて考察してきた。過去を振り返りながら，現代のクレモナの製作に関する「知」を技術継承とイノベーションという視点から探ることで，人間のフェース・トゥ・フェースの情報交換の「場」としてのクラスターの重要性と優位性を再確認することになった。情報通信技術によって取って代わることができない情報交換こそが人間の人間たる所以であり，情報交換の核となる部分でもある。本研究が知識ベース社会における「知的集積の経済性のメカニズム」解明に対し少しでも貢献できれば嬉しい限りである。

　本書では，序章で研究の視角を示した後，第1章ではクレモナのヴァイオリン製作の歴史的推移から，オールド・ヴァイオリンの名器について2つの試論的仮説を提示した。第1は，「名器は親方と弟子の協力的かつ総合的な工房での協働作業により製作され，イノベーションは職人としての技術革新への情熱，探究心，伝統の継承と打破の試行錯誤により実現し，新しい血を入れることで促進された」，第2は「① 鑑定書を発行するヒル商会やベア商会などのヴァイオリン専門店，② 優れた演奏家と名器を購入するパトロンをマッチングさせビッグビジネスにつなげるディーラー，③ オークションでの手数料収入を求めるサザビーズやクリスティーズなどのオークション・ハウス，④ 価格に糸目をつけないコレクターの存在，これらの関係者の意

図と情報操作が絡まって現在の名器の高価格が成立している」という仮説であった。オールドの名器にはこれらの条件が必須であったと考えるならば，名器製作の復元が叶わない現代のクレモナのヴァイオリン製作の問題点が明らかになる。即ち，新作の名器誕生には，少なくてもこれら2つの問題点を解決する必要がある。

　第1の問題点である技術の継承とイノベーションという点から，現在のクレモナの問題点についてインタビュー調査をした結果，クレモナでは，① ヴァイオリン製作のメッカとしての認識があるために，かえって世界のヴァイオリン製作の現状を十分に把握していない，② 現代のヴァイオリン製作をオールドの名器を超越するものにしていこうという意欲に欠けること，③ 伝統技術の継承にこだわるあまりイノベーションが起き難い，といった点があげられることがわかった。これについては第2章で示している。

　そこで，現代の新作名器の復興を阻むこれらの問題点を検証し，更に「個性」を実現するクレモナ独自の工程の意義について，知の伝承メカニズムという視点から考察するために，第4章に示すように，クレモナの製作者たちへのアンケート調査を実施した。アンケート調査では，第1の問題点のみならず，第2の問題点であるアート・ビジネスとしてのヴァイオリン製作という点も盛り込んで調査を実施した。即ち，ディーラーや音楽家，製作者協会といったネットワークについて明らかにしようと試みた。

　その結果，第2章・第3章で示したインタビューの結果から抽出された問題点は，クレモナ全体の問題であることが検証された。そして，知の変換装置となるべき現在の製作学校で教えられる技術は，伝統とは異なるものであることが，クレモナの発展にとって大きな問題点となっていることが指摘された。地道な作業から「個性」を実現することは，伝統技術の継承があって初めて実現されることを鑑みると，オールド・ヴァイオリンを越す名器の誕生には，産業クラスターとしての取り組みが必要とされる。音に対して優れた感性を持ち，かつ木工技術に優れた製作者を育成することは，クレモナに与えられた課題である。第5章において，クレモナの産業クラスターの特徴

について，ヴァイオリン製作における技術継承とイノベーションの視点から論じると共に，第2の問題点であるアート・ビジネスの観点から考察している。

　クレモナにおける「技術継承」には伝統と製作学校，帰属意識が，「イノベーション」には協調と競争関係，情報，多様性が手掛かりとなった。イノベーションを生み出す「知」は多様な創造主体から生まれ，その主体の学習能力ばかりでなく，その人の価値観や組織との関係，「場」の雰囲気にも影響を受ける。クレモナには人的ネットワークのコアとなる名マエストロが存在する。現在のクレモナは，これらの名マエストロたちの存在があって活性化されてきた。名器を超える新作の誕生というイノベーションを期待するためには，現代のトップレベルのマエストロの技術を「場」に蓄積するだけでは十分ではない。クレモナの更なる発展には，製作者の競争意識を煽り，顧客に選択される高付加価値を備えた楽器の製作が必要とされる。そのためにはコストと時間を十分かける必要があるが，一人の製作者が製作できる本数には限度があり，製作者は常にコストと価値のジレンマに置かれている。ストラディヴァリが生涯に約1200本のヴァイオリンを製作していたことからもわかるように，市場にブランドを浸透させるには量も必要条件となる。そのためには最新技術・機器の積極的な利用や，ストラディヴァリの時代に行われていた工房内の分業体制も視野に入れ，産業クラスターとして取り組む必要があるだろう。

　アート・ビジネスの観点からは，外部とのネットワークにおけるディーラーの深い関与が確認できた。優れた音楽家の関与と，コレクターの存在が，今後のクレモナの産業クラスターの発展の課題であろう。同僚からのピア・プレッシャーや，要求の厳しい顧客からのプレッシャーが，製品の品質向上には不可欠である。弦楽器の顧客とは，供給業者であり，演奏家であり，コレクターである。オールド名器に目を向けているコレクターが，クレモナの新作に注目するようになれば，クレモナのヴァイオリンの価値が高まる。そのためには，一流の演奏家に使用される楽器を製作することが早道である。

もちろん，楽器には個性も重要だ。個性とは人である。製作学校では技術を教えることはできても，芸術家に育てることはできない。ストラディヴァリもアマティも，新しいことに挑戦し，既存の概念を破っていったという意味では，芸術家であった。そして芸術家であるばかりでなく，多くの弟子を育てたことが，名器の誕生につながっていった。現在のクレモナに，また新たな芸術家となる製作者が生まれ，その技術と知識と感性を後世に伝える意欲のある製作者となることを期待している。

　インタビューや調査票の記入にご協力いただいたクレモナのヴァイオリン製作者および関係者の皆さま，調査にご協力いただきましたこと，心より御礼申し上げます。

クレモナ市内のヴァイオリン工房

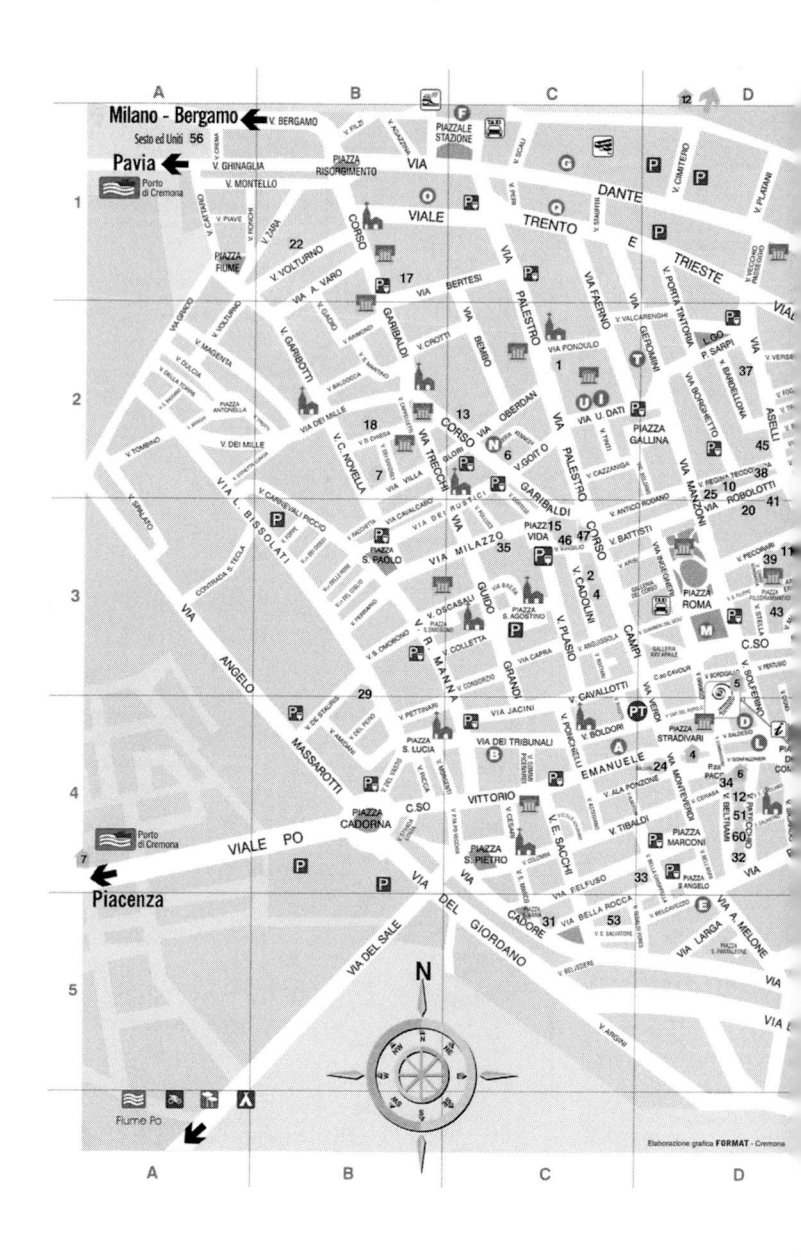

クレモナ市内のヴァイオリン工房　227

Cremona-Italy

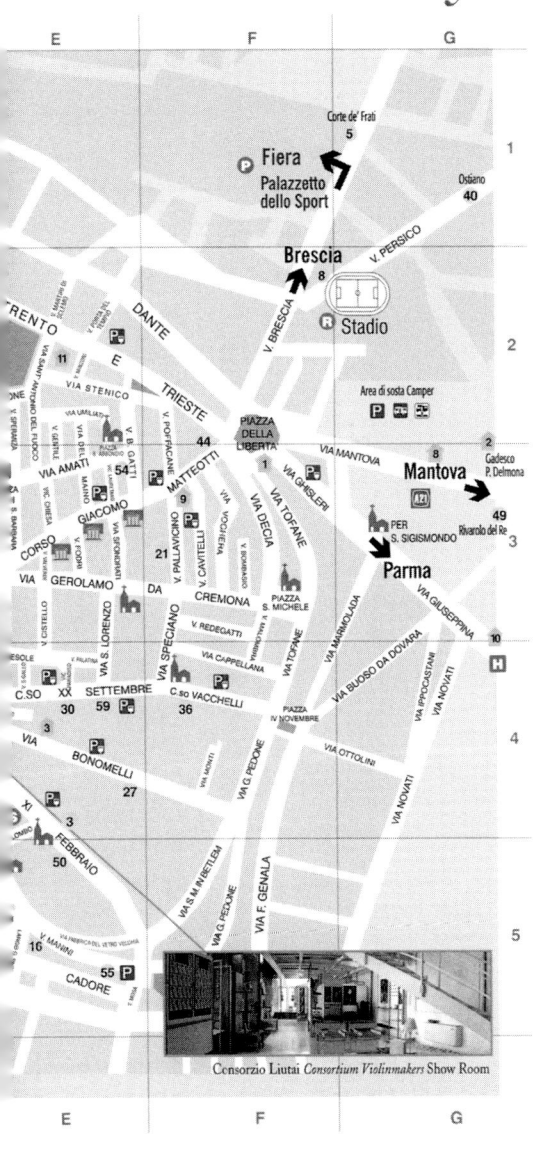

①〜⑩
ヴァイオリン工房
（コンソルツィオ
　所属会員）
（出所：コンソルツィオ・
　　　パンフレット）

クレモナでのインタビューリスト

ヴァイオリン製作関係者
Berneri, Gianfranco　　クレモナ市文化評議会委員
Hornung, Pascal　　　　コンソルツィオ副会長，製作者
Mosconi, Andrea　　　　市立ストラディヴァリ博物館館長
Scolari, Giorgio　　　　クレモナ国際ヴァイオリン製作学校副校長，製作者

ヴァイオリン製作者
Abbuhl, Khatarina
Ardoli, Massiomo
Asinari, Sandro
Bergonzi, Riccardo
Bernabeu, Borja
Bini, Luciano
Bissolotti, Francesco
Bissolotti, Marco Vinicio
Borchardt, Gaspar
Buchinger, Wolfgang Johannes
Campagnolo, Luisa Vania
Cassi, Lorenzo
Cavagnoli, Roberto
Commendulli, Alessandro
Conia de Konya Istvan, Stefano
Dangel, Friederike Sophie
Delisle, Bertrand Yves
Di Biagio, Raffaello
Dobner, Michele
Dodel, Hildegard Theresia
Flavio, Klaus Berntsen
Fiora, Federico
Fontoura De Camargo, Filho Nilton Josè
Freymadl, Viktor Sebastian
Gastaldi, Marco Maria
Gironi, Stefano

五嶋芳徳
Heyligers, Mathijs Adriaan
菊田浩
小林肇
Lazzari, Nicola
松下則幸
松下敏幸
Morassi, Gio Batta
Osio, Marco
Pedota, Alessandra
Pistoni, Primo
Portanti, Fabrizio
Riebel, Loual
阪本博明
Solcà, Daniela
鈴木徹
田口隆
髙橋明
髙橋修一
Triffaux, Pierre Henri
内山昌行
安田高士
Voltini, Alessandro
輪野光星
Zanetti, Gianluca

アンケート協力
神谷亜理
福山香織
Matus, Eddie
Menta, Alessandro
村田淳志
長野太郎
Piccinotti, Barbara
鈴木公志
Scolari, Daniele
坂本リサ
坂本忍
他

質問票

ヴァイオリン製作者の意識調査

Q1．クレモナに関する次の各質問について，1（全く思わない）から4（強く思う）までのうち，もっとも近いと思われるものひとつを選んで〇をつけてください．

	強く思う	やや思う	思わない	全く思わない
①クレモナでは革新的なことをすると同業者が高く評価してくれる．	4	3	2	1
②伝統を守ることが重要で，新しい技術はさほど導入する必要はない．	4	3	2	1
③クレモナでは互いの腕前を評価し合って技能を高めている．	4	3	2	1
④クレモナにおいて弦楽器製作をしていることは私の誇りだ．	4	3	2	1
⑤クレモナで修行したことで他の製作者から評価されている．	4	3	2	1
⑥クレモナを離れて弦楽器を作っても今のようには売れないと思う．	4	3	2	1
⑦クレモナでは素材，原材料が調達しやすい．	4	3	2	1
⑧クレモナには演奏家が多くの情報をもたらしてくれる．	4	3	2	1
⑨今後，ますますクレモナに楽器製作者が集中すると思う．	4	3	2	1
⑩私はクレモナ市民の一員だと感じる．	4	3	2	1
⑪クレモナで修行することでキャリアに箔がつく．	4	3	2	1
⑫クレモナから離れることは，ほとんど考えられない．	4	3	2	1

Q2．仕事に対する態度や満足度に関する記述について，1（全く思わない）から4（強く思う）までのうち，もっとも近いと思われるものひとつを選んで〇をつけてください．

	強く思う	やや思う	思わない	全く思わない
①自分の仕事に充実感を感じている．	4	3	2	1
②自分の仕事に誇りを持っている．	4	3	2	1
③自分の子弟もヴァイオリン職人にしたい．	4	3	2	1
④すばらしいマエストロに出会え，修行できたことに満足している．	4	3	2	1
⑤自身の所属する工房の評判が気になる．	4	3	2	1
⑥A.L.I. Cremona の活動に満足している．	4	3	2	1
⑦Consorzio liutai e archettai "A Stradivari" Cremona の活動に満足している．	4	3	2	1

Q3．あなたは，ヴァイオリン製作について，どのようなお考え・ご意見をお持ちですか．以下にあげたAとBの対照的な考え方のうち，あなたの考え方に近い方の記号に〇をつけて下さい．どちらともいえないと思われる場合は，ABに〇をつけて下さい．

A	B	
A クレモナ独自のものを育てていきたい．	B 独自性にこだわる必要はない．	(A　AB　B)
A 製作では，教育よりも才能の方が重要だ．	B 製作では，才能より教育の方が重要だ．	(A　AB　B)
A クレモナ在住の製作者は増えていくべきだ．	B クレモナ在住の製作者が多すぎる．	(A　AB　B)
A クレモナで製作することにこだわりたい．	B 楽器製作の場所にはこだわらない．	(A　AB　B)
A よい楽器を製作すれば必ず販売できる．	B 楽器販売にはそれなりの努力が必要だ．	(A　AB　B)
A 技能向上には多くの楽器を作る必要がある．	B 技能向上には，量よりも質が大事だ．	(A　AB　B)
A 伝統的製作方法にこだわっていきたい．	B 伝統的製作方法にこだわる必要はない．	(A　AB　B)
A 弦楽器製作では楽器の形を大事にしたい．	B 弦楽器製作では音を大事にしたい．	(A　AB　B)
A 分業による弦楽器製作を進めるべきだ．	B 弦楽器製作に分業は適切ではない．	(A　AB　B)
A アマチュア対象の製作教室を開催したい．	B 製作者は楽器製作に専念すべきだ．	(A　AB　B)
A クレモナは最高級品に限定すべきだ．	B 低価格帯を含めた製品の幅を広げるべきだ．	(A　AB　B)
A 偽物が出てくることは仕方がない．	B 偽物の存在を許せない．	(A　AB　B)

質 問 票

Q4．あなた自身の弦楽器製作の現状に関する記述についてお伺いします．該当するものに〇をつけてください．
①現在，特定の演奏家に自作楽器の意見をもらっている．　　　（　はい　　いいえ　）
②自作の楽器の買い手は，ほとんど決まっている．　　　　　　（　はい　　いいえ　）
③売れなくてもよいから，後世に残るような名器を作りたい．　（　はい　　いいえ　）
④安くて大衆向けの楽器を製作していきたい．　　　　　　　　（　はい　　いいえ　）
⑤製作者仲間の人脈は広い方だ．　　　　　　　　　　　　　　（　はい　　いいえ　）
⑥販売に関する人脈は広い方だ．　　　　　　　　　　　　　　（　はい　　いいえ　）
⑦クレモナに，自作の楽器の出来を評価してくれる職人がいる．（　はい　　いいえ　）
⑧現在，自作の楽器を購入してくれる特定バイヤーがいる．　　（　はい　　いいえ　）
　　　　　　　　　　　　　　　　　　　　　　　　　　→その人数（　　　）人

⑨ライバルとして意識している製作者がいる．　　　　　　（　はい　　いいえ　）
　⑨-2 ライバル製作者はどの都市に住んでいますか．該当する都市の□にレ印でチェックしてください．
　　　□イタリアの他都市　　□フランス　　□ドイツ　　□イギリス
　　　□その他ヨーロッパ　　□アメリカ　　□日本　　　□中国
　　　□その他アジア　　　　□その他（具体的に　　　　　　　　　）

⑩クレモナ以外のヴァイオリン製作の動向を意識している．　（　はい　　いいえ　）
　⑩-2 ライバル製作者はどの都市に住んでいますか．該当する都市の□にレ印でチェックしてください．
　　　□イタリアの他都市　　□フランス　　□ドイツ　　□イギリス
　　　□その他ヨーロッパ　　□アメリカ　　□日本　　　□中国
　　　□その他アジア　　　　□その他（具体的に　　　　　　　　　）

⑪クレモナにおいて，弦楽器製作をする上での情報源について，重要と思われる3つを選び，順に数字を1，2，3と記入して下さい．
　⑪-1　技術上の情報源　　　　　　　　⑪-2　商売上の情報源
　　　____所属する工房のマエストロ　　　　____所属する工房のマエストロ
　　　____兄弟弟子　　　　　　　　　　　　____兄弟弟子
　　　____クレモナの製作者　　　　　　　　____クレモナの製作者
　　　____クレモナ以外のイタリアの製作者　____クレモナ以外のイタリアの製作者
　　　____他の国の製作者　　　　　　　　　____他の国の製作者
　　　____バイヤー　　　　　　　　　　　　____バイヤー
　　　____演奏家　　　　　　　　　　　　　____演奏家
　　　____展示会　　　　　　　　　　　　　____展示会
　　　____コンクール　　　　　　　　　　　____コンクール
　　　____文献・資料　　　　　　　　　　　____文献・資料

⑫あなたが普段ヴァイオリン製作について情報を得ている，または意見を交換する人を3名あげてください．
　⑫-1　技術面の話　　　　　　　　　　⑫-2　商売に関する話
　　1._____　　　　　　　1._____
　　2._____　　　　　　　2._____
　　3._____　　　　　　　3._____

Q5．製作活動に関してお伺いします．該当するものに〇をつけて下さい．
①ヴァイオリン製作において改革が可能な部分は残されていると思いますか．　（　はい　　いいえ　）
②あなたは「技術を磨く」という言葉から何を連想しますか．自由に解答して下さい．

質問票

Q6．マエストロと呼ばれる条件は何ですか．普通の職人とマエストロの違いについて，とくに重要と思われる項目3つを選んで，□にレ印をつけて下さい．
- □ 作品　　　　　　　　□ 人柄　　　　　　　□ 指導方針
- □ 知名度　　　　　　　□ 販売力　　　　　　□ 製作方法
- □ 技術　　　　　　　　□ 鑑別能力　　　　　□ 原材料の調達能力
- □ 人的ネットワークの広さ

Q7．費やした実働仕事時間（週あたり）をお答え下さい．

弦楽器製作活動	[　] 時間
修理作業	[　] 時間
合　　計	[　] 時間

Q8．ヴァイオリン製作学校（Scuola Internazionale di Liuteria, Cremona）について伺います．

SQ8-1．あなたは製作学校に通いましたか．該当する□にレ印でチェックを入れてください．
　　　　□ は　い　────────▶ 卒業されましたか　□ 卒業した．
　　　　□ いいえ　　　　　　　　　　　　　　　　　　□ 中途退学した．
　　　　　　　　　　　　　　　　　　　　　　　　　　□ 在学中である．

SQ8-2．製作学校の満足度についての記述について，1（とても不満）から4（とても満足）までのうち，もっとも近いと思われるものひとつを選んで○をつけてください．

	とても満足	やや満足	やや不満	とても不満
①学校で得た人脈	（ 4	3	2	1 ）
②製作実習	（ 4	3	2	1 ）
③歴史などの教養科目	（ 4	3	2	1 ）

Q9．弦楽器製作において重要な工程についてお伺いします．

SQ9-1．次の項目のうち，最も気をつかうものを3つ選んで，該当する□にチェックを入れてください．
- 1.□デザインの決定
- 2.□材料選び
- 3.□枠作り
- 4.□荒削り作業
- 5.□表板の削り作業
- 6.□裏板の削り作業
- 7.□スクロールの加工
- 8.□エフ字孔
- 9.□バスあわせ
- 10.□パフリング
- 11.□表板のつなぎ合わせ
- 12.□ネックセット
- 13.□ニスの調合
- 14.□ニス塗布
- 15.□魂柱・駒あわせ

□その他（具体的に　　　　　　　　　　　　　　　　　　　　　　　）

SQ9-2．あなた自身が最も気をつかう工程はどのようなものですか．上記の選択肢の番号でお答え下さい．
　　　　　　　　　　　　　　　　　　　　　　　　　　　　　　　　　　[　　　]

SQ9-3．クレモナ様式の「技能の伝承」にとって，最も重要だと思われる工程を一つ選んでください．
　　　　上記の選択肢の番号でお答え下さい．もし上記の選択肢になければ，具体的にお書きください．
　　　　　　　　　　　　　　　　　　　　　　　　　　　　　　　　　　[　　　]

Q10．あなたにとって，あなたの仕事を誰が認めてくれるのが重要ですか．
次の項目の中から特に重要な人々を3つ選んで，1位から3位まで順位をつけて下さい．

- 演奏家　　＿＿＿＿＿　　　クレモナの製作者　＿＿＿＿＿
- マエストロ＿＿＿＿＿　　　家族　　　　　　　＿＿＿＿＿
- バイヤー　＿＿＿＿＿　　　その他　　　　　　＿＿＿＿＿

Q11. あなた個人のことについて伺います．

ＳQ11－1．該当するすべての項目の口欄にレ印でチェックし，年齢，高校卒業時の住所など該当する［　］欄にご記入下さい．

F１．性別　　　　F２．年齢　　　　F３．結婚さ　□ 未婚　　　　　　F４．学歴
　□ 男　　　　　　　　　　　　　　れてい　□ 既婚　　　　　　　　　□大卒　　□高卒
　□ 女　　　満［　］歳　　　　　ますか　□ 離婚・死別して独身　　□専門学校卒　□中卒

F５．うまれた場所　　　　　　　　F６．クレモナ在住以前の直近の住所
　　［　　　　　　　］都道府県　　　［　　　　　　　］都道府県　　□都市部　　□農山漁村部

F７．過去20年のうちクレモナに何年住んでおられますか．　　F８．ヴァイオリン製作歴は何年ですか
　　　　　　　　　　　　　　　　　　　　［　　　］年　　　　　　　　　　　　　　　　　［　　　］年

F９．あなたのご両親，祖父母，あるいは親戚に楽器製作者がおられますか．
　　□父親　　　□母親　　　□祖父　　　　　　　□祖母
　　□叔父　　　□叔母　　　□その他親戚　　　　□親族でないが親しい知人

F10．あなたが製作者になるきっかけについて該当するものすべてにレ印でチェックしてください．
　　□ものづくりが好きだ．　　□木工細工が得意だった．　　□音楽に興味があった．
　　□楽器製作に興味があった．□親戚の影響やすすめ．　　　□知人の影響やすすめ．
　　□その他［　　　］

ＳQ11－2．将来，クレモナ以外の土地で工房を開設したいと考えていますか．
　　　　□ は い ─▶ 具体的にどこですか
　　　　□ いいえ　　　　　［　　　　　　　　　　］
　　　　　　　　　　　上記の場所は，あなたの出身地ですか　□はい
　　　　　　　　　　　　　　　　　　　　　　　　　　　　　　　□いいえ

ＳQ11－3．ヴァイオリン製作を始める前には，どのような仕事に就いておられましたか．
　　　　　具体的にお書き下さい．

ＳQ11－4．あなたがクレモナを選んだ最も大きな理由は何ですか．
　　　　　具体的にお書き下さい．

ＳQ11－5．あなたの製作活動について教えてください．
F１．この一年間に製作した弦楽器の　　　F２．この一年間に修理した弦楽器の
　　　数を［　］の中にご記入下さい．　　　　数を［　］の中にご記入下さい．
　　　　ヴァイオリン　　［　　　］丁　　　　　　ヴァイオリン　　［　　　］丁
　　　　ヴィオラ　　　　［　　　］丁　　　　　　ヴィオラ　　　　［　　　］丁
　　　　チェロ　　　　　［　　　］丁　　　　　　チェロ　　　　　［　　　］丁
　　　　コントラバス　　［　　　］丁　　　　　　コントラバス　　［　　　］丁
　　　　弓　　　　　　　［　　　］本　　　　　　弓　　　　　　　［　　　］本
　　　　その他　　　　　［　　　］　　　　　　　その他　　　　　［　　　］

F３．あなた自身が製作されたヴァイオリンの価格はいくらですか．　［　　　　］ユーロ ～ ［　　　　］ユーロ

ＳQ12．全体的にみて，弦楽器製作者としての人生に満足していますか．100点満点でお答え下さい．
　　　［　　　　　］点

質 問 票

Sondaggio d'opinione tra i liutai

Q1. Tra le seguenti domande riguardanti Cremona, cerchiate la risposta più vicina alla vostra opinione tra 1. (sì) e 4. (no).

(1) Se a Cremona viene introdotta qualche innovazione, essa ha un importante   Sì Abbastanza Non molto No
valore per le persone della stessa professione. (4   3   2   1)
(2) E' importante mantenere la tradizione e non è così necessario introdurre nuove tecniche. (4   3   2   1)
(3) A Cremona si migliorano le competenze tramite. la reciproca valutazione delle proprie capacità. (4   3   2   1)
(4) Sono fiero/a di essere un costruttore di strumenti a corda a Cremona. (4   3   2   1)
(5) Sono stimato/a dagli altri costruttori per aver fatto pratica a Cremona. (4   3   2   1)
(6) Se costruissi strumenti a corda fuori Cremona non venderei come adesso. (4   3   2   1)
(7) A Cremona il rifornimento del materiale e delle materie prime è facile. (4   3   2   1)
(8) A Cremona i musicisti portano molte informazioni. (4   3   2   1)
(9) Penso che in futuro i costruttori di strumenti musicali si concentreranno sempre più a Cremona.. (4   3   2   1)
(10) Mi sento un cittadino di Cremona. (4   3   2   1)
(11) Facendo il tirocinio a Cremona si acquisisce prestigio per la propria carriera.. (4   3   2   1)
(12) Non posso quasi pensare all'idea di allontanarmi da Cremona. (4   3   2   1)

Q2. Tra le seguenti affermazioni riguardanti la soddisfazione e l'atteggiamento nei confronti del lavoro, cerchiate la risposta
più vicina alla vostra opinione tra 1. (sì) e 4. (no).   Sì Abbastanza Non molto No
(1) Mi sento completo nel mio lavoro. (4   3   2   1)
(2) Sono fiero/a del mio lavoro. (4   3   2   1)
(3) Voglio che anche i miei figli diventino liutai. (4   3   2   1)
(4) Ho incontrato un ottimo maestro e sono soddisfatto/a del praticantato. (4   3   2   1)
(5) Mi interessa la reputazione della bottega a cui appartengo. (4   3   2   1)
(6) Sono soddisfatto/a dell'attività dell'A.L.I. Cremona. (4   3   2   1)
(7) Sono soddisfatto/a dell'attività del Consorzio liutai e archettai "A Stradivari" di Cremona (4   3   2   1)

Q3. Domande riguardanti la scuola per liutai (Scuola Internazionale di Liuteria, Cremona).

SQ3-1. Avete frequentato questa scuola? Segnate il quadrato corrispondente alla vostra risposta.

    ☐ sì ⟶ Vi siete diplomati? ☐ diplomato/a
    ☐ no   ☐ Mi sono ritirato/a
                                                    ☐ La sto frequentando

SQ3-2. Riguardo al livello di soddisfazione nei confronti della scuola, cerchiate la risposta più vicina alla vostra opinione tra
1. (totalmente insoddisfacente) e 4. (totalmente soddisfacente).   Totalmente   Soddisfacente   Non molto   Totalmente
                                                              Soddisfacente   Soddisfacente   insoddisfacente
(1) Personale della scuola (4   3   2   1   )
(2) Pratica di costruzione (4   3   2   1   )
(3) Materie d'insegnamento quali storia ecc. (4   3   2   1   )

質 問 票

Q4. Le seguenti affermazioni riguardano la vostra condizione attuale di costruttore di strumenti a corda. Cerchiate la risposta che ritenete più appropriata

(1) In questo periodo, ricevo osservazioni rispetto agli strumenti da voi prodotti da musicisti fissi. (sì no)
(2) Gli acquirenti dei mie prodotti sono sempre più o meno gli stessi. (sì no)
(3) Non importa se vendo o meno, ma voglio costruire strumenti famosi che rimangano per le prossime generazioni. (sì no)
(4) Voglio costruire strumenti economici e destinati al largo pubblico. (sì no)
(5) Ho un vasto numero di conoscenze tra i costruttori. (sì no)
(6) Ho un vasto numero di conoscenze tra le persone che si occupano del commercio. (sì no)
(7) A Cremona vi sono degli artigiani che stimano la riuscita dei miei strumenti musicali. (sì no)
(8) In questo periodo vi sono degli acquirenti fissi che comprano i miei strumenti musicali. (sì no)

▶ (8-2) Se sì, quanti sono? (   )

(9) Vi sono dei costruttori che considerate come rivali? (sì no)

▶ (9-2) Gli artigiani rivali dove vivono? Segnate il quadrato corrispondente alla risposta.
  □altre città italiane   □Francia   □Germania   □Regno Unito   □altri paesi europei
  □America   □Giappone   □Cina   □altri paesi asiatici   □Altro *precisamente*
  (   )

(10) Siete informati sull'andamento della produzione di violini fuori Cremona? (sì no)

▶ (10-2) Gli artigiani rivali dove vivono? Segnate il quadrato corrispondente alla risposta.
  □altre città italiane   □Francia   □Germania   □Regno Unito   □altri paesi europei
  □America   □Giappone   □Cina   □altri paesi asiatici   □Altro *precisamente*
  (   )

(11) Scegliete 3 voci che pensate siano ritenute importanti, a Cremona, riguardo alle fonti di informazioni riguardanti la costruzione di strumenti a corda e indicatele in ordine di preferenza.

(11-1) Fonti di informazioni riguardanti la tecnica.
  ___ Il maestro della bottega cui appartenete
  ___ altri discepoli
  ___ costruttori cremonesi
  ___ costruttori italiani non cremonesi
  ___ costruttori di altri paesi
  ___ acquirenti
  ___ musicisti
  ___ esposizioni
  ___ concorsi
  ___ testi ; documenti

(11-2) Fonti di informazioni riguardanti il commercio
  ___ Il maestro della bottega cui appartenete
  ___ altri discepoli
  ___ costruttori cremonesi
  ___ costruttori italiani non cremonesi
  ___ costruttori di altri paesi
  ___ acquirenti
  ___ musicisti
  ___ esposizioni
  ___ concorsi
  ___ testi ; documenti

(12) Indicate i nomi di tre persone da cui solitamente ottenete informazioni sulla fabbricazione/costruzione di violini e con cui scambiate le vostre opinioni.

(12-1) Discorsi riguardanti le tecniche
  1. _____
  2. _____
  3. _____

(12-2) Discorsi riguardanti il commercio
  1. _____
  2. _____
  3. _____

Q5. Quante ore effettive di lavoro svolgete? (mediamente in settimana)
  Attività di costruzione di strumenti a corda   [   ] ore
  Lavoro di riparazione   [   ] ore
  Totale   [   ] ore

質 問 票

Q6. Secondo voi, chi è importante che apprezzi il vostro lavoro?
Tra le voci sottostanti scegliete le 3 persone più importanti e indicate una classifica da 1 a 3.

  Musicista _____   Artigiani cremonesi _____
  Maestro _____   Famiglia _____
  Acquirente _____   Altro _____   *precisamente* (   )

Q7. Qual è la vostra opinione, idea riguardo alla produzione di violini? Tra le seguenti affermazioni opposte A e B, cerchiate quella più vicina al vostro pensiero. Nel caso in cui non possiate sceglierne nessuna, cerchiate AB.

A Voglio coltivare l'unicità dei prodotti di Cremona.
B Non è necessario insistere sull'originalità.   (A   AB   B)
A Nella costruzione il talento è più importante dell'istruzione.
B Nella costruzione l'istruzione è più importante del talento.   (A   AB   B)
A Bisognerebbe aumentare il numero dei costruttori residenti a Cremona.
B I costruttori residenti a Cremona sono troppi.   (A   AB   B)
A Bisogna insistere sulla costruzione a Cremona.
B Non bisogna insistere sul luogo di costruzione degli strumenti musicali.   (A   AB   B)
A Se si costruisce uno strumento buono si riesce sicuramente a venderlo.
B E' necessario tutto lo sforzo possibile nella vendita.   (A   AB   B)
A Per migliorare la propria abilità è necessario costruire molti strumenti.
B Per migliorare la propria abilità, rispetto al numero è più importante la qualità.   (A   AB   B)
A Voglio essere fedele al metodo di costruzione tradizionale.
B Non è necessario essere fedeli al metodo di costruzione tradizionale.   (A   AB   B)
A Nella costruzione di strumenti a corda è importante la forma.
B Nella costruzione di strumenti a corda è importante il suono.   (A   AB   B)
A Bisogna far sviluppare la costruzione di strumenti a corda tramite una divisione del lavoro.
B La divisione del lavoro non è appropriata per la costruzione di strumenti a corda.   (A   AB   B)
A Vorrei tenere corsi di fabbricazione per dilettanti.
B Il costruttore deve dedicarsi esclusivamente alla costruzione di strumenti musicali.   (A   AB   B)
A E' necessario all'allargare lo spettro degli oggetti fabbricati con l'aggiunta di prodotti di un livello di valore inferiore.
B Cremona deve essere limitata esclusivamente agli oggetti di massimo valore.   (A   AB   B)
A C'è poco da fare contro i prodotti falsi.
B Non si può ammettere l'esistenza di prodotti falsi.   (A   AB   B)

Q8. Domande riguardanti i processi di costruzione di base nella fabbricazione di strumenti a corda.

SQ8-1. Tra le voci seguenti indicate quali sono le cose a cui prestate maggiore attenzione.

 ☐ 1.definizione del design ☐ 2.scelta del materiale ☐ 3.costruzione della forma ☐ 4.Sgrossatura
 ☐ 5.Spessore della tavola ☐ 6.Spessore del fondo ☐ 7.lavorazione del riccio ☐ 8.taglio della EFFE
 ☐ 9.catena ☐ 10.filettatura ☐ 11.giuntura tra tavola e fondo ☐ 12.incastro del manico
 ☐ 13.miscela della vernice ☐ 14.verniciatura ☐ 15.inserimento di anima e ponticello
 ☐ 16.altro (specificate   )

SQ8-2. Qual è il processo della costruzione a cui prestate in assoluto più attenzione?
  Indicate un numero tra le voci elencate precedentemente   [   ]

SQ8-3. Secondo la "trasmissione del talento" della tradizione cremonese, quale processo della costruzione è ritenuto il più importante? Indicate un numero tra le voce elencate precedentemente.   [   ]

Q9. Quali sono i requisiti per essere chiamato "maestro"? Riguardo alla distinzione tra normale artigiano e maestro, indicate le tre voci che considerate particolarmente importanti. (segnate il quadrato corrispondente alla vostra risposta).

 ☐ opere   ☐ personalità   ☐ principi nell'insegnamento
 ☐ fama   ☐ abilità nel commercio ☐ procedimento nella creazione
 ☐ tecnica   ☐ abilità di giudizio   ☐ abilità nel reperimento delle materie prime
 ☐ L'ampiezza delle relazioni

Q10. Domande relative all'attività di costruzione. Cerchiate la risposta appropriata.
(1) Pensate che una riforma di alcuni aspetti del processo di costruzione sia possibile?   (sì   no)
(2) A cosa associate l'espressione "il fascino dell'arte" ? Rispondete liberamente

Q11. Domande riguardanti la sfera privata.
SQ11-1. Indicate la voce appropriate nel quadratino o, nel caso di età, scuola media superiore ecc. inserite la risposta tra le parentesi quadre.
(1) Sesso   □ uomo   (2) Età   (   )anni   (3) Stato civile   □ non sposato/a
            □ donna   □ sposato/a
                                                                              □ divorziato/a vedovo/a
(4) Livello d'istruzione   □ Laurea   (5) Luogo di nascita (   )
                           □ Diploma Scuola Superiore
                           □ Diploma scuola di formazione professionale (6) Ultimo indirizzo di residenza prima di Cremona
                           □ Diploma Scuola Media   (   )
(7) Negli ultimi 20 anni quanti anni avete trascorso a Cremona? (   )
(8) Da quanti anni siete liutaio?   (   )   □ città □ campagna
(9) Tra i vostri genitori, nonni o parenti vi sono dei costruttori di strumenti musicali?
       □ papà   □ mamma   □ nonno   □ nonna
       □ zio   □ zia   □ altri parenti   □ persona intima non parente
(10) Indicate il quadratino corrispondente alla ragione per cui siete diventati liutaio.
       □ mi piace l'artigianato   □ ero abile nella lavorazione del legno
       □ mi interessava la musica   □ mi interessava la costruzione di strumenti musicali
       □ incoraggiamento e influenza da parte dei famigliari   □ incoraggiamento e influenza da parte di conoscenti
       □ altro *precisamente* (   )

SQ11-2. In futuro vi piacerebbe aprire una bottega in una città diversa da Cremona?
       □ sì ──▶ Dove precisamente? (   )
       □ no
                          Il posto indicato è la vostra città natale?   □ sì □ no

SQ11-3. Prima di iniziare la fabbricazione di violini, di quale campo vi occupavate?

SQ11-4. Qual è la ragione principale per cui avete scelto Cremona?

SQ11-5. Domande riguardanti la vostra attività di costruttore.
(1) Inserite tra le parentesi quadrate il numero   (2) Inserite tra le parentesi quadrate il numero
    degli strumenti ad arco che avete costruito quest'anno   degli strumenti ad arco che avete riparato quest'anno
       Violino   (   )   Violino   (   )
       Viola   (   )   Viola   (   )
       Violoncello   (   )   Violoncello   (   )
       Contrabbasso (   )   Contrabbasso (   )
       Archetto   (   )   Archetto   (   )
       Altro   (   )   Altro   (   )
(3) Secondo la vostra opinione qual'è il valore dei violini che avete costruito?
                              [   ] euro ～ [   ] euro

SQ12. Nel complesso, siete soddisfatti della vita di liutaio? Indicate il vostro punteggio da 0 a 100.
                                                           [   ]

参考文献

Allen, H. (1889) *Violin making as it was, and is*, London: Wardlock Ltd.（尾久れも奈訳（1980）『バイオリン製作 今と昔 第1部, 第2部』,（1995）第3部, 文京楽器。）

Allen N. J, Meyer, J. P. (1990) "The Measurement and Antecedents of Affective, Continuance and Normative Commitment to the Organisation", *Journal of Occupational Psychology*, 63, pp.1-18.

Allen T. J., (1977) *Managing the Flow of Technology*, Cambridge, MA: MIT Press.（中村信夫訳（1984）『「技術の流れ」管理法』開発社。）

安藤由典（1996）『新版 楽器の音響学』音楽之友社。

Arakélian, S. (1981) *The Violin*, Frankfurt, Main: Das Musikinstrument.

Bacattini, G. (1990) "The Marshallian industrial district as a socio-economic notion" in Pyke, F., Becattini, G. And Sengenberger, W. (ed), *Industrial Districts and Inter-firm Co-operation in Italy*, Geneve: ILO publications.

Baker W. (2000) *Achieving Success Through Social Capital: Tapping Hidden ResoucesinYour Personal and Business Networks*, San Francisco, CA: Jossey-Bass.（中島豊訳（2001）『ソーシャル・キャピタル―人と組織の間にある「見えざる資産」を活用する―』ダイヤモンド社。）

Barker, J. (2001) *Violin Making: A Practical Guide*, Marlborough, Wiltshire: The Crowood Press.

Bearment, J. (1997) *The Violin Explained: Components Mechanisa and Sound*, Oxford: Oxford University Press.

Bissolotti, M.V., *Il genio della liuteria a Cremona*, Cremona.（川船緑訳（2001）『クレモーナにおける弦楽器製作の真髄』ノヴェチェント出版。）

Bonetti, C., Cavalcabò, A., Gualazzini, U. (1999) *Antonio Stradivari: Reports and documents 1937*, Cremona: Cremonabooks.

Boorstin, D.J. (1992) *The Creators: A history of heroes of the imagination*, New York: NY, Random House, New York.（立原宏要・伊藤紀子訳（2002）『創造者たち』集英社。）

Burckhardt, J. (1828) *Die Kultur der Renaissance in Italien, ein Versuch*, Leibzig: Kroner.（柴田治三郎訳（2002）『イタリア・ルネッサンスの文化』中央公論新社。）

Burke, P. (1999) *The Italian Reneissance: Culture and Society in Italy* 2nd ed., Oxford, Polity Press.（森田義之・柴野均訳（2000）『新版 イタリア・ルネサンスの文化と社会』岩波書店。）

Camagni R., Rabellotti R. (1992) "Technology and organization in the Italian textileclothing industry", *Entrepreneurship and Regional Development*, Vol.4, pp.271-286.

Camagni, R. Rabellotti R. (1997) "Footwear production systems in Italy: a dynamic comparative analysis" in E. Ratti, Bramanti A., Gordon R. (ed) *The Dynamics of Innovative Regions. The Gremi approach.* Ashgate: Aldershot, pp.139-163.

Capecchi, V. (1990) *A history of flexible specialization and industrial districts and interfirm co-operation in Italy*, Geneva: International Institute for Labour Studies, pp.20-36.

Carlsson, B.ed. (1997) *Technological Systems and Industrial Dynamics*, Dordrecht: Kluwer Academic Pub.

Christensen, C. M. (2000) *The Innovator's Dilemma: When New Technologies Cause Great Firms to Fail*, Boston, MA: Harvard Business School Press. (玉田俊平太監修, 伊豆原弓訳 (2001)『イノベーションのジレンマ』翔泳社。)

Christensen C. M., Raynor M. E. (2003) *The innovator's Solution: Creating and Sustaining Successful Growth*, Boston, MA : Harvard Business School Press. (櫻井祐子訳 (2003)『イノベーションへの解：利益ある成長に向けて』翔泳社。)

Colombo, L. (1997) *Antiche vernici per liuteria: Ricerche storiche, The old varnishes for violin making: Historical research*, Cremona: Turris Editrice.

Comune di Cremona Ufficio Statistica (2005) *Annuario Statistico* 2005, Italy: SISTAN.

Consorzio Liutai & Archetai Antonio Stradivari Cremona(2000) *...E furono liutai in Cremona dal Rinascimento al Romanticismo: Quattro secoli di arte Liutaia*, Catalogo, Cremona: Consorzio Liutai & Archetai Antonio Stradivari Cremona.

van Dijk, M. (1995) "Flesible Specialisation, the New Competition and Industrial Districts", *Small Business Economics*, 7, 1995.

(財) 中小企業総合研究機構 (2003)『産業集積の新たな胎動』同友館。

Dory, E.N. (1945) enlarged and expanded edit.by Bein R., Fushi, G. (1999) *How many Strads?: Our heritage from the Master*, Chicago, Illinois: Bein & Fushi, Inc.

Dreyfes, H., Dreyfes S. (1986) *Mind Over Machine*, New York, NY: The Free Press.

枝川公一 (1999)『シリコン・ヴァレー物語：受けつがれる起業家精神』中央公論新社。

Farga, F. (1962) *Storia del violino*, Milan, Corbaccio.

Fenlon, I. edit. (1989) *Man & Music: The renaissance, From the 1470s to end of the 16th Century*, New York, NY: The Macmillan Press. (今谷和徳監訳 (1997)『西洋の音楽と社会② 花開く宮廷音楽 ルネッサンス』音楽之友社。

Fondazione di Firenze per l'Artigianato Artistico (2003) *Liuteria in Toscana: I liutai contemporanei, Violin-making in Tuscany: Comtempary violin-makers*, Cremona: Cremonabooks.

Franz, F. (1940) *Geigen und Geiger*, Zürich : Albert Müller. (佐々木庸一訳 (1985)『ヴァイオリンの名器』音楽之友社。)

Fretcher, H., Rossing, T. D. (1998) *The Phisics of Musical Instruments*, New York, NY: Springer-Verlag. (岸憲史・久保田秀美・吉川茂訳 (2002)『楽器の物理学』シュプリンガー・フェアラーク東京。)

藤沢道郎 (2004)『物語イタリアの歴史』中央公論新社。

藤田幸一郎 (1994)『手工芸の名誉と遍歴職人—近代ドイツの職人世界』未来社。

Goldthwaite, R. A. (1985) "The Renaissance economy: the preconditions for luxury consumption" *Aspetti della italia economica medievale*, Florence, pp.659-675.

Goldthwaite, R. A. (1987) "The Empire of Things: Consumer Demand in Renaissance Italy", *Kent and Simons*, pp.153-175.

Goldthwaite, R. A. (1993) *Wealth and the Demand for Art in Italy, 1300-1600*, Baltimore, Maryland : Johns Hopkins University Press.

Grout, D. J., Palisca C. V. (1996) *A History of Western Music fifth ed.*, New York, NY: W.W. Norton & Company. (戸口幸策・津上英輔・寺西基之訳 (1998)『新 西洋音楽史』音楽之友社。)

浜松信用金庫・信金中央金庫総合研究所編 (2004)『産業クラスターと地域活性化—地域・中小企業・金融のイノベーション—』同友館。
Hartnack, J. (1967) *Grosse Geiger unserer Zeit*, Mainz: Schott Musik International. (松本道介訳 (1971)『二十世紀の名ヴァイオリニスト』白水社。)
Harvey, J. H. (1975) *Mediaval craftmen*, London-Sydney: B.T. Batsford. (森岡敬一郎訳 (1986)『職人の世界』中世の職人1, 原書房。)
林望・永竹由幸 (2006)『イタリア音楽散歩』世界文化社。
Henry, W. (1973) *Universal Dictionary of Violins and Bow Makers*, Kent: Amati.
Hill W. H., Hill A. F., Hill, A. E. (1963) *Antonio Stradivari: His life & work* (1644-1737), New York, NY: Dover publications.
Hill, W. H., Hill A. F., Hill, A. E. (1989) *The Violin-Makers of the Guarneri Family* (1626-1762), New York, NY: Dover Publications.
Hobsbawm, E., Ranger T., edit. (1984) *The invention of tradition*, Cambridge: Cambridge University Press.
Hoffman, E. T. A. (1817) *The Cremona Violin*, on Demand Printing 2004, MT: Kessinger Publishing.
今泉清暉・檜山陸郎・無量塔蔵六・長谷川武久 (1995)『楽器の事典　ヴァイオリン　増補版』ショパン。
今谷和徳 (1986)『バロックの社会と音楽』音楽之友社。
稲垣京輔 (2003)『イタリアの起業家ネットワーク：産業集積プロセスとしてのスピンオフの連鎖』白桃書房。
石井宏 (2002)『誰がヴァイオリンを殺したか』新潮社。
石倉洋子・藤田昌久・前田昇・金井一頼・山崎朗 (2003)『日本の産業クラスター戦略—地域における競争優位の確立』有斐閣。
伊丹敬之・松島茂・橘川武郎編 (1998)『産業集積の本質：柔軟な分業・集積の条件』, 有斐閣。
伊丹敬之 (1999)『場のマネジメント—経営の新パラダイム』NTT出版。
伊藤善市 (1993)『地域活性化の戦略：格差・集積・交流』有斐閣。
Jacopetti, I. N., Marfredini, G. F. (2002) *Il Settecento a Cremona*, Cremona.
陣内秀信 (2000)『イタリア小さなまちの底力』講談社。
Johnson, C. (1998) *The Art of Violin Making*, London: Rovert Hale Ltd.
鎌倉健 (2002)『産業集積の地域経済論：中小企業ネットワークと都市再生』勁草書房。
金井一頼 (1999)「地域におけるソシオダイナミクス・ネットワークの形成と展開」『組織科学』第32巻第4号, pp.48-57。
金井壽宏 (1994)『企業者ネットワーキングの世界：MITとボストン近辺の企業者コミュニティの探求』白桃書房。
神田侑晃 (1998)『ヴァイオリンの見方・選び方』レッスンの友社。
川上昭一郎 (1989)『ヴァイオリンをつくる』美術出版社。
衣本篁彦 (2003)「産業集積と地域産業政策〜東大阪工業の史的展開と構造的特質」晃洋書房。
橘川武郎編 (2005)『地域からの経済再生：産業集積・イノベーション・雇用創出』有斐閣。
清成忠男・橋本寿朗 (1997)『日本型産業集積の未来像：「城下町型」から「オープン・コミュニティー型」』日本経済新聞社。
Koenigsberger, H. G. (1960) "Decadence or shift? Changes in the civilization of Italy and Europe", *Transactions of the Royal Historical Society*, 10, pp.1-18.
小森正彦 (2003)「わが国の産業クラスター関連政策に関する一考察」『日本大学大学院総合社会情

報研究科紀要』No.4, pp.268-279。
湖中齊・前田啓一編（2003）『産業集積の再生と中小企業』世界思想社。
小関智弘（2003）『職人学』講談社。
Krugman, P. (1991) *Geography and Trade*, 1st MIT Press paperback ed., Cambridge, Mass.: MIT Press.（北村行伸・高橋亘・妹尾美起（1994）『脱「国境」の経済学：産業立地と貿易の新理論』東洋経済新報社。）
Krugman, P. (1995) *Development, geography, and economic theory*, Cambridge, Mass.: MIT Press.（高中公男訳（1999）『経済発展と産業立地の理論：開発経済学と経済地理学の再評価』文眞堂。
児山俊行（2006）「イタリア産地の「活力」の歴史的・制度的要因」『現代経営情報学部　研究紀要』第 3 巻第 1 号, pp.79-112。
児山俊行（2007）「イタリア型産地における「暗黙知」の批判的検討—イタリア型産地モデルの構築に向けて—」『MMI Working Paper Series』大阪成蹊大学, No.0701, pp.1-44。
朽見行雄（1995）『イタリア職人の国物語』日本交通公社。
Lave, J., Wenger E. (1991) *Situated Learning: Legitimate Peripheral Participation*, Cambridge, Cambridge University Press.（佐伯胖訳（1993）『状況に埋め込まれた学習』産業図書。）
Lee, C. (2000) *The Silicon Valley edge: a habitat for innovation and entrepreneurship*, Stanford, Calif: Stanford University Press.（中川勝弘監訳（2001）『シリコンバレー～なぜ変わり続けるのか』日本経済新聞社。）
Levenson, T. (1994) *Measure for measure*, New York, NY: Touchstone（中島伸子（2004）『錬金術とストラディヴァリ—歴史のなかの科学と音楽装置』白揚社。
Marrocco, W. T. (1988) *Memoris of a Stradivarius*, New York: Vntage Press.（金沢正剛・山田久美子訳（1992）『ストラディヴァリウス：ある名器の一生』音楽之友社。
Marshall, A. (1890) *Principles of Economics*, London: The Macmillan Press.（馬場啓之助訳（1965）『経済学原理』東洋経済新報社。）
McKinnon, J. ed. (1990) *Man & Music: Antiquity and the middle ages, From Ancient Greece to the 15th century*, London : The Macmillan Press.（上尾信也監訳（1996）『西洋の音楽と社会　①　西洋音楽の曙　古代・中世』音楽之友社。）
Meucci, R. edit. (2005) *Un corpo alla ricerca dell'anima...:Andrea Amati e la nascita del violino 1505-2005*, Cremona: Ente Triennale Internazionale degli Strumenti ad Arco.
宮川公男・大守隆編（2004）『ソーシャル・キャピタル』東洋経済新報社。
宮嵜晃臣（2005）「産業集積論からクラスター論への歴史的脈絡」『専修大学都市政策研究センター論文集』第 1 号, 2005.3, pp.265-288。
Montanelli, I., Gervaso, R. (1968) *L'Italia della controriforma*, Milano: Rizzoli.（藤沢道郎（1985）『ルネサンスの歴史』中央公論新社。
森元志乃（2000）『ヴァイオリン各駅停車』レッスンの友社。
Mosconi A., Torresani C. (2001) *Il Museo Stradivariano di Cremona*, Cremona: Electa.
Mosconi A. (2004) *Gli Strumenti di Cremona, Cremona's Instruments: The Town Hall and the Collection of Stringed Instruments*, Cremona: Cremonabooks.
Mueller, R. K. (1986) *Corporate Networking: Building Channels for information and influence*, New York, NY: The Free Press.（寺本義也・金井壽宏訳（1991）『企業ネットワーキング』東洋経済新報社。）
宗田好史（2000）『にぎわいを呼ぶイタリアのまちづくり：歴史的景観の再生と商業政策』学芸出版社。

室田泰弘（1986）『知的職人の世紀〜産業化のあとに何が変わるのか〜』中央経済社。
無量塔蔵六（1975）『ヴァイオリン』岩波書店。
無量塔蔵六監修（2004）『ヴァイオリンを読む本』ヤマハ。
長峯五幸（2003）『ヴァイオリン万華鏡』インターワーク出版。
Nagyvary, J. (1996) "Modern Science and the Classical Violin—a View from Academia", *The Chemical Intelligencer*, 2, No.1, pp.24-31.
中嶋和郎（1996）『ルネッサンス理想都市』講談社。
中沢孝夫（1998）『中小企業新時代』岩波書店。
西原稔（1995）『ピアノの誕生』講談社。
Nonaka, I, Takeuchi H. (1995) *The Knowledge Creating Company*, Oxford: Oxford University Press.
小川秀樹（1998）『イタリアの中小企業〜独創と多様性のネットワーク』日本貿易振興会。
岡本義行（1994）『イタリアの中小企業戦略』三田出版会。
大木裕子（2004）『オーケストラのマネジメント：芸術組織における共創環境』文眞堂。
大木裕子（2005）「イタリア弦楽器工房の歴史：クレモナの黄金時代を中心に」『京都マネジメント・レビュー』第8号，京都産業大学，pp.21-40。
大木裕子・古賀広志「クレモナにおけるヴァイオリン製作の現状と課題」『京都マネジメント・レビュー』第9号，京都産業大学，pp.19-36。
大木裕子「伝統工芸の技術継承についての比較考察〜クレモナ様式とヤマハのヴァイオリン製作の事例〜」『京都マネジメント・レビュー』第11号，京都産業大学，pp.19-31。
大崎滋生（1993）『音楽演奏の社会史：よみがえる過去の音楽』東京書籍。
Owen, L. (2000) "Made in Cremona", *The Strad*, August 2000, Vol.111 No.1324, London: Newsquest Specialist Media, pp.816-819.
Pincherle, M. (1948) *Les instruments du quatuor* 3.ed, Paris：Presses universitaires de France. (山本省・小松敬明訳（1983）『ヴァイオリン族の楽器』白水社。)
Piore M. J. et C. F. Sabel (1984) *The Second Industrial Divide: Possibilities for Prosperity*, New York, NY: Basic Books Inc. (山之内靖・永易浩一・石田あつみ訳（1993）『第二の産業分水嶺』筑摩書房。)
Planitz, H. (1940) "Kaufmannsgilde und städtishe Eidgenossenschaft in niederfränkischen Städten im 11. und 12. Jahrhundert", *Zeitschrift der Savigny-Stiftung für Rechtsgeschichte*, Germanistische Abteilung, LX Band. (鯖田豊之訳（1995）『（改訳版）中世市成立論―商人ギルドと都市宣誓共同体―』未来社。)
Porter, M. E. (1990) *The Competitive Advantage of Nations*, New York, NY: The Free Press. (土岐坤ほか訳（1992）『国の競争優位 上下』ダイヤモンド社。)
Porter, M. E. (1998) *On competition*, Boston, MA: Harvard Business School Press. (竹内弘高訳（1999）『競争戦略論（Ⅰ・Ⅱ）』ダイヤモンド社。)
Pyke, F., Sengenberger W. (1990) *Industrial districts and inter-firm co-operation in Italy*, Geneva: International Institute for Labour Studies, pp.1-9.
Rossi, B. G. B. (Katan, D. translated) (1984) Morassi: *The violin maker and his craft*, Cremona: College Music.
Sacconi, S. F. (1997) *Die Geheimnisse' Stradivaris*, Frankfurt am Main: Erwin Bochinsky.
Sacconi, S.F. (2000) *The Secret of Stradivari*, Libreria del covegno, Cremona: ERIC BLOT EDIZIONI.
Sadler, N. edit. (2006) "Cremona's craft saved by Swiss", *Cremona 2006*, Hannah Pilgrim

Morris.
Santro, E. (1987) *Antonius Stradivarius*, Cremona: Libreria del Convegno.
Santoro, E. (1989) *Violinari e violini*, Cremona: Sanlorenzo.
佐々木朗 (1999)『楽器のしくみとメンテナンス』音楽之友社。
佐々木庸一 (1982)『魔のヴァイオリン』音楽之友社。
佐々木庸一 (1987)『ヴァイオリンの魅力と謎』音楽之友社。
佐藤輝彦 (2000)『これがヴァイオリンの銘器だ：華麗なるイタリアン・オールド・ヴァイオリンの世界』音楽之友社。
Saxenian, A. (1994) *Regional advantage: culture and competition in Silicon Valley and Route 128*, Cambridge, Mass.: Harvard University Press. (大前研一訳 (1995)『現代の二都物語：なぜシリコンバレーは復活し、ボストン・ルート 128』講談社。)
Schumpeter J. (1926) *The theory of Economic Development*, Oxford: Oxford University Press. (塩野谷祐一訳 (1980)『経済発展の理論』岩波文庫。)
関満博 (1995)『地域経済と中小企業』筑摩書房。
関満博 (2001)『地域産業の未来：二一世紀型中小企業の戦略』有斐閣。
Sforzi, F. (1989) "The geography of industrial districts in Italy" in Goodman E., Bamford J., Saynor P. (ed) *Small Firms and Industrial Districts in Italy*, London & New York: Routledge, pp.153-173.
Silverman W. A. (1957) *The Violin Hunter*, N.J.: Paganiniana Publications.
Siminoff, R. H. (2002) *The Luthier's Handbook: A Guide to building Great Tone in Acoustic Stringed Instruments*, Milwaukee, WI: Hal Leonard.
Spotti, C. B., Mantovani, M. T. (1996) *Cremona: momenti di storia cittadina*, Cremona: Turris Editrice.
Svendsen, G. L. H., Svendsen, G. T. (2004) *The Creation and Destruction of Social Capital*, Northampton, MA: Edward Elgar.
田中夏子 (2004)『イタリア社会的経済の地域展開』日本経済評論社。
谷和雄 (1994)『中世都市とギルド：中世における団体形成の諸問題』刀水書房。
Tintori, G. (1971) *Gli strumenti musicali*, Torino: UTET.
富沢木実 (2002)「産業集積論に欠けている十分条件」『道都大学紀要　経営学部』創刊号、pp.33-48。
塚本博 (2005)『イタリア・ルネサンスの扉を開く』角川書店。
上金正利 (1995)『バイオリン職人の夢』アドバンテージ・サーバー。
山本健児 (2005)『産業集積の経済地理学』法政大学出版局。
山崎朗 (2002)『クラスター戦略』有斐閣。
安田雪 (1997)『ネットワーク分析—何が行為を決定するか』新曜社。
米田潔弘 (2002)『メディチ家と音楽家たち：ルネッサンス・フィレンツェの音楽と社会』音楽之友社。
吉川弘之監修、田浦俊春・小川照夫・伊藤公俊編 (1997)『技術知の位相』東京大学出版会。
渡辺恭三 (1884)『ヴァイオリンの銘器』音楽之友社。
Weber A. (1929) *Theory of Location of Industries*, University of Chicago Press, Chicago. (日本産業構造研究会訳 (1966)『産業立地論』大明堂。)
Wörner, K. H. (1956) *Geschichte der Musik, ein Studienund Nachschlagebuch*, Gottingen: Vandenhoeck & Ruprecht (星野弘訳 (1962)『音楽史』全音楽譜出版社。)
Zagni, F. (2005) *Guida alla Liuteria di Cremona*, Cremona Books.

クレモナ国際ヴァイオリン製作学校入学用パンフレット及びホームページ
http://www.scuoladiliuteria.com/web/course_violin.html（2006.1.20参照）
クレモナ市勢調査資料（http://www.comune.cremona.it/PostCE-display-ceid-848.phtml, 2006.1.20参照）
日本財団ホームページ　http://Nippon.zaidan.info/seikabutsu（2006.2.20参照）
鈴木バイオリンホームページ　http://suzukiviolin.co.jp（2006.9.7参照）「鈴木政吉物語」

事項索引
(50音順)

【ア行】

アジア　39, 101
アーチ　8, 78, 79, 103, 108, 120, 169
――ング　78, 79, 84
厚み出し　78, 80, 84, 168
アート　i, 101, 116, 202
――・ビジネス　i, 7, 28, 29, 201, 208, 223, 224
アメリカ　12, 38, 43, 45, 47, 54, 70, 76, 86, 101, 103, 104, 160, 192, 197
アルコール・ニス　19, 82, 83
暗黒時代　46, 51, 68, 86, 88, 212
暗黙知　3, 195, 220
イエズス会　22, 86, 207
意見交換　98, 108, 161, 162, 196
イタリア人　48, 51, 52, 76, 84, 86, 106, 107, 108, 114, 119, 128, 129, 130, 131, 132, 133, 137, 142, 143, 145, 147, 148, 149, 151, 152, 157, 163, 171, 172, 176, 178, 180, 181, 182, 183, 185, 189, 190, 192, 195, 198, 200, 210, 214
イノベーション　ii, 2, 3, 4, 5, 7, 28, 60, 61, 189, 194, 196, 197, 198, 200, 201, 206, 207, 208, 209, 210, 211, 212, 214, 215, 216, 217, 219, 221, 222, 223, 224
――の源泉　210
イノベーティブ・ミリュー　2
ヴァイオリニスト　18, 24, 59, 215
ヴィニアフスキー（国際コンクール）　34, 44, 54, 60
ウィンブルドン現象　35, 195, 220
ヴェネツィア　17, 20, 21, 70, 73, 85, 106, 206, 207
内枠　76, 77, 92, 113, 119
――式　12, 76, 77, 93, 208
裏板　19, 28, 73, 74, 75, 77, 78, 79, 80, 83, 168, 169, 190
A.L.I.（Cremona）　40, 41, 88, 121, 125, 142, 143, 172, 181, 182, 211
演奏　12, 19, 22, 23, 39, 57, 68, 88, 91, 101, 112, 113, 119, 119, 120, 135, 197, 202, 215, 216, 217
――家　13, 17, 18, 25, 26, 28, 29, 51, 55, 57, 58, 69, 76, 88, 95, 98, 99, 101, 102, 103, 109, 110, 111, 114, 115, 119, 124, 126, 128, 135, 153, 154, 160, 161, 162, 170, 176, 177, 179, 180, 185, 187, 193, 197, 200, 201, 202, 203, 208, 209, 215, 216, 220, 222, 224
――会　87, 101, 207, 215
――者　97, 39, 51, 64, 105, 106, 194, 200, 201, 202, 220
オイル・ニス　19, 82, 83, 111
王侯貴族　16, 17, 24, 199, 207
オークション　28, 29, 208, 222
オーケストラ　17, 23, 89, 97, 119, 200, 207, 216
音　7, 8, 13, 18, 19, 24, 29, 51, 57, 58, 78, 86, 92, 94, 95, 99, 100, 101, 105, 106, 107, 110, 111, 112, 113, 114, 115, 116, 117, 118, 119, 120, 135, 149, 150, 179, 180, 192, 193, 197, 202, 205, 212, 215, 223
――響　i, 18, 48, 55, 56, 84, 92, 97, 98, 103
――色　8, 19, 55, 57, 58, 78, 113, 114, 118, 120, 208, 215, 217, 220
――量　9, 12, 55, 65, 73, 87, 215, 220
表板　19, 28, 59, 73, 75, 77, 78, 79, 80, 83, 168, 169, 190
親方　15, 27, 28, 206, 222
オールド（イタリアン・ヴァイオリン）　7, 9, 11, 12, 13, 14, 19, 24, 25, 26, 28, 36, 38, 39, 43, 60, 61, 82, 122, 176, 202, 203, 212, 215, 216, 217, 220, 221, 222, 223
――名器　ii, 92, 208, 216, 220, 224

246　事項索引

音楽　5, 6, 7, 8, 22, 23, 24, 27, 28, 42, 48, 68, 71, 84, 86, 87, 88, 89, 93, 94, 96, 97, 99, 100, 103, 104, 109, 117, 119, 120, 128, 135, 163, 175, 176, 197, 199, 206, 207, 208, 212, 216, 220
　──院　17, 41, 59, 88, 89, 100, 135, 197, 198, 209, 211, 7, 51, 84, 85, 89, 95, 97, 98, 101, 122, 126, 135, 176, 192, 202, 206, 207, 211, 223, 224
　──教育　135, 209, 210
　──的環境　20, 206

【カ行】

外国人　35, 48, 52, 96, 100, 105, 108, 115, 128, 129, 130, 132, 137, 138, 142, 145, 147, 148, 149, 150, 152, 155, 156, 157, 162, 170, 171, 172, 176, 178, 179, 180, 189, 191, 192, 194, 195, 197, 200, 208, 209, 210
外部経済　i, 1
価格　11, 26, 28, 29, 37, 56, 122, 128, 132, 133, 137, 138, 142, 145, 147, 152, 154, 155, 156, 176, 177, 180, 186, 187, 196, 197, 198, 199, 203, 208, 217, 219, 222
　──帯　152, 177, 179, 181, 182, 184, 186, 187, 188, 193, 198, 199
学習　2, 3, 220, 224
形　5, 13, 17, 22, 24, 32, 53, 55, 65, 77, 78, 81, 91, 106, 112, 116, 117, 119, 135, 149, 150, 179, 180, 192, 197, 202, 206, 219
楽器店　6, 32, 177, 200, 203, 210, 211, 212, 217
カリキュラム　48, 49, 52, 128, 167
カルメル会　22, 207
感覚　93, 103, 111, 119, 202, 213
環境　2, 20, 35, 61, 87, 95, 110, 121, 208, 210, 216
　──的要因　i, 7, 20, 27, 61
鑑識眼　127, 135, 163
感性　96, 163, 212, 223, 225
鑑定　26
　──書　28, 29, 144, 208, 217, 222
関連産業　2, 4, 198, 207, 209, 211
機械　1, 39, 40, 52, 55, 95, 96, 107, 113, 117, 214
　──化　36, 39, 56
気候　4, 61, 75, 110, 118

技術　1, 3, 6, 11, 12, 13, 15, 24, 36, 38, 39, 40, 41, 46, 49, 50, 51, 55, 58, 60, 61, 71, 72, 87, 89, 91, 92, 93, 95, 96, 97, 98, 99, 100, 101, 102, 103, 105, 106, 107, 111, 112, 113, 114, 115, 116, 117, 118, 119, 120, 121, 123, 126, 127, 128, 130, 131, 148, 161, 162, 163, 164, 165, 176, 179, 180, 181, 191, 193, 195, 196, 197, 198, 201, 202, 203, 205, 207, 208, 209, 210, 211, 212, 213, 214, 215, 216, 218, 219, 220, 223, 224, 225
　──革新　1, 28, 38, 194, 198, 203, 206, 213, 220, 222
　──(の)継承　i, ii, 3, 5, 7, 28, 60, 61, 140, 189, 194, 195, 198, 206, 209, 216, 220, 222, 223, 224
帰属意識　2, 123, 124, 180, 182, 185, 189, 190, 191, 194, 195, 224
北イタリア　i, 3, 7, 19, 21, 63, 65, 73, 74
技能　1, 19, 46, 48, 49, 50, 51, 124, 131, 148, 169, 185, 186
教育　22, 39, 41, 43, 47, 48, 51, 72, 105, 106, 108, 145, 167, 190
教会　22, 23, 65, 66, 85, 102
　──組織　199
業界環境　20, 206
供給業者　4, 5, 6, 123, 209, 210, 211, 218, 219, 224
競合　4, 6, 123, 196, 207, 220
競争　1, 2, 4, 15, 95, 96, 194, 195, 196, 203, 220
　──意識　191, 219, 220, 224
　──環境　2, 4, 198, 207, 210, 211
　──と協調　2, 189, 191, 194
　──優位　4, 5, 26, 47, 198, 209
　──力　ii, 2, 4
協調　2, 191, 194, 196, 219, 220
　──・競争関係　5, 198, 224
協働　26, 27, 28, 50, 51, 204, 206, 213, 214, 222
巨匠　7, 46, 49, 60, 64, 73, 89, 209, 210
ギルド　i, 7, 9, 11, 17, 25, 26, 27, 36, 61, 140, 195
クラスター　ii, 2, 4, 5, 121, 122, 125, 170, 188, 191, 192, 194, 195, 196, 197, 198, 199, 200, 201, 205, 206, 207, 210, 211, 213, 214, 215, 217, 219, 220, 221, 222

事項索引　247

グラフティング　11, 12, 13
クレモナ出身（者）　51, 128, 129, 137, 138, 151, 172, 176, 178, 190, 192, 201, 213
クレモナ人　87, 108, 129, 131, 132, 133, 137, 138, 139, 142, 145, 147, 152, 157, 158, 163, 171, 176, 178, 183, 195, 198, 210
クレモナスタイル　87, 91, 96, 97, 99, 105, 106
クレモナの栄光　10, 15, 21, 27
（クレモナの）黄金時代　10, 20, 59, 86, 87, 201, 206
クレモナ派　8, 14, 17
クレモナ様式　46, 52, 60, 109, 128, 169, 190, 194, 201, 211, 211
経験　43, 48, 51, 78, 90, 93, 94, 98, 101, 108, 110, 116, 189, 205, 212
　——年数　123, 129, 131, 132, 137, 142, 145, 147, 149, 154, 155, 156, 157, 176, 178, 184, 185, 186, 187
経済　ii, 1, 21, 22, 24, 25, 28, 39, 68, 75, 103, 104, 111, 123, 199, 207, 211, 216, 218, 222
　——効果　i, 1
　——性　3, 5
芸術　5, 15, 21, 24, 50, 55, 58, 91, 92, 93, 94, 95, 96, 98, 99, 100, 103, 106, 111, 112, 113, 114, 115, 116, 117, 118, 120, 121, 163, 199, 201, 214, 215, 216, 217, 218, 219, 220
　——家　21, 24, 91, 92, 93, 99, 106, 109, 113, 119, 123, 199, 216, 218, 225
　——性　46, 113, 114, 127, 163
血縁　26, 27, 207
　——関係　28, 61, 140, 195, 206, 207
ゲートキーパー　2, 201, 209, 210, 211, 219
原材料　73, 124, 134, 135, 164, 188, 207, 210, 219, 220
工場　6, 37, 38, 39, 40, 95, 115, 188, 203
高価格　28, 29, 39, 56, 186, 187, 208, 223
高品質　ii, 39, 55, 152, 191, 203, 220
顧客　4, 5, 6, 24, 25, 28, 59, 61, 103, 104, 122, 123, 197, 198, 201, 202, 203, 206, 208, 212, 224
　——環境　20, 206
個性　10, 11, 12, 17, 55, 56, 57, 58, 60, 92, 95, 100, 101, 102, 106, 107, 111, 114, 118, 120, 163, 188, 199, 214, 219, 220, 223, 225
コミュニケーション　2, 104
コミュニティ　3, 127, 196
コレクター　25, 26, 28, 29, 107, 208, 222, 224
コンクール　34, 53, 54, 55, 56, 58, 61, 116, 120, 160, 165, 170, 199, 211, 217
（コンサート）ホール　71, 87, 100, 102, 202, 208
コンサート・ヴァイオリン　11, 220
コンソルツィオ　6, 32, 40, 41, 42, 43, 88, 101, 102, 104, 112, 134, 143, 144, 172, 196, 197, 200, 204, 205, 211, 214
コンテンポラリー（ヴァイオリン）　9, 12, 19, 36

【サ行】

材質　i, 19, 57, 78, 120
才能　20, 51, 61, 61, 92, 93, 105, 106, 121, 145, 163, 209, 210, 218
材料　17, 21, 22, 59, 61, 72, 73, 74, 75, 76, 84, 89, 93, 95, 96, 113, 115, 117, 118, 119, 120, 128, 134, 135, 168, 169, 190, 199, 209, 211
作曲家　24, 87
産業クラスター　i, ii, 1, 2, 3, 4, 5, 6, 28, 83, 122, 123, 125, 152, 172, 188, 189, 191, 194, 195, 196, 198, 200, 201, 203, 206, 209, 210, 212, 213, 214, 216, 217, 218, 219, 220, 222, 223, 224
産業集積　1, 2, 3
産地　3, 5, 11, 25, 64, 69, 73, 74, 135, 197, 201, 207, 209, 220, 221
支援産業　2, 4, 198, 207, 209, 211
シェーンバッハ　11, 37, 38, 45, 70
刺激　113, 198
資源　1, 2, 4, 36, 198, 217, 220
試行錯誤　28, 73, 87, 116, 148, 163, 195, 201, 206, 208, 209, 222
市場　ii, 1, 11, 13, 21, 23, 24, 26, 35, 43, 68, 70, 88, 104, 106, 107, 122, 163, 196, 197, 198, 199, 200, 201, 203, 205, 210, 211, 212, 213, 214, 216, 217, 219, 220, 224
師匠　15, 27, 63, 82, 118, 120, 195
指導　43, 50, 95, 120, 164, 170, 219
資本　2, 4, 89, 92, 216

社会　5, 20, 23, 24, 24, 37, 85, 107, 111, 118, 119, 213, 222
　——資本　5, 89, 92, 216
　——的環境　20, 206, 216
集積　2, 3, 5, 12, 27, 37, 40, 61, 73, 135, 212, 222
集団　ii, 2, 4, 6, 51, 123
修道会　21, 22, 28, 207
修理　11, 45, 48, 52, 53, 76, 86, 97, 98, 101, 111, 127, 164, 176, 218, 219
修行　24, 27, 36, 46, 49, 51, 53, 91, 98, 103, 104, 116, 121, 125, 133, 137, 138, 165, 179, 181, 184, 185, 186, 187, 190, 193
需要条件　2, 4, 198, 207, 209, 210, 211
商工会議所　35, 41, 42, 54, 88, 144
商売　74, 94, 96, 126, 127, 161, 162, 200, 205, 208, 209, 212, 213, 218, 219
情報　3, 5, 22, 27, 28, 29, 61, 76, 95, 124, 135, 162, 189, 192, 194, 197, 201, 208, 213, 220, 222, 223, 224
　——技術　7, 61, 116, 214
　——源　126, 160, 161, 162
　——交換　3, 5, 28, 56, 96, 99, 103, 104, 107, 108, 115, 117, 127, 161, 188, 196, 197, 206, 209, 220, 222
　——通信技術　2, 222
　——伝達　i, 1, 7, 20
証明書　42, 43, 104, 205, 211
職人　i, 3, 7, 11, 12, 16, 17, 19, 20, 22, 24, 25, 26, 27, 28, 38, 40, 42, 46, 47, 49, 56, 58, 59, 60, 61, 91, 94, 97, 101, 103, 106, 109, 111, 112, 113, 115, 119, 125, 126, 127, 140, 157, 158, 164, 196, 206, 216, 218, 219, 222
シリコンバレー　1, 2, 3
新作（ヴァイオリン）　5, 11, 12, 43, 61, 72, 92, 101, 104, 111, 122, 197, 203, 206, 209, 210, 213, 215, 216, 217, 220, 221, 223, 224
人脈　106, 126, 127, 128, 148, 156, 157, 166, 179, 180, 181, 182, 184, 185, 187, 190, 192, 193
スキル　90, 101
鈴木バイオリン　39, 70
スタイル　21, 71, 76, 77, 82, 87, 93, 96, 97, 99, 102, 109, 113, 114, 115, 118, 120, 169, 205, 206, 209
スタウファー財団　6, 32, 34, 35, 54, 87, 88, 89, 209, 210, 211
ストラディヴァリ弦楽器製作コンクール　34, 53, 54, 55
ストラディヴァリ博物館　6, 32, 34
スペイン　7, 21, 22, 44, 47, 63, 65, 67, 85, 100
製作学校　i, 6, 12, 32, 34, 35, 41, 43, 44, 45, 46, 47, 48, 49, 50, 51, 52, 53, 59, 60, 67, 70, 71, 72, 86, 88, 89, 90, 91, 93, 95, 97, 98, 100, 102, 104, 105, 107, 109, 110, 114, 121, 122, 123, 124, 127, 128, 141, 165, 166, 167, 171, 176, 179, 180, 182, 189, 190, 194, 195, 196, 198, 200, 201, 202, 208, 209, 210, 211, 212, 213, 216, 220, 223, 224, 225
製作技術　28, 43, 46, 71, 72, 85, 90, 93, 124, 127, 195, 196, 198, 216, 220
製作技法　23, 47, 216
製作者協会　6, 34, 40, 41, 88, 143, 214, 223
製作者仲間　96, 126, 156, 157, 161, 166, 179, 185, 187, 192, 193
製作法　9, 10, 17, 24, 76, 86
製作方法　12, 71, 35, 47, 52, 63, 66, 71, 77, 92, 93, 114, 117, 121, 125, 149, 164, 176, 179, 181, 182, 187, 193, 201, 211, 214
製作様式　14, 27, 34
生産性　2, 4, 60, 61, 211, 221
生産要素　1, 2
製品　ii, 2, 4, 5, 36, 37, 41, 42, 186, 188, 193, 199, 203, 207, 224
　——幅　125, 152, 191, 194, 196, 198
相互評価　28, 150, 186, 192, 194, 196, 202, 206
創造　2, 7, 100, 111, 163, 197, 215, 216, 217, 220
　——主体　3, 194, 197, 224
　——力　117, 163
素材　14, 18, 19, 55, 78, 111, 124, 134, 208
組織　1, 2, 3, 4, 6, 101, 123, 220, 224
　——間　2, 6, 123
外枠　76, 77, 119
　——式　76, 77, 92, 208

事項索引　249

【タ行】

第三のイタリア　1, 3
ダイヤモンド・モデル　2, 3, 4, 206, 210
大量生産　1, 11, 19, 36, 37, 38, 39, 40, 55, 56, 69, 70, 83, 107, 112, 196, 203
　——品　37, 36, 39, 46, 56, 198
多様性　189, 192, 194, 198, 219, 224
知　2, 5, 220, 222, 224
　——の変換　i, 4, 7, 28, 51, 201, 206, 222
知恵　3, 85
知識　2, 3, 4, 5, 50, 51, 61, 85, 93, 97, 111, 220, 222, 225
知名度　29, 42, 53, 95, 107, 164, 204
チェコ　37, 38, 45, 47, 54, 70
チャイコフスキー（国際コンクール）　34, 54, 60
中間層　20, 53, 201, 202, 203, 205, 210, 211, 212, 213
中国　6, 36, 39, 40, 42, 45, 47, 70, 95, 118, 126, 159, 160, 188, 192, 196, 203, 204, 205, 210, 217
　——製　95, 115, 203, 204, 212
聴衆　58, 202, 208
地理的環境　20, 206
ディーラー　6, 8, 11, 24, 25, 26, 28, 29, 32, 59, 65, 68, 82, 103, 110, 111, 114, 134, 148, 154, 158, 162, 170, 177, 191, 192, 194, 197, 200, 202, 205, 208, 209, 210, 211, 212, 215, 216, 217, 218, 219, 222, 223, 224
デザイン　3, 17, 75, 76, 168, 169, 190
弟子　8, 10, 13, 15, 16, 17, 21, 24, 27, 28, 36, 51, 66, 67, 78, 82, 83, 87, 89, 100, 102, 107, 109, 110, 113, 120, 121, 135, 151, 160, 195, 202, 204, 206, 213, 216, 222, 225
展示会　34, 54, 55, 59, 73, 88, 112, 160, 162, 199, 211
伝承　58, 60, 83, 128, 169
伝統　2, 11, 15, 20, 24, 28, 34, 35, 36, 38, 40, 42, 46, 51, 55, 56, 57, 58, 60, 61, 63, 68, 71, 76, 77, 78, 86, 87, 90, 91, 94, 96, 97, 99, 100, 102, 103, 105, 107, 108, 109, 110, 111, 112, 113, 114, 116, 117, 118, 119, 120, 122, 125, 127, 130, 131, 149, 163, 169, 179, 180, 181, 182, 183, 185, 186, 187, 189, 190, 193, 194, 195, 198, 206, 208, 209, 210, 211, 211, 213, 216, 219, 220, 222, 223, 224
　——工芸　32, 35, 56, 60
ドイツ　8, 11, 13, 26, 36, 37, 38, 40, 42, 43, 44, 45, 47, 54, 69, 70, 72, 95, 97, 99, 104, 106, 108, 112, 115, 128, 159, 160, 165, 172, 189, 192, 204
道具　59, 72, 74, 81, 89, 91, 94, 103, 107, 117, 209, 210, 214
同僚　100, 101, 108, 110, 159, 191, 196, 224
独自性　41, 47, 106, 144, 145, 179, 180, 181, 182, 183, 185, 186, 190, 193, 198, 217
徒弟制度　91, 107, 110, 207
トリエンナーレ　34, 35, 54, 55, 72, 88, 116, 144, 210, 211
　——協会　35, 43, 88
トリノ　10, 18, 70, 165, 189

【ナ行】

ニーズ　122, 208, 209, 210
ニス　18, 19, 22, 52, 55, 57, 58, 63, 65, 71, 82, 83, 84, 92, 98, 99, 104, 111, 117, 119, 168, 169, 188, 190, 212
日本　5, 6, 32, 36, 39, 43, 45, 47, 59, 70, 104, 106, 110, 112, 113, 114, 115, 117, 118, 120, 123, 159, 160, 192, 196, 197, 203, 205
　——人　61, 128, 129, 130, 131, 138, 156, 159, 166, 171, 172, 176, 178, 179, 180, 192, 205
ネットワーク　1, 40, 123, 124, 126, 164, 211, 216, 219, 223, 224
能力　2, 3, 26, 90, 103, 106, 109, 135, 164, 200, 212, 218, 224

【ハ行】

場　ii, 3, 4, 5, 23, 41, 49, 56, 161, 197, 198, 201, 209, 220, 222, 224
バイヤー　126, 128, 158, 159, 160, 161, 170, 183, 184, 191, 193
パトロン　26, 28, 29, 122, 208, 219, 222
バランス　20, 23, 55, 84, 92, 114, 128, 169, 190, 195, 199, 202, 214

バロック　12, 28, 212
　　──・ヴァイオリン　8, 12, 23, 69, 87, 216
　　──楽器　52, 53, 163, 208
販売　24, 25, 36, 38, 39, 40, 42, 43, 59, 73, 76, 101, 104, 106, 126, 133, 134, 144, 147, 148, 154, 157, 158, 162, 164, 176, 177, 179, 180, 181, 182, 184, 185, 187, 191, 192, 193, 196, 197, 200, 202, 203, 204, 214, 218
　　──価格　123, 129, 177, 178, 186
　　──活動　199, 200, 219
　　──ルート　25, 200, 210
ピア・プレッシャー　220
ピア・レビュー　61, 188
美意識　84, 106
人柄　127, 164
表現　56, 74, 77, 105, 112, 114, 163, 199, 220
ヒル商会　26, 28, 29, 217, 222
品質　11, 23, 40, 42, 56, 70, 74, 90, 196, 198, 203, 210, 212, 217, 224
フィレンツェ　6, 20, 21, 51, 71
付加価値　4, 5, 40, 92, 199, 218, 219, 222, 224
プラットフォーム　3, 5, 6, 123, 201, 220
フランス　11, 13, 14, 21, 24, 25, 26, 36, 37, 39, 44, 47, 50, 54, 67, 68, 69, 70, 82, 90, 103, 107, 108, 160, 172, 192, 218
ブランド　5, 38, 40, 42, 113, 144, 153, 192, 197, 201, 202, 203, 204, 205, 212, 214, 219, 224
ブレッシア　8, 10, 18, 20, 21, 63, 65, 109
　　──派　8, 15, 18, 66
プレッシャー　196, 197, 218, 224
プロモーション　35, 43, 101, 104
雰囲気　3, 46, 108, 118, 119, 128, 169, 195, 224
文化　1, 5, 7, 20, 21, 21, 22, 41, 42, 64, 85, 86, 88, 89, 97, 100, 102, 104, 107, 118, 123, 143, 206, 213, 214, 216, 218, 220
　　──資本　92, 216
　　──評議会　34, 35
分業　3, 11, 36, 40, 60, 111, 125, 150, 151, 190, 224
ベア商会　26, 28, 29, 217, 222
ヘブライ　63, 64
ポー（川）　21, 22, 59, 73, 85, 135, 207

【マ行】

マイスター　27, 43, 44, 45, 104
マエストロ　51, 52, 59, 61, 72, 82, 87, 90, 91, 95, 97, 100, 101, 104, 106, 108, 109, 110, 120, 121, 122, 124, 125, 126, 127, 128, 141, 150, 160, 161, 162, 164, 165, 166, 170, 176, 188, 195, 196, 201, 202, 204, 209, 210, 211, 216, 219, 220, 224
マーケット　2, 90
マーケティング　107, 144, 199, 200, 201, 213, 219
マルクノイキルヘン　11, 36, 37, 38, 69, 70
マントヴァ　17, 20, 21, 22, 23, 98
ミッテンヴァルト　11, 23, 25, 36, 43, 44, 45, 54, 69, 72
ミラノ　20, 21, 22, 44, 68, 70, 71, 73, 78, 85, 90, 93, 94, 165, 189, 206, 207
ミルクール　11, 23, 37, 38, 39, 44, 50, 69, 70
名器　i, ii, 7, 10, 11, 18, 19, 20, 25, 26, 27, 28, 29, 56, 57, 58, 59, 60, 61, 63, 76, 84, 87, 92, 114, 116, 118, 155, 187, 191, 197, 205, 206, 208, 210, 213, 214, 216, 217, 218, 221, 222, 223, 225
名匠　10, 11, 61, 201
名人　97, 120
メーカー　37, 39, 70, 99, 100, 103, 107, 108, 113, 204, 214
メリット　59, 61, 97, 100, 106, 107, 108, 112, 120, 122, 134, 188, 192
木材　19, 22, 36, 42, 46, 55, 57, 59, 72, 73, 74, 75, 78, 82, 93, 103, 120, 134, 135, 210, 212
モダン（イタリアン・ヴァイオリン）　8, 9, 11, 12, 13, 23, 24, 25, 26, 36, 65, 69, 87, 216
　　──楽器　52, 53, 163, 208, 212
モチベーション　4, 108, 123
木工　96, 104, 175
　　──技術　84, 127, 163, 223
　　──職人　26, 74, 105, 175
モデル　1, 9, 11, 13, 14, 15, 17, 20, 23, 25, 52, 58, 65, 67, 75, 76, 77, 99, 114, 116, 117
モンド・ムジカ　55, 112

【ヤ行】

ヤマハ　6, 39, 214
要素条件　2, 4, 198, 207, 210
ヨーロッパ　7, 10, 11, 13, 20, 22, 23, 24, 25, 26, 28, 47, 66, 67, 70, 73, 101, 107

【ラ行】

ライバル　107, 108, 126, 159, 160, 179, 180, 191, 196, 198
リュート　14, 21, 23, 27, 42, 66, 110
量産　36, 39, 40, 188, 211
――品　39, 211
ルネッサンス　10, 21, 22
ロケーション　ii, 59, 61, 84, 85, 122

人名索引
（アルファベット順）

【A】

Abbuhl, Katharina（アブール・カタリーナ）100
Allen, J. Natalie（アレン・ナタリー）2
Allen, J. Thomas（アレン・トーマス）123
Amati Family（アマティ）i, 9, 10, 12, 13, 14, 15, 19, 23, 24, 27, 34, 46, 61, 75, 76, 85, 86, 89, 91, 92, 96, 113, 117, 206, 216, 218, 219, 225
——, Giovanni Antonio ca.1475-mid 1500s（アマティ・ジョバンニ・アントニオ）14
——, Andrea ca.1505-ca.1577（アマティ・アンドレア）7, 8, 9, 14, 21, 26, 33, 63, 65, 67, 75, 92
——, Antonio 1537-1607（アマティ・アントニオ）14
——, Girolamo(I) 1540-1630（アマティ・ジロラモ）14
——, Nicolo 1596-1684（アマティ・ニコロ）8, 11, 14, 15, 16, 17, 22, 26, 27, 66, 92
——, Girolamo(II) 1649-1740（アマティ・ジロラモ2世）15
Antoniazzi, Romeo（アントニアッツィ・ロメオ）68, 71, 87, 93
Ardoli, Massimo（アルドリ・マッシモ）116
Arezio, Claudio（アレッツィオ・クラウディオ）51
Asinari, Sandro（アジナリ・サンドロ）87, 111

【B】

Bach, Johan Sebastian 1685-1750（バッハ・ヨハン・セバスティアン）8, 88
Balestrieri, Tommaso 18世紀（バレストリエリ・トーマソ）11
Beethoven, Ludwig van 1770-1827（ベートーベン・ルードヴィヒ・ヴァン）88
Bergonzi Family（ベルゴンツィ）9, 18, 24, 46
——, Carlo(I) 1683-1747（ベルゴンツィ・カルロ）10, 18
——, Michel Angelo 1722-1758（ベルゴンツィ・ミケランジェロ）–
——, Nicola 1749-1782（ベルゴンツィ・ニコラ）18
Bergonzi, Riccdardo（ベルゴンツィ・リッカルド）76, 87, 91, 95
Bernabeu, Borja（ベルナベウ・ボルハ）73, 86, 87, 100
Berneri, Gianfranco（ベルネーリ・ジアンフランコ）32
Bini, Luciano（ビーニ・ルチアーノ）90, 91, 98
Bissolotti Family（ビソロッティ）105
——, Francesco（ビソロッティ・フランチェスコ）32, 49, 61, 72, 76, 77, 87, 89, 90, 93, 95, 97, 99, 109, 116, 141, 195, 201, 206, 208, 209, 210, 213
——, Marco Vinicio（ビソロッティ・マルコ・ヴィニーチョ）i, 29, 32, 49, 50, 51, 63, 65, 67, 68, 71, 72, 76, 78, 85, 86, 90, 93
——, Vincenzo（ビソロッティ・ヴィンチェンツォ）72, 93
Borchardt, Gaspar（ボルヒャルト・ガスパル）97
Buchinger, Wolfgang Johannes（ブヒンガー・ヴォルフガング・ヨハネス）67, 111

【C】

Camagni, Roberto（カマーニ・ロベルト）2
Campagnolo, Luisa Vania（カンパニョーロ・ルイザ・ヴァニア）91, 107
Carbonare, Alain（カルボナーレ・アラン）38
Cassi, Lorenzo（カッシ・ロレンツォ）72, 109
Ceruti, Giovanni Battista 1755-1817（チェルーティ・ジョヴァンニ・バティスタ）10, 68, 94
Charles IX de France 1550-1574（シャルル9世）

人名索引　253

14
Commendulti, Alessandro（コメンデュリ・サレッサンドロ）105
Conia de Konya Istvan, Stefano（コニア・ステファノ）102, 118
Conier, Jean Philippe（コニエ・ジャン・フィリップ）38
Cozio di Salabue 1755-1840（コジオ・デ・サラブエ）25

【D】

Dangel, Friederike Sophie（ダンジェル・フレデリック・ゾフィー）72, 99
Delisle, Bertrand Yves（デリール・ベルトランド・イヴ）228
Di Biagio, Raffaello（ディ・ビアッジオ・ラファエロ）89, 99
Dobner, Michele（ドブナー・ミッシェル）106
Dodel, Hildegard Theresia（ドデル・ヒルデガード・テレジア）76, 104

【F】

Fiora, Federico（フィオーラ・フェデリコ）90, 109
Flavio, Klaus Berntsen（フラヴィオ・クラウス・バーントセン）89
Fontoura De Camargo, Filho Nilton Josè（フォントゥーラ・デ・カマルゴ・フィルホ・ニルトン・ホセ）72, 86, 88, 91, 97
Freymadl, Viktor Sebastian（フレイマドル・ヴィクター・セバスチャン）112

【G】

Gagliano Family（ガリアーノ）9, 10, 11
——, Alessandro 1640-1725（ガリアーノ・アレッサンドロ）—
——, Nicola（Ⅰ）1695-1783（ガリアーノ・ニコラ）—
——, Gennaro 1700-1770（ガリアーノ・ジェナロ）—
——, Ferdinando 1724-ca1800（ガリアーノ・フェディナンド）—
——, Giuseppe 1725-1793（ガリアーノ・ジュゼッペ）—
——, Antonio（Ⅰ）1728-1805（ガリアーノ・アントニオ）—
——, Giovanni 1740-1806（ガリアーノ・ジョヴァンニ）—
——, Antonio（Ⅱ）1778-1860（ガリアーノ・アントニオ）—
——, Raffaele 1790-1857（ガリアーノ・ラファエル）—
——, Nicola（Ⅱ）1793-1828（ガリアーノ・ニコラ2世）—
——, Vincenzo ——1886（ガリアーノ・ヴィンチェンツォ）—
Gasparo da Salò (Bertolotti, Gasparo) 1540-1609（ガスパロ・ダ・サロ）8, 65
Gastaldi, Marco Maria（ガスタルディ・マルコ・マリア）108
Gironi, Stefano（ジローニ・ステファノ）72, 90, 105
Goffriller, Matteo（ゴッフリラー・マテオ）17
Goto, Yosinori（五嶋芳徳）115, 205
Götz, Conrad August（ゲッツ・コンラッド・オーグスト）37
Grancino, Paolo（グランチーノ・パオロ）15
Guadagnini Family（グァダニーニ）9, 10, 11
——, Lorenzo（Ⅰ）1690-1748（グァダニーニ・ロレンツォ）10
——, Giovanni Battista 1711-1786（グァダニーニ・ジョヴァンニ・バティスタ）—
——, Giuseppe（Ⅰ）1736-1805（グァダニーニ・ジョゼッペ1世）—
——, Gaetano（Ⅰ）1750-1817（グァダニーニ・ガエターノ1世）—
——, Carlo 1768-1816（グァダニーニ・カルロ）—
——, Felice（Ⅱ）1830-1840（グァダニーニ・フェリーチェ2世）—
——, Antonio 1831-1881（グァダニーニ・アントニオ）—
——, Francesco 1863-1948（グァダニーニ・フランチェスコ）—
——, Paolo 1908-1942（グァダニーニ・パオロ）—
Guarneri Family（グァルネリ）i, 9, 10, 14, 17, 18, 25, 27, 46, 61, 66, 67, 86, 91, 114, 117,

206, 216, 218
―, Andrea 1626-1698（グァルネリ・アンドレア）15, 17, 22, 27
―, Pietro Giovanni(Ⅰ) 1655-1720（グァルネリ・ピエトロ・ジョヴァンニ1世）17, 22
―, Giuseppe Giovanni Battista 1666-1740（グァルネリ・ジュゼッペ・ジョヴァンニ・バティスタ）通称ヨーゼフ 17, 22
―, Pietro(Ⅱ) 1695-1762（グァルネリ・ピエトロ2世）17
―, Bartolomeo Giuseppe(Ⅱ) (Del Gesu) 1698-1744（グァルネリ・バルトロメオ・ジョゼッペ2世（グァルネリ・デル・ジェス）） 8, 10, 11, 12, 13, 15, 17, 18, 19, 22, 57, 75, 89, 92

【H】

Hashimoto, Jurou（橋本寿朗）3
Heifetz, Jascha 1901-1987（ハイフェッツ・ジョシュア）18
Heyligers, Mathijs Adriaan（ヘイリガー・マティス・アドリアン）34, 101
Hill, Andrew（ヒル・アンドリュー）57
Höfner, Karl（ヘフナー・カール）37
Hornung, Pascal（オーヌング・パスカル）32, 104
Husson, Charles Claude（ウッソン・シャルル・クロウド）37

【I】

Inagaki, Kyosuke（稲垣京輔）3
Itami, Hiroyuki（伊丹敬之）3

【K】

Kanai, Yoshihiro（金井壽宏）123
Kanai, Kazuyori（金井一頼）2
Kikuta, Hirosi（菊田浩）iii, 61, 74, 78, 82, 83, 120
Kirschnek, Franz（キルシュネック・フランツ）37
Kiyonari, Tadao（清成忠男）3
Klotz, Mathias（クロッツ・マティアス）25, 36
Kobayashi, Hazime（小林肇）117
Koyama Toshiyuki（児山俊行）3

Krugman, Paul Robin（クルーグマン・ポール・ロビン）1

【L】

Lamy, Alfred（ラミー・アルフレッド）37
Lazzari, Nicola（ラザーリ・ニコラ）96, 214
Lupot, Nicolas（ルポー・ニコラ）13, 37

【M】

Maggini, Giovannni Paolo（マジーニ・ジョヴァンニ・パオロ）8, 65
Marleaux, André（マルロー・アンドレ）218
Marshall, Alfred（マーシャル・アルフレッド）i, 1
Martinengo [Giovanni Leonardo da Martinengo]（ジョヴァンニ・レオナルド・ダ・マルティネンゴ）14, 21, 63, 85
Matushita, Noriyuki（松下則幸）iii, 74
Matusita, Tosiyuki（松下敏幸）74, 78, 82, 85, 86, 90, 91, 110
Meyer, John P.（メイヤー・ジョーン）123
Miyazaki, Teruomi（宮嵜晃臣）3
Moinier, Alain（モアニエ・アラン）38
Monteverdi, Claudio 1567-1643（モンテヴェルディ・クラウディオ）23, 28, 85, 87, 89, 122, 207
Morassi, Gio Batta（モラッシ・ジオ・バッタ）32, 41, 49, 56, 57, 58, 59, 61, 64, 65, 71, 72, 73, 74, 76, 77, 87, 88, 89, 90, 92, 95, 116, 124, 134, 135, 141, 143, 195, 201, 206, 209, 210, 213
Morizot, René（モリゾー・レーネ）38
Mosconi, Andrea（モスコーニ・アンドレア）32
Mozart, Wolfgang Amadeus 1756-1971（モーツァルト・ヴォルフガング・アマデウス）8
Mussolini, Benito（ムッソリーニ・ベニト）45, 86, 89

【N】

Nagyvary, Joseph（ナギバリー・ヨーゼフ）i

【O】

Ogawa, Hideki（小川秀樹）3

人名索引　255

Okamoto, Yoshiyuki（岡本義行）　3
Osio, Marco（オシオ・マルコ）　90, 109

【P】

Paganini, Nicolò（パガニーニ・ニコロ）　13, 18, 88
Peasolt, Roderich（ペゾルト・ロデリッヒ）　37
Peccatte, Dominique（ペカット・ドミニック）　37
Pedota, Alessandra（ペドータ・アレッサンドラ）　229
Piore, J. Michael（ピオリ・ミッシェル）　1
Pistoni, Primo（ピストーニ・プリモ）　94, 214, 215
Portanti, Fabrizio（ポルタンティ・ファブリッツィオ）　114, 210
Porter, E. Michael（ポーター・マイケル）　ii, 2, 3, 4, 198, 206, 210
Pressenda, Giovanni Francesco 1777-1854（プレッセンダ・ジョヴァンニ・フランチェスコ）　9, 10, 11

【R】

Riebel, Loual（リーベル・ローアル）　229
Rogeri Family（ロジェリ）　9
——, Giovanni Batista 1650-1730（ロジェリ・ジョヴァンニ・バティスタ）　15
——, Pietro Giacomo 1680-1735（ロジェリ・ピエトロ・ジャコモ）　—
Roth, Ernst Heinrich（ロート・アーンスト・ハインリッヒ）　37
Ruggieri Family（ルジェリ）　9
——, Francesco 1620-1695（ルジェリ・フランチェスコ）　15
——, Giacinto 1661-1697（ルジェリ・ジアチント）　—
——, Vincenzo 1663-1719（ルジェリ・ヴィンチェンツォ）　—

【S】

Sabel, F. Charles（セーブル・チャールズ）　1
Sacconi, Simone Fernando 1895-1973（サッコーニ・シモーネ・フェルナンド）　12, 56, 76, 86, 87, 90, 93, 97, 109, 112, 208

Santagiuliana, Giacinto 1770-1830（サンタジュリアーナ・ジィアチント）　10
Sartory, Eugene Nicolas（サルトリー・ウージン・ニコラ）　37
Saxenian, Annalee（サクセニアン・アナリー）　1
Schumperter, Joseph（シュンペーター・ヨーゼフ）　2
Scolari, Giorgio（スコラーリ・ジォルジオ）　32, 52, 53, 59, 67, 68, 70, 71, 72, 86, 87, 88, 90, 102, 116, 141, 195, 209, 210
Silverman, William Alexander（シルバーマン・ウィリアム・アレクサンダー）　i
Solcà, Daniela（ソルカ・ダニエーラ）　98
Spohr, Louis 1784-1859（シュポア・ルイス）　13
Staufer, Ernst Walter（スタウファー・エルンスト・ウォルター）　35, 56, 88, 89
Steiner, Jacob 1617-1683（シュタイナー・ヤコブ）　8, 10, 12, 13, 15, 23, 25, 36, 38, 66, 67, 75
Stern, Isaac 1920-2001（スターン・アイザック）　57
Storioni, Lorenzo 1751-1800（ストリオーニ・ロレンツォ）　10
Stradivari Family（ストラディヴァリ）　i, 9, 14, 16, 24, 27, 61, 86, 91, 117, 206, 216, 218
——, Antonio 1644-1737（ストラディヴァリ・アントニオ）　4, 5, 8, 10, 11, 12, 13, 15, 16, 17, 18, 19, 22, 25, 27, 28, 34, 38, 40, 44, 45, 46, 52, 56, 57, 58, 59, 60, 66, 67, 68, 71, 73, 75, 76, 77, 82, 85, 89, 92, 94, 95, 96, 97, 106, 107, 108, 109, 110, 112, 113, 114, 116, 117, 118, 140, 150, 165, 189, 195, 201, 205, 208, 210, 213, 214, 219, 222, 224, 225
——, Francesco Giacomo 1671-1743（ストラディヴァリ・フランチェスコ・ジャコモ）　16
——, Omobono Felice 1679-1742（ストラディヴァリ・オモボノ・フェリーチェ）　16
Suwanai, Akiko（諏訪内晶子）　58
Suzuki, Toru（鈴木徹）　118

【T】

Taguchi, Takashi（田口隆）　84, 91
Takahashi, Akira（高橋明）　77, 113, 205, 214, 215

Takahashi, Shuichi（高橋修一） 118
Tarisio, Luigi ca.1790-1854（タリシオ・ルイジ） 25
Tintori, Giampiero（ティントーリ・ジャンピエトロ） i
Tourte, Francois 1747-1835（トルテ・フランソワ） 13, 37
Triffaux, Pierre Henri（トリフォー・ピエール・アンリ） 108

【U】

Uchiyama, Masayuki（内山昌行） iii, 89, 91, 106, 213

【V】

Villauve, Jean Baptiste 1798-1875（ヴィヨーム・ジャン・バプティスト） 13, 25, 26

Viotti, Giovanni Battist 1755-1824（ヴィオッティ・ジョヴァンニ・バティスト） 13, 18, 28
Voirin, Francois Nicolas（ヴォアラン・フランソワ・ニコラ） 37
Voltini, Alessandro（ヴォルティーニ・アレッサンドロ） 103

【W】

Wieniawski, Henryk 1835-1880（ヴィニアフスキー・ヘンリク） 18

【Y】

Yasuda, Takashi（安田高士） 112, 204

【Z】

Zanetti, Gianluca（ザネッティ・ジアンルーカ） 90, 98

著者略歴

大木裕子（おおき　ゆうこ）
博士（学術）
京都産業大学経営学部・同大学院マネジメント研究科准教授。東京藝術大学器楽科卒業後，東京シティ・フィルハーモニック管弦楽団ヴィオラ奏者，昭和音楽大学専任講師，京都産業大学経営学部専任講師を経て現職。専門はアートマネジメント。
主な著書に『オーケストラのマネジメント～芸術組織における共創環境～』文眞堂（2004年）がある。

クレモナのヴァイオリン工房
北イタリアの産業クラスターにおける技術継承とイノベーション

2009年2月6日　第1版第1刷発行　　　　　　　　　　検印省略

著　者	大　木　裕　子
発行者	前　野　　　弘
発行所	株式会社 文　眞　堂

東京都新宿区早稲田鶴巻町533
電話 03（3202）8480
FAX 03（3203）2638
http://www.bunshin-do.co.jp
郵便番号（162-0041）振替00120-2-96437

印刷・モリモト印刷　　製本・イマキ製本所
© 大木裕子，2009
定価はカバー裏に表示してあります
ISBN978-4-8309-4631-8　C3034